Excel VBA 编程实战

宋翔 / 编著

清華大學出版社
北京

内容简介

本书详细介绍了Excel VBA编程涉及的核心知识和技术，并列举了大量的编程示例。全书共13章和3个附录，内容主要包括VBA语言元素和编程规范、Application对象、Workbook对象、Worksheet对象、Range对象、Shape对象、FileDialog对象、数组、字典、创建自定义函数、工作簿和工作表事件、捕获应用程序事件、使用Excel对话框和用户窗体、在用户窗体中使用不同类型的控件、使用FSO对象模型和VBA内置语句处理文件和文件夹、在文本文件中读取和写入数据、在注册表中读取和写入数据、自动控制其他Office应用程序、创建和使用类、定制功能区和快捷菜单、创建和使用加载项、调试程序并处理错误、VBA内置函数速查、VBA内置语句速查、VBA错误代码速查等。

本书附赠案例源代码、案例的多媒体视频教程、教学课件、电子书和模板。本书结构系统，内容细致，概念清晰，案例丰富，注重技术细节的讲解。本书适合所有希望学习和从事Excel VBA编程或对Excel VBA编程有兴趣的用户，还可作为各类院校和培训班的Excel VBA教材。

图书在版编目（CIP）数据

Excel VBA编程实战 / 宋翔编著. —北京：清华大学出版社，2024.7

ISBN 978-7-302-66228-0

Ⅰ. ①E… Ⅱ. ①宋… Ⅲ. ①表处理软件－程序设计 Ⅳ. ①TP391.13

中国国家版本馆CIP数据核字（2024）第096762号

责任编辑： 张　敏
封面设计： 郭二鹏
责任校对： 徐俊伟
责任印制： 沈　露

出版发行： 清华大学出版社
网　　址： https://www.tup.com.cn，https://www.wqxuetang.com
地　　址： 北京清华大学学研大厦A座　　**邮　　编：** 100084
社 总 机： 010-83470000　　**邮　　购：** 010-62786544
投稿与读者服务： 010-62776969，c-service@tup.tsinghua.edu.cn
质 量 反 馈： 010-62772015，zhiliang@tup.tsinghua.edu.cn
印 装 者： 涿州汇美亿浓印刷有限公司
经　　销： 全国新华书店
开　　本： 185mm×260mm　　**印　　张：** 19.25　　**字　　数：** 507千字
版　　次： 2024年7月第1版　　**印　　次：** 2024年7月第1次印刷
定　　价： 99.00元

产品编号： 102528-01

前　言

对大多数人来说，学习编程并不是一件容易的事情，即使需要花费大量的时间和精力，也可能仍然没有太大的进展。编写本书的目的是帮助读者快速掌握 Excel VBA 编程的核心知识和技术，轻松完成日常的数据处理工作，并为深入学习 Excel VBA 编程打下良好的基础。与市面上的同类书籍相比，本书有以下几个特点：

1．结构紧密，概念清晰

全书的组织结构非常紧密，为了节省篇幅，舍弃了一些对于大多数人来说不常用或几乎用不到的技术。对知识点的讲解力求做到概念清晰，不含糊其词。

2．详细讲解技术细节

每章内容都从多个角度详细讲解和剖析技术细节，绝非很多同类书籍中的流水账式的简要介绍。

3．详细的代码说明

在很多案例中都提供了"代码解析"栏目，用于对代码的构思、原理和各行代码的功能等方面进行详细说明，使读者可以快速理解代码的含义，并能编写出相同或相似的代码。

4．提示和注意

"提示"和"注意"在全书随处可见，以便及时解决读者在学习和编程过程中遇到的问题，或对当前内容进行适当的延伸或拓展。

本书以 Excel 2021 为主要操作环境，内容本身也同样适用于其他 Excel 版本。本书共 13 章，各章内容的简要介绍如下表所示。

章　名	简　介
第 1 章　VBA 编程概念和工具	介绍编写 VBA 代码需要了解的编程基本概念和 VBA 语言元素，以及调试程序并处理错误的方法
第 2 章　控制 Excel 应用程序	介绍使用 Application 对象控制 Excel 应用程序的方法
第 3 章　处理工作簿和工作表	介绍使用 Workbook 对象和 Worksheet 对象处理工作簿和工作表的方法
第 4 章　引用单元格和单元格区域	介绍使用 Range 对象引用单元格和单元格区域的多种方法
第 5 章　处理单元格中的数据	介绍使用 VBA 在单元格中输入数据和公式、设置数据格式、编辑数据的方法，还介绍使用数组和字典提高数据处理效率，以及创建自定义函数的方法
第 6 章　处理图形对象	介绍使用 Shapes 集合和 Shape 对象处理图形对象的方法

续表

章　名	简　介
第 7 章　事件编程	介绍编写事件过程需要了解的知识，以及编程处理工作簿事件和工作表事件的方法
第 8 章　使用对话框和用户窗体	介绍使用 Application 对象和 FileDialog 对象创建的对话框，以及由用户手动创建的用户窗体
第 9 章　在用户窗体中使用控件	介绍控件的基本概念和通用操作，以及编程处理常用类型控件的方法，并列举了大量示例
第 10 章　处理文件和文件夹	介绍使用 VBA 内置的函数和语句以及使用 FSO 对象模型操作文件和文件夹的方法，还介绍在文本文件中读取和写入数据的方法
第 11 章　VBA 高级编程技术	介绍使用 VBA 编程操作注册表和其他 Office 应用程序的方法，还介绍创建和使用类的方法
第12章　为程序设计功能区界面和快捷菜单	介绍使用 RibbonX 定制功能区和使用 VBA 定制快捷菜单的方法
第 13 章　创建和使用加载项	介绍在 Excel 中创建和管理加载项的方法
附录 A　VBA 内置函数速查	列出 VBA 内置函数和说明
附录 B　VBA 内置语句速查	列出 VBA 内置语句和说明
附录 C　VBA 错误代码速查	列出 VBA 中的错误代码的编号和说明

本书适合具有以下需求的人士阅读：

- 自动化输入和处理 Excel 中的数据。
- 使用 VBA 开发能够增强 Excel 功能的加载项。
- 定制 Excel 功能区界面和鼠标快捷菜单。
- 在 Excel 中编程控制其他 Office 应用程序并交互数据。
- 对 Excel VBA 感兴趣。
- 在校学生和社会求职者。

本书附赠以下资源：

- 本书案例源代码。
- 本书案例的多媒体视频教程。
- 本书教学课件。
- 电子书和模板。

读者可以扫描本书的二维码下载本书的配套资源。

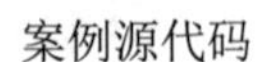
案例源代码

视频教程

教学课件

电子书和模板

目　录

第 1 章 VBA 编程概念和工具

本章将介绍编写 VBA 代码需要了解的编程基本概念和 VBA 语言元素，以及调试程序并处理错误的方法。本章内容不仅适用于 Excel，也适用于其他支持 VBA 编程的 Office 应用程序，例如 Word、PowerPoint 和 Access。

1.1 VBA 和宏简介

本节将简要介绍 VBA 和宏的一些基本概念，以及宏的相关操作，包括录制宏、运行宏、设置宏的安全性和修改宏。

1.1.1 何时需要使用 VBA

并非所有 Excel 用户都需要使用 VBA，这是因为 Excel 界面操作几乎可以完成日常所需的大多数工作，而且学习 VBA 编程也需要付出大量的时间和精力。然而，使用 VBA 可以更好地完成以下任务或者是实现这些任务的唯一途径。

- 重复执行操作：当需要执行有规律可循的重复性操作时，非常适合使用 VBA。例如，工作簿中有 3 个工作表，需要为每个工作表的数据区域中的偶数行设置蓝色背景，编写一段 VBA 代码可以快速完成这项工作。
- 增强 Excel 功能：使用 VBA 的主要原因之一是可以扩展 Excel 自身的功能。很多 Excel 无法实现或颇费周折才能完成的任务，可以通过编写 VBA 代码来解决。例如，在 Excel 中无法一次性复制不相邻的多个单元格，通过编写 VBA 可以解决这个问题。
- 简化专业数据的处理难度：对于一些需要具备专业知识才能处理的数据，可以通过编写 VBA 代码创建一个用于处理数据的特定程序，将复杂的业务逻辑包含在程序内部，只要程序的使用者为程序提供需要处理的数据，程序就会自动对数据进行处理并呈现最终结果，这样程序的使用者不需要直接面对复杂的业务逻辑，降低数据处理的难度。
- 与其他 Office 程序交换数据：当需要在 Excel 和其他 Office 程序之间交换数据时，虽然可以通过手动复制和粘贴的方式完成，但是使用 VBA 可以简化烦琐的操作过程，提高效率。
- 为大量用户统一提供 Excel 的增强功能：通过将编写好的 VBA 程序创建为加载项，可以将加载项分发给不同的用户，这些用户在自己的 Excel 程序中安装加载项，然后就可以像使用 Excel 内部功能一样，使用加载项中的 Excel 增强功能。

1.1.2 通过录制宏学习 VBA 编程

宏是一段可以反复运行的 VBA 代码。从技术上讲，宏是一个不包含参数的 Sub 过程。当用户希望重复执行某个特定操作时，可以在 Excel 中将该操作录制下来，Excel 会自动生成相应的 VBA 代码。以后可以反复运行该代码来重复执行相同的操作，这就是所谓的录制宏。

在 Excel 中编写的 VBA 代码主要处理的是 Excel 中的各种对象，例如工作簿、工作表、单元格、字体、边框、背景色等。由于对象的数量众多，且它们之间具有错综复杂的关系，所以在编写 VBA 代码时经常会遇到不知道该使用哪个对象以及如何使用的情况。

用户可以从录制宏时自动生成的代码中，学习执行特定操作时所需使用的对象及其代码编写方法。虽然由 Excel 自动生成的很多代码不够简洁，甚至难以理解，但是它仍然是学习 VBA 编程的一个有用工具。

如需录制在 Excel 中执行的操作，可以单击 Excel 窗口底部状态栏中的▣按钮，打开“录制宏”对话框，为即将录制的宏设置名称、运行宏的快捷键、存储位置、宏的简要说明等，如图 1-1 所示。

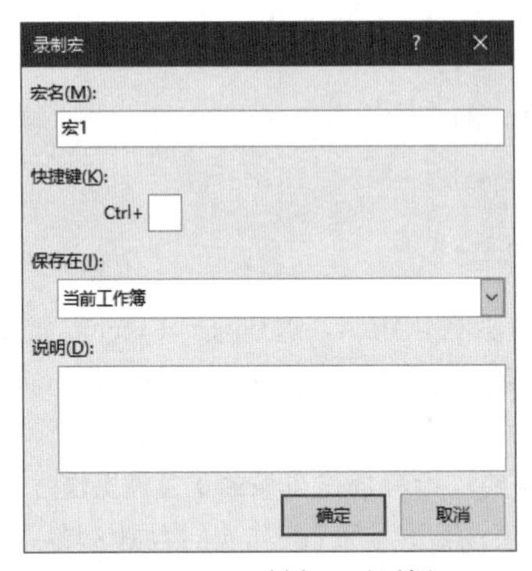

图 1-1　“录制宏”对话框

注意：由于录制过程中的所有误操作都会被记录下来，所以在开始录制前，应该预先演练好即将录制的一系列操作。如果录制过程中出现误操作，则在运行宏时也会执行这些误操作，严重影响宏的效率。

为宏设置快捷键时，可以在“快捷键”文本框中输入一个小写或大写的英文字母。例如，如果输入小写字母 e，则可以按 Ctrl+E 组合键运行宏；如果输入大写字母 E，则需要按 Ctrl+Shift+E 组合键运行宏。

录制的宏默认存储在当前工作簿中，可以在“保存在”下拉列表中选择宏的存储位置。

- 当前工作簿：将录制的宏存储在当前工作簿中。
- 新工作簿：将录制的宏存储在新建的工作簿中。
- 个人宏工作簿：将录制的宏存储在 Personal.xlsb 工作簿中，如果它不存在，则 Excel 会自动创建。每次启动 Excel 时会自动打开该工作簿，但是其默认处于隐藏状态。在当前打开的任何工作簿中都可以运行 Personal.xlsb 工作簿中的宏。

设置好宏的相关信息后，单击“确定”按钮，关闭“录制宏”对话框，进入录制状态，用户在工作簿中的大多数操作会被录制下来。如需结束录制，可以单击 Excel 状态栏中的□按钮。

注意：如果在停止录制前就运行宏，则将进入死循环，此时可以按 Ctrl+Break 组合键强制中断宏的运行。

宏的录制功能不是万能的，实际上它只能录制一些按顺序进行的简单操作。具体而言，录制的宏无法实现很多功能，包括但不限于以下这些：

- 不能创建常量和变量。
- 只能创建 Sub 过程，不能创建 Function 过程，创建的 Sub 过程不能包含参数。
- 不能生成判断条件和执行循环的代码。
- 不能生成显示对话框的代码。

1.1.3　运行宏

如需运行已录制好的宏，可以先打开“宏”对话框。打开该对话框有以下几种方法：

- 在功能区的“视图”选项卡中单击“查看宏”按钮，如图 1-2 所示。
- 在功能区的“开发工具”选项卡中单击“宏”按钮，如图 1-3 所示。
- 按 Alt+F8 组合键。

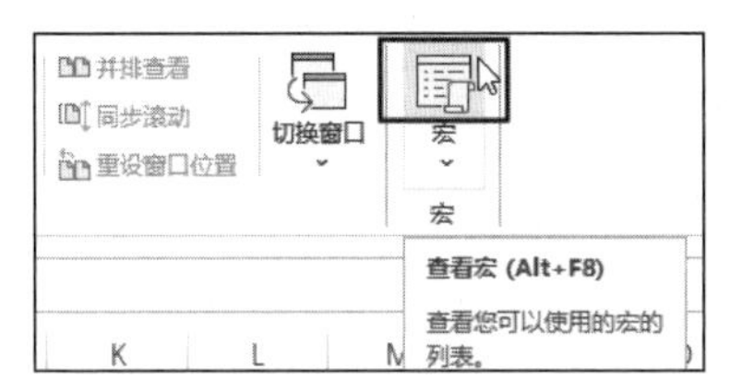

图 1-2　单击“查看宏”按钮

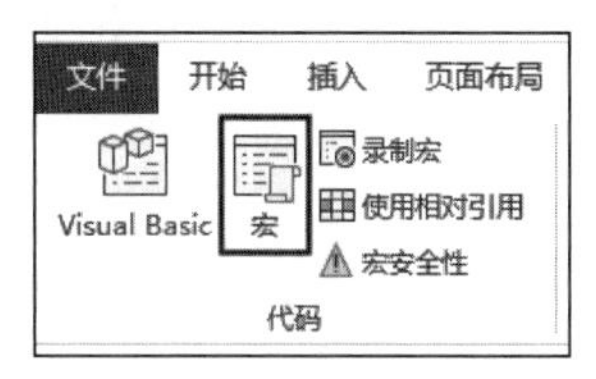

图 1-3　单击“宏”按钮

提示：在功能区中默认不显示“开发工具”选项卡，需要手动将其添加到功能区中。

打开“宏”对话框，选择想要运行的宏并单击“执行”按钮，即可运行该宏，如图 1-4 所示。如果为宏设置了快捷键，则可以使用快捷键运行宏，而无须打开“宏”对话框。

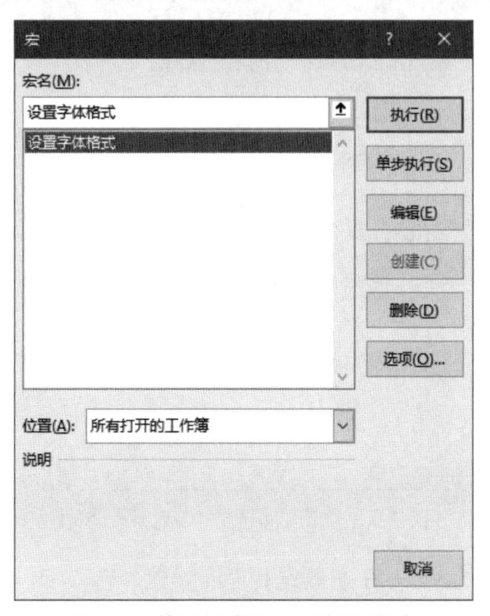

图 1-4　使用“宏”对话框运行宏

提示：如果无法运行宏，则可能需要更改宏的安全性设置，具体方法请参考 1.1.4 小节。

1.1.4 更改宏的安全性设置

当打开一个包含宏的工作簿时，可能会在功能区下方显示如图 1-5 所示的提示信息，如需运行该工作簿中的宏，可以单击“启用内容”按钮。以后每次打开这个工作簿时，都会显示该提示信息，每次都需要单击“启用内容”按钮，才能运行工作簿中的宏。

图 1-5 禁用宏时显示的提示信息

如果不理会该提示信息，而是直接使用 1.1.3 小节中的方法运行宏，则会显示如图 1-6 所示的提示信息，无法运行工作簿中的宏。

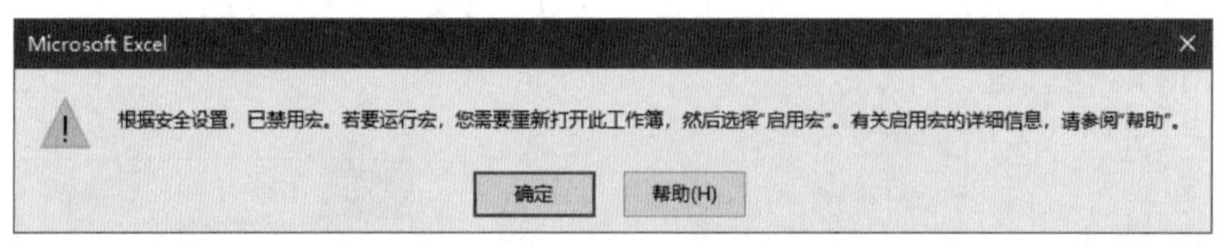

图 1-6 运行宏时显示的阻止信息

如果不想每次依靠单击“启用内容”按钮来获得运行宏的权限，则可以在 Excel 的信任中心中更改宏的安全性设置，操作步骤如下：

（1）启用 Excel，单击“文件”按钮，然后选择“选项”命令。

（2）打开“Excel 选项”对话框，在左侧选择“信任中心”选项卡，然后单击右侧的“信任中心设置”按钮，如图 1-7 所示。

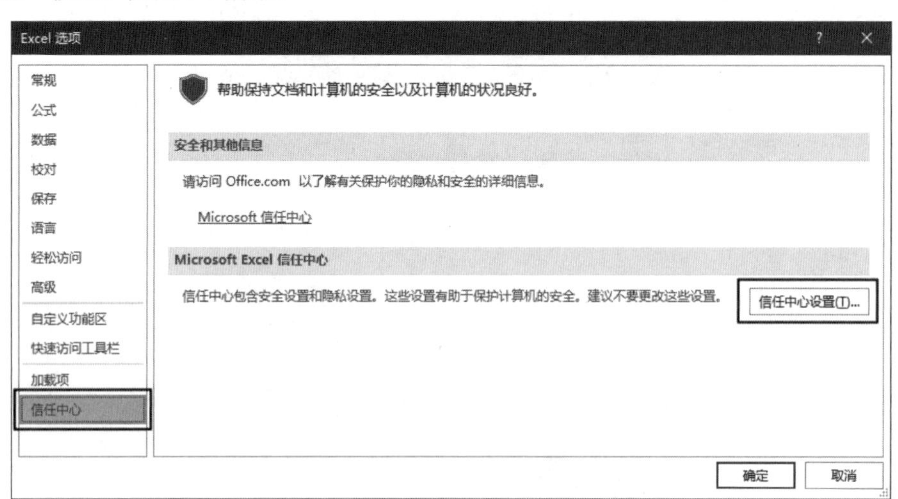

图 1-7 单击“信任中心设置”按钮

（3）打开“信任中心”对话框，在左侧选择“宏设置”选项卡，然后在右侧选中“启用 VBA 宏（不推荐；可能运行危险代码）”单选钮，如图 1-8 所示。

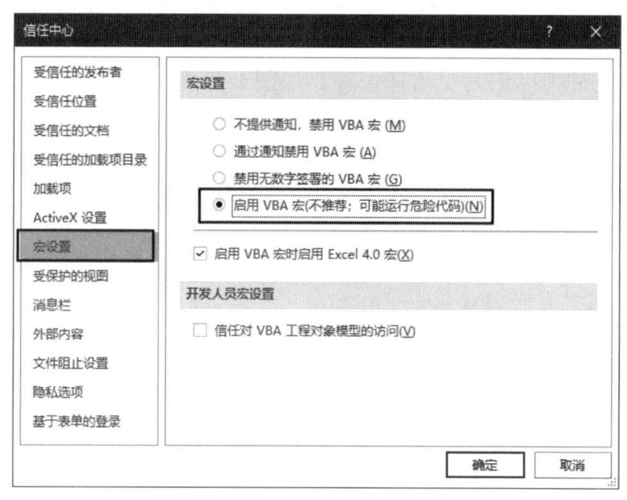

图 1-8　更改宏的安全性设置

提示： 如果已在功能区中显示"开发工具"选项卡，则可以单击该选项卡中的"宏安全性"按钮，直接打开第（3）步中的设置界面。

（4）连续单击两次"确定"按钮，关闭之前打开的对话框。

如果既想保留 Excel 原来的安全性设置，又不想每次都通过单击"启用内容"按钮才能运行工作簿中的宏，那么可以将包含宏的一个或多个工作簿移动到同一个文件夹中，然后在 Excel 中将该文件夹标记为受信任位置，以后每次打开该文件夹中的工作簿时，Excel 都会认为其中的宏是安全的，这样就不会在功能区下方显示启用宏的提示信息，并允许用户运行这些工作簿中的宏。

如需在 Excel 中将一个文件夹标记为受信任位置，可以使用本小节前面介绍的方法，打开"信任中心"对话框，在左侧选择"受信任位置"选项卡，右侧将显示已标记为受信任位置的文件夹，如图 1-9 所示。如需添加新的文件夹，可以单击"添加新位置"按钮。

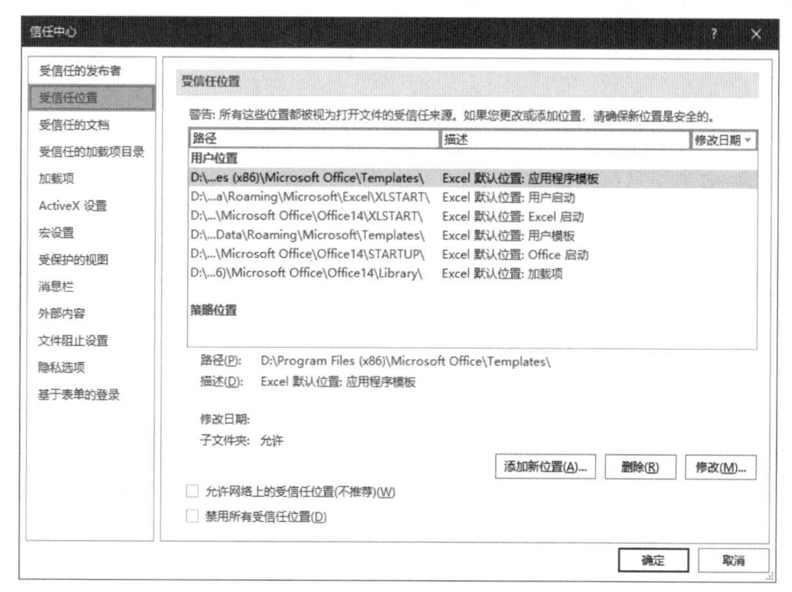

图 1-9　单击"添加新位置"按钮

打开如图 1-10 所示的对话框，单击“浏览”按钮并选择所需的文件夹，然后单击“确定”按钮，即可将选择的文件夹标记为受信任位置，如图 1-11 所示。

图 1-10　单击“浏览”按钮选择文件夹

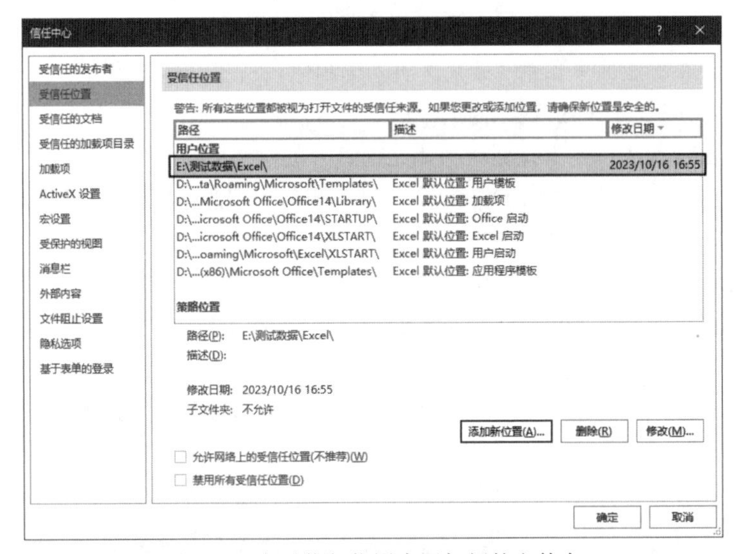

图 1-11　在受信任位置中添加新的文件夹

1.1.5　修改宏的相关信息和 VBA 代码

如需修改宏的相关信息，可以使用 1.1.3 小节中的方法打开“宏”对话框，选择需要修改的宏，然后单击“选项”按钮（请参考图 1-4），在打开的对话框中修改宏的快捷键和说明，如图 1-12 所示。

图 1-12　修改宏的相关信息

如需查看或修改宏的 VBA 代码，可以在“宏”对话框中选择一个宏，然后单击“编辑”按钮，打开如图 1-13 所示的窗口，在左侧窗格中展开“模块”并选择其中的“模块 1”，将在右侧显示录制的宏的 VBA 代码。

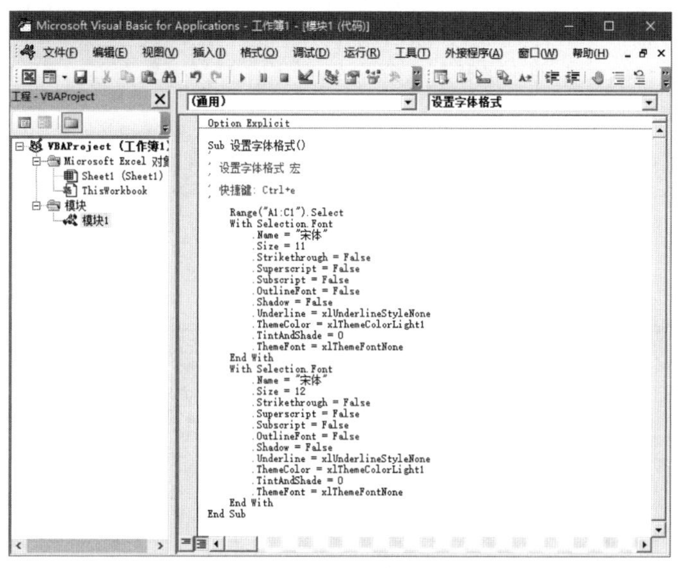

图 1-13　查看宏的 VBA 代码

本例录制宏时执行的操作是：选择 A1:C1 单元格区域，将它们的字体设置为“宋体”，将字号设置为“12”。录制的宏通常包含很多无用代码，完成本例操作只需要以下几行代码：

```
Sub 设置字体格式()
    Range("A1:C1").Select
    With Selection.Font
        .Name = "宋体"
        .Size = 12
    End With
End Sub
```

为了减少代码的总行数，还可以将上面的代码改为以下形式：

```
Sub 设置字体格式()
    Range("A1:C1").Select
    Selection.Font.Name = "宋体"
    Selection.Font.Size = 12
End Sub
```

如果希望上面的代码适用于任意选中的单元格或区域，而不局限于 A1:C1 单元格区域，则可以将 Range("A1:C1").Select 这行代码删除。

1.2　VBA 编程工具

与使用其他编程语言需要先单独安装集成开发环境（IDE）不同，开发 Excel VBA 程序的相关工具位于 Excel 功能区的“开发工具”选项卡中，无须额外安装。在 Excel 中编写 VBA 代码的工具是 VBE（Visual Basic Editor），本节将介绍 VBE 的界面组成及其各个部分的功能和用法。

1.2.1 打开 VBE 窗口

打开 VBE 窗口有以下几种方法：

- 在功能区的“开发工具”选项卡中单击 Visual Basic 按钮。
- 在“宏”对话框中选择一个宏，然后单击“编辑”按钮。
- 右击工作表标签，在弹出的快捷菜单中选择“查看代码”命令。
- 按 Alt+F11 组合键。

VBE 窗口由菜单栏、工具栏、工程资源管理器、属性窗口、代码窗口等部分组成，可以使用菜单栏的“视图”菜单控制在 VBE 窗口中显示哪些部分，并手动调整各个部分的排列方式。在如图 1-14 所示的 VBE 窗口中显示了菜单栏、工具栏、工程资源管理器、属性窗口、代码窗口、立即窗口、监视窗口。

图 1-14 VBE 窗口

1.2.2 工程资源管理器

如图 1-15 所示，当前打开的所有工作簿都会显示在工程资源管理器中，每个工作簿都是一个 VBA 工程，工作簿的名称显示在 VBAProject 右侧的小括号中。每个工作簿包含的工作表（Sheet1、Sheet2 等）、代表工作簿自身的 ThisWorkbook 以及在 VBA 工程中添加的模块，都会以缩进的形式显示在每个 VBA 工程的下方，单击加号或减号可以展开或折叠类别中的项目。工程资源管理器对 VBA 工程的组织方式类似于 Windows 操作系统中的文件资源管理器。

在 VBA 工程中除了包含 ThisWorkbook 和 Sheet1、Sheet2 等固定模块之外，还可以创建以下 3 种模块。

- 标准模块：录制宏时自动创建的模块就是标准模块，用户也可以手动创建标准模块，在其中创建 Sub 过程或 Function 过程并输入所需的 VBA 代码。
- 窗体模块：在 VBA 工程中创建的用户窗体就是窗体模块。
- 类模块：使用类模块创建新的对象。

如需创建上述 3 种模块，可以在工程资源管理器中右击任意一项，然后在弹出的快捷菜单中选择“插入”命令，在弹出的子菜单中选择想要创建的模块，如图 1-16 所示。

图 1-15　工程资源管理器

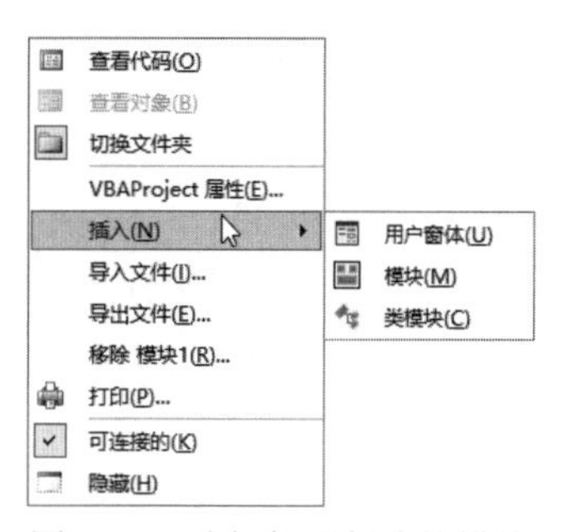

图 1-16　选择想要创建的模块

在如图 1-16 所示的快捷菜单中还可以对模块执行以下操作。

- 导出文件：使用“导出文件”命令，可以将指定模块以文件的形式保存到计算机中。
- 导入文件：使用“导入文件”命令，可以将以文件形式保存的模块导入到当前 VBA 工程中，以便重复使用其中的 VBA 代码，节省重新输入代码的时间。
- 删除模块：使用“移除 xx”命令（xx 表示模块的名称），可以删除不需要的模块。

1.2.3　属性窗口

在 VBE 窗口中选中的对象的所有属性的名称和值将显示在属性窗口中。如图 1-17 所示，由于在工程资源管理器中选择的是 ThisWorkbook，所以在属性窗口中将显示与 ThisWorkbook 关联的工作簿的属性。

属性窗口中左列是属性的名称，右列是属性的值。如需更改某个属性的值，可以在属性窗口中单击属性名称，然后在其右侧输入或选择属性的值，如图 1-18 所示。

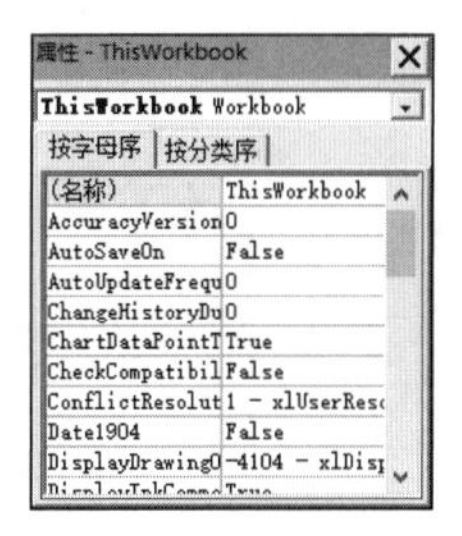

图 1-17　属性窗口

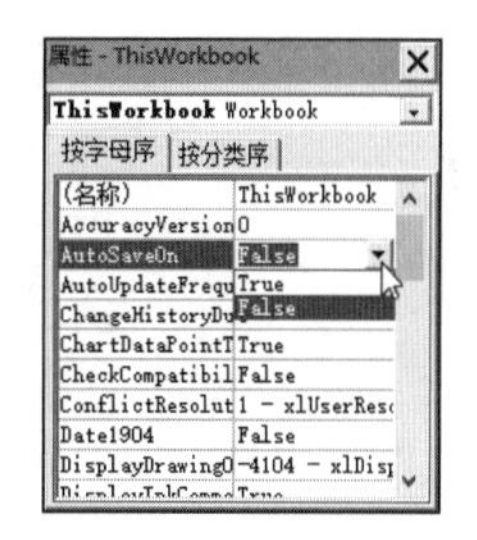

图 1-18　为属性设置预置值

1.2.4　代码窗口

用户编写的所有 VBA 代码都显示在代码窗口中。工程资源管理器中的每个模块都有一个与其对应的代码窗口，双击一个模块，将打开与其对应的代码窗口，如图 1-19 所示。

图 1-19　代码窗口

代码窗口的顶部有两个下拉列表，对于不同类型的模块，在左、右两个下拉列表中将显示不同的项目，右侧下拉列表中显示哪些项目取决于在左侧下拉列表中做出的选择。

例如，打开 ThisWorkbook 模块的代码窗口，在其顶部的左侧下拉列表中只有“（通用）”和“Workbook”两项。如果选择“Workbook”，则在右侧的下拉列表中会显示 Workbook 对象的所有事件过程；如果选择“（通用）”，则在右侧的下拉列表中只有“（声明）”一项。

在代码窗口中输入的代码以过程的形式进行组织。VBA 中最常用的 3 种过程分别是 Sub 过程（子过程）、Function 过程（函数过程）和事件过程。一个模块可以包含任意数量的过程，每个过程可以完成不同的任务。在编写一个复杂的 VBA 程序时，将实现不同小功能的代码组织到不同的过程中是一种良好的编程习惯。

如果一个模块包含多个过程，则可以控制是将所有过程同时显示在代码窗口中，还是每次只显示一个过程。只需单击代码窗口左下角的或按钮，即可在两种显示方式之间切换。当同时显示所有过程时，两个相邻过程之间使用一条横线分隔。

1.2.5 设置 VBE 编程选项

在 VBE 中提供了一些可以提高编程效率的选项，用户可以根据自己的编程习惯更改这些选项。实际上，大多数选项的默认设置几乎是最佳选择，用户通常无须更改这些选项的默认设置。然而，了解这些选项的含义和设置方法仍然是有用的，因为用户可以根据不同的需求和习惯随时更改这些设置。

打开 VBE 窗口，单击菜单栏中的“工具”|“选项”命令，打开“选项”对话框，如图 1-20 所示。

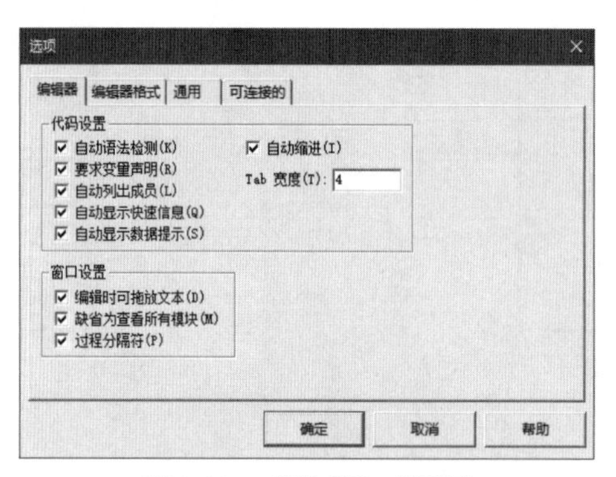

图 1-20 “选项”对话框

“选项”对话框包含 4 个选项卡，用于控制在代码窗口中输入代码的选项显示在“编辑器”选项卡中，此处主要介绍该选项卡中的选项。虽然目前可能还无法体会到这些选项的用处，但是随着对 VBA 不断深入的了解，以后会理解它们能给编程带来很多便利之处。

- 自动语法检测：启用该选项时，如果在输入 VBA 代码时出现语法错误，则会显示一个对话框，其中包含出错的原因。如果关闭该选项，则在出现语法错误时，将使用特定颜色标记出错代码而不显示对话框。
- 要求变量声明：启用该选项时，在 VBA 中使用一个变量之前必须先声明它，否则会显示出错信息。如果关闭该选项，则可以直接使用变量而无须事先声明它，但是这不是一个好的编程习惯。

- 自动列出成员：启用该选项时，在 VBA 代码中输入一个对象和英文句点后，会自动显示该对象的所有属性和方法，如图 1-21 所示。用户只需在列表中使用键盘上的方向键选择所需的属性或方法，然后按 Tab 键，即可自动将选中的属性或方法输入到代码窗口中，提高输入效率的同时也可避免出现拼写错误。
- 自动显示快速信息：启用该选项时，将自动在输入对象的属性、方法或 VBA 函数时显示参数的提示信息，如图 1-22 所示。
- 自动显示数据提示：启用该选项时，如果运行的 VBA 代码处于暂停状态，则可以将鼠标指针指向代码中的某个变量，此时会显示该变量的当前值，有利于分析和调试代码。
- 编辑时可拖放文本：启用该选项时，可以使用鼠标拖动代码来完成移动和复制操作。
- 缺省为查看所有模块：启用该选项时，在代码窗口中将同时显示当前模块中的所有过程。如果关闭该选项，则每次只显示一个过程。
- 过程分隔符：启用该选项时，将在两个过程之间显示一条分隔线。
- 自动缩进：启用该选项时，用户在输入好一行代码并按 Enter 键后，VBE 会自动将下一行代码开头的缩进量设置为与上一行相同。如果关闭该选项，则每次按 Enter 键后，下一行代码的开头不进行缩进。
- Tab 宽度：为了使程序具有良好的可读性，通常需要为不同的代码设置缩进格式。默认的缩进量是 4 个字符，用户可以根据个人习惯更改该设置。

图 1-21　自动列出成员

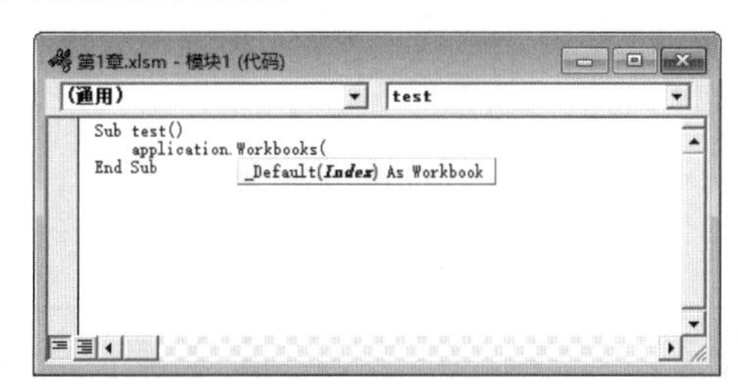

图 1-22　自动显示快速信息

1.3　输入和保存 VBA 代码

输入 VBA 代码之前，需要先在工程资源管理器中双击一个模块，打开与其关联的代码窗口。无论一个 VBA 程序的复杂程度如何，它都由一个或多个过程组成，每个过程完成不同的任务，组成一个 VBA 程序的所有代码都位于不同的过程中。在代码窗口中输入 VBA 代码与在 Windows 记事本中输入文本类似，可以使用常规的文本编辑操作，例如剪切、复制、粘贴、删除和撤销等。然而，在代码窗口中输入 VBA 代码有很多需要注意的问题。本节将介绍在输入 VBA 代码时增加代码可读性的常用方法，还将介绍如何保存 VBA 代码。

1.3.1　表达式和运算符

表达式由实际值、变量、常量、函数、运算符等多种元素组成。下面是表达式的一个示例，该表达式的含义是：将存储在 intSum 变量中的值与 10 相加，然后将计算结果赋值给该变量并替换原有值。

```
intSum = intSum + 10
```

在上面的表达式中有 4 个元素：一个变量、一个实际值，一个加号和一个等号，加号和等号都是运算符。运算符用于连接表达式中的各个元素，并决定表达式执行的运算类型和运算顺序。VBA 支持以下几种运算符。

- 连接运算符：将多个部分连接成一个整体，VBA 中的连接运算符只有&和+两个。
- 算术运算符：执行数学运算，例如加、减、乘、除等。
- 比较运算符：比较两部分内容并返回一个逻辑值 True 或 False。
- 逻辑运算符：将多个由比较运算符组成的表达式组合在一起，可以构建复杂的判断条件。

不同类型的运算符在运算时具有不同的优先级，优先级决定运算的先后顺序。在所有运算符中，算术运算符的优先级最高，其次是比较运算符，然后是逻辑运算符，连接运算符的优先级最低。

VBA 中的算术运算符、比较运算符和逻辑运算符如表 1-1 所示。表中的算术运算符和逻辑运算符包含的各个运算符按照优先级从高到低的顺序排列，比较运算符中的所有运算符具有相同的优先级。如果在一个表达式中有多个相同优先级的运算符，则这些运算符按照它们在表达式中的位置从左到右执行运算。

表 1-1　算术运算符、比较运算符和逻辑运算符

算术运算符	说　明	比较运算符	说　明	逻辑运算符	说　明
^	求幂	=	等于	Not	逻辑非
-	负号	<>	不等于	And	逻辑与
*	乘	<	小于	Or	逻辑或
/	除	>	大于	Xor	逻辑异或
\	整除	<=	小于或等于	Eqv	逻辑等价
Mod	求余	>=	大于或等于	Imp	逻辑蕴含
+	加				
−	减				

如需改变运算符的默认优先级，可以将想要优先计算的部分放在一对小括号中。下面的表达式先计算小括号中的加法，然后计算小括号外的乘法，最后的计算结果是 35。如果不使用小括号改变运算优先级，则计算结果是 31。

```
intTotal = (1 + 6) * 5
```

1.3.2　使用缩进格式

复杂的 VBA 代码通常都会包含大量用于处理条件判断和循环的代码，这些代码都具有固定的书写格式和要求，例如 If Then 或 Do Loop，当这些具有固定结构的代码彼此嵌套在一起时，会显著增加用户理解代码的难度。

为了增加代码的可读性，同时为了在代码出错时便于排查问题根源，应该在编写代码时使用正确的缩进格式。下面的代码包含两组嵌套在一起的 If Then 结构，由于使用了正确的缩进格式，所以可以很容易看出每组 If Then 结构的起止位置和它们各自包含的代码行。

```
Sub 验证用户名()
    Dim strUserName As String
```

```
    strUserName = InputBox("输入用户名: ")
    If strUserName = "Admin" Then
       MsgBox "你是管理员"
    Else
       If strUserName = "User" Then
          MsgBox "你是普通用户"
       Else
          MsgBox "你不是有效用户"
       End If
    End If
End Sub
```

下面是代码不使用缩进格式时的情况，两组 If Then 结构的起止位置和各自包含哪些代码变得不太容易辨认。当代码出现错误时，这种混乱的格式将加大排查错误的难度。

```
Sub 验证用户名()
    Dim strUserName As String
    strUserName = InputBox("输入用户名: ")
    If strUserName = "Admin" Then
    MsgBox "你是管理员"
    Else
    If strUserName = "User" Then
    MsgBox "你是普通用户"
    Else
    MsgBox "你不是有效用户"
    End If
    End If
End Sub
```

除了使用缩进格式之外，当一个 VBA 程序包含很多行代码时，为了使代码更具可读性，可以使用空行将所有代码分隔成多个逻辑部分。

1.3.3　将长代码分成多行

代码窗口的宽度总是有限的，如果一行代码过长而超出代码窗口的宽度，那么需要拖动水平滚动条才能看到位于窗口外的代码，如图 1-23 所示。

如需将较长的代码完整显示在代码窗口的可视范围之内，可以将一行长代码分成多行较短的代码。首先将插入点定位到希望开始分行的位置，然后输入一个空格和一条下画线，再按 Enter 键，插入点右侧的代码将被移入到下一行，如图 1-24 所示。虽然设置分行后的两部分代码位于上下两行，但是 VBA 仍然将它们看作一行代码。

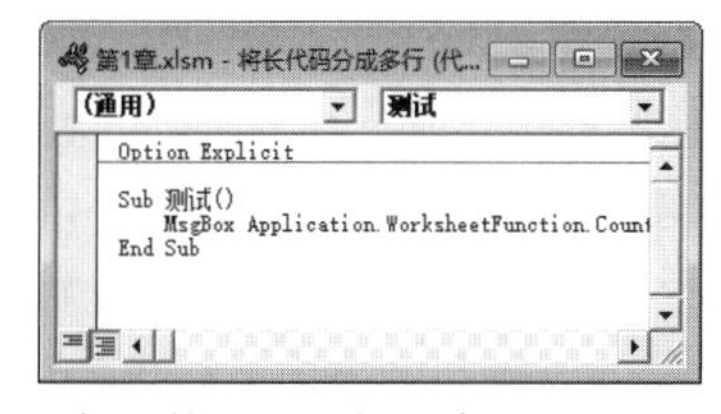

图 1-23　代码的一部分位于窗口的可见范围之外

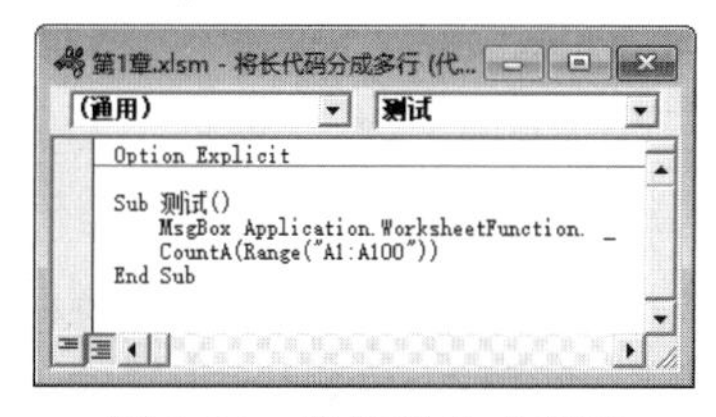

图 1-24　将代码分成多行

1.3.4　为代码添加注释

为 VBA 程序中的重要代码添加注释是一个好习惯，不但可以在以后提醒自己这些代码的含义或功能，也可以在将代码交给其他人维护时为他们理清思路。注释可以单独占据一行或位于一行代码的结尾，注释显示为绿色。为代码添加注释有以下几种方法：

- 以单引号（'）开头的内容。
- 以 Rem 关键字开头的内容。如果将注释放在代码行的上方，则需要在 Rem 关键字和注释内容之间添加一个空格；如果将注释放在代码行的右侧，则需要在 Rem 关键字和代码结尾之间添加一个冒号，并在 Rem 和注释内容之间添加一个空格。
- 选择想要转换为注释的一行或多行内容，然后单击“编辑”工具栏中的“设置注释块”按钮。如需使注释的内容恢复为可运行的 VBA 代码，可以单击“编辑”工具栏中的“解除注释块”按钮。

下面的代码使用单引号和 Remo 关键字两种方法添加注释。

```
'本过程的功能是在对话框中显示用户输入的用户名
Sub 设置用户名()
    Dim strName As String '声明一个 String 数据类型的变量
    Rem 下一行代码将用户输入的内容赋值给变量
    strName = InputBox("输入用户名：")
    MsgBox "用户名是：" & strName: Rem 显示用户名
End Sub
```

1.3.5 使用 InputBox 函数获取用户输入

如果希望 VBA 程序可以处理用户输入的数据 ，则可以使用 VBA 内置的 InputBox 函数。使用该函数可以显示一个对话框，其中有一个接收用户输入的文本框，InputBox 函数将返回用户在文本框中输入的内容。无论用户在文本框中输入什么内容，该函数的返回值都是字符串（String）数据类型。InputBox 函数的语法如下：

```
InputBox(prompt[, title] [, default] [, xpos] [, ypos] [, helpfile, context])
```

- prompt（必需）：显示在对话框顶部标题下方的文本。
- title（可选）：显示在对话框顶部的标题。
- default（可选）：显示在文本框中的默认值。如果不输入任何内容，则 InputBox 函数将返回默认值。
- xpos、ypos（可选）：对话框左上角在屏幕中的坐标值。
- helpfile、context（可选）：帮助文件和帮助主题。

提示：参数名称右侧带有“必需”二字表示必需为参数提供一个值，“可选”二字表示可以省略参数的值，此时将使用参数的默认值。

运行下面的代码将显示如图 1-25 所示的对话框，由于没有设置 title 参数，所以对话框顶部的标题默认为 Microsoft Excel。标题下方的文本由 prompt 参数指定。由于将 default 参数设置为 admin，所以在文本框中以选中的状态显示该默认值，用户输入新数据时会自动替换默认值。为了使后面的代码可以轻松处理用户输入的内容，可以将 InputBox 函数的返回值赋值给一个变量，本例的变量是 strName。最后使用 MsgBox 函数显示 strName 变量的值，即用户在对话框中输入的内容。

```
Sub InputBox函数()
    Dim strName As String
```

```
    strName = InputBox("输入用户名：", , "admin")
    MsgBox "用户名是：" & strName
End Sub
```

图 1-25　由 InputBox 函数创建的对话框

如果用户没有输入任何内容而直接单击“取消”按钮，则会显示默认值 admin。如果希望单击“取消”按钮后不显示任何内容，而是直接退出程序，则可以使用 If Then 语句判断 strName 变量是否是零长度的字符串，如果是，则执行 Exit Sub 语句将直接退出当前的 Sub 过程，而不会执行后面的代码。

```
If strName = "" Then Exit Sub
```

1.3.6　使用 MsgBox 函数显示信息

为了在程序运行期间随时向用户发送有关程序运行状况的信息，可以使用 VBA 内置的 MsgBox 函数。使用该函数可以显示一个对话框，其中显示由用户指定的内容。MsgBox 函数的语法如下：

```
MsgBox(prompt[,buttons][,title][,helpfile,context])
```

- prompt（必需）：显示在对话框中的内容。
- buttons（可选）：显示在对话框中的按钮和图标的类型，该参数的值如表 1-2 所示。
- title（可选）：显示在对话框顶部的标题。
- helpfile、context（可选）：帮助文件和帮助主题。

表 1-2　buttons 参数的值

常　量	值	说　明
vbOKOnly	0	只显示“确定”按钮
vbOKCancel	1	显示“确定”和“取消”按钮
vbAbortRetryIgnore	2	显示“终止”“重试”和“忽略”按钮
vbYesNoCancel	3	显示“是”“否”和“取消”按钮
vbYesNo	4	显示“是”和“否”按钮
vbRetryCancel	5	显示“重试”和“取消”按钮
vbCritical	16	显示“关键信息”图标
vbQuestion	32	显示“询问信息”图标
vbExclamation	48	显示“警告信息”图标
vbInformation	64	显示“通知信息”图标
vbDefaultButton1	0	第 1 个按钮是默认按钮
vbDefaultButton2	256	第 2 个按钮是默认按钮
vbDefaultButton3	512	第 3 个按钮是默认按钮
vbDefaultButton4	768	第 4 个按钮是默认按钮

MsgBox 函数返回一个表示用户在对话框中单击了哪一个按钮的值，该函数的返回值如表 1-3 所示。

表 1-3　MsgBox 函数的返回值

常　量	值	说　明
vbOK	1	单击了“确定”按钮
vbCancel	2	单击了“取消”按钮
vbAbort	3	单击了“终止”按钮
vbRetry	4	单击了“重试”按钮
vbIgnore	5	单击了“忽略”按钮
vbYes	6	单击了“是”按钮
vbNo	7	单击了“否”按钮

提示：在 VBA 代码中使用常量值或数字值均可。

运行下面的代码将显示如图 1-26 所示的对话框，由于只设置了 prompt 参数，所以在对话框中只显示“确定”按钮。显示对话框时会暂时中断代码的运行，单击“确定”按钮后将继续运行代码。

```
Sub MsgBox 函数()
    MsgBox "已处理完成！"
End Sub
```

运行下面的代码将显示如图 1-27 所示的对话框，由于设置了 title 参数，所以该参数的值将显示在对话框顶部的标题栏中。由于省略了位于 title 参数之前 buttons 的参数，所以需要为 buttons 参数保留一个逗号分隔符。

```
Sub MsgBox 函数 2()
    MsgBox "已处理完成！", , "进度提醒"
End Sub
```

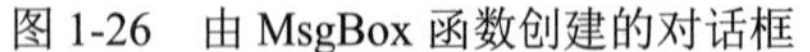
图 1-26　由 MsgBox 函数创建的对话框

图 1-27　设置对话框的标题

如果不想输入额外的逗号分隔符，则可以使用“命名参数”的方法设置参数值。使用该方法设置参数值的格式如下：

```
参数名:=参数值
```

使用命名参数设置参数值时，如果跳过了某个参数而设置下一个参数，则无须输入额外的逗号分隔符，并且可以任意顺序设置参数值，而无须按照函数语法中的参数顺序依次设置。下面是在上一个示例中使用命名参数时的代码，将原本位于后面的 title 参数放到了第一个位置。在代码中使用命名参数的另一个优点是可以使参数值的含义更清晰。

```
Sub MsgBox 函数 3()
```

```
    MsgBox title:="进度提醒", prompt:="已处理完成！"
End Sub
```

为 MsgBox 函数中的 buttons 参数设置的值可以是表 2-1 中 3 组值的总和，3 组值分别用于设置对话框中的按钮类型、图标类型和默认按钮。例如，如需在对话框中显示“是”按钮、“否”按钮和“询问信息”图标，如图 1-28 所示，可以使用以下代码：

```
Sub MsgBox 函数 4()
    MsgBox "是否需要保存？", vbYesNo + vbQuestion
End Sub
```

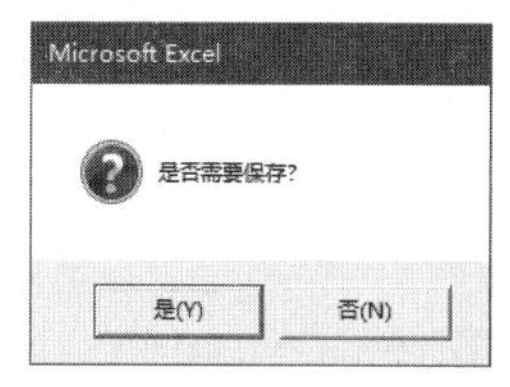

图 1-28　自定义设置对话框中的按钮和图标

当对话框中显示不止一个按钮时，可以通过 MsgBox 函数的返回值，判断用户单击的是哪一个按钮。下面的代码与上一个示例类似，唯一区别是将 MsgBox 函数的返回值赋值给一个变量，然后使用 If Then 语句检查该变量中的值是否等于 vbNo，如果是，则说明用户单击了“否”按钮，此时会直接退出程序，否则将执行下一行代码 ActiveWorkbook.Save，以便保存当前工作簿。本例代码中的 vbNo 是 VBA 内置常量，也可以在代码中使用与该常量等价的数字 7，但是使用常量会使代码更具可读性。

```
Sub MsgBox 函数 5()
    Dim lngAnswer As Long
    lngAnswer = MsgBox("是否需要保存？", vbYesNo + vbQuestion)
    If lngAnswer = vbNo Then Exit Sub
    ActiveWorkbook.Save
End Sub
```

如果显示在对话框中的内容较长，则可以在需要换行的位置插入 vbCrLf 或 vbNewLine 常量。运行下面的代码将显示如图 1-29 所示的对话框，整个内容分 3 行显示，处理方法是不断将不同的文本连接到 strMessage 变量上，最终该变量将存储所有叠加在一起的文本。

```
Sub MsgBox 函数 6()
    Dim strMessage As String
    strMessage = "是否需要保存？" & vbCrLf
    strMessage = strMessage & "保存请单击“是”按钮" & vbCrLf
    strMessage = strMessage & "不保存请单击“否”按钮"
    MsgBox strMessage, vbYesNo + vbQuestion
End Sub
```

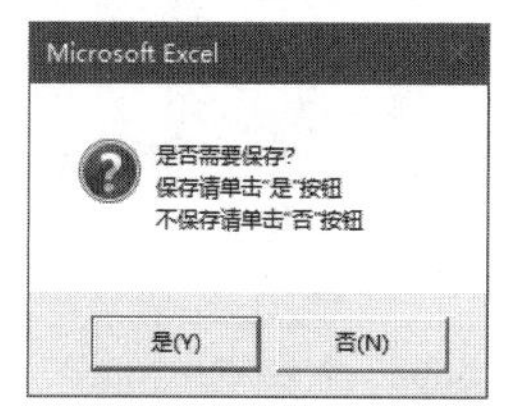

图 1-29　将内容显示为多行

1.3.7 保存 VBA 代码

从 Excel 2007 开始，微软为保存 VBA 代码的工作簿提供了专门的格式，其文件扩展名是.xlsm。无论是在工作簿中录制的宏，还是手动编写的 VBA 代码，如需将其保存到工作簿中，需要在“另存为”对话框中将“保存类型”设置为“Excel 启用宏的工作簿”，如图 1-30 所示。

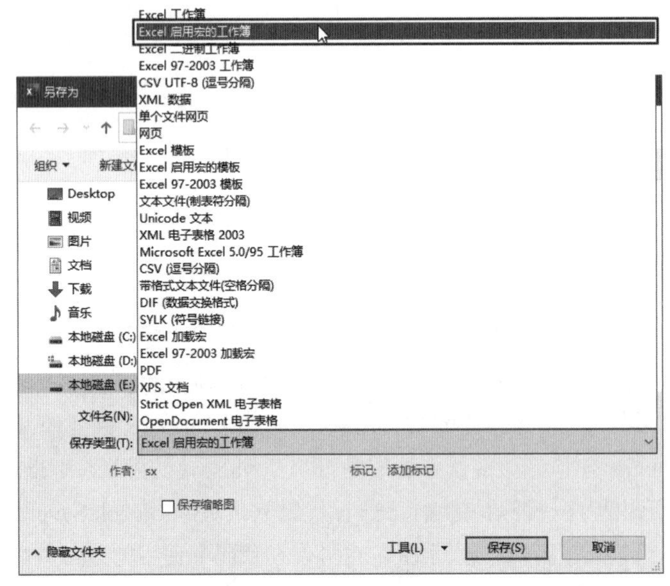

图 1-30 将“保存类型”设置为“Excel 启用宏的工作簿”

1.4 变量、常量和数据类型

变量和常量都是使用特定的名称来代表具体的值，它们之间的主要区别是，变量的值可以在程序运行期间随时修改，而常量的值始终都是固定的，不能随意修改。数据类型是 VBA 可以处理的数据类别，例如文本、数值、日期、逻辑值等。本节将介绍在 VBA 程序中创建变量和常量的方法，以及如何检测数据类型并在不同的数据类型之间转换。

1.4.1 VBA 支持的数据类型

VBA 支持的数据类型如表 1-4 所示，每一种数据类型都有特定的取值范围并占用不同的内存空间。为了提高 VBA 程序的运行效率，编写 VBA 代码时需要考虑不同数据类型之间的差异，并在完成不同任务时使用最合适的数据类型。

表 1-4 VBA 支持的数据类型

数 据 类 型	取 值 范 围	占用的内存空间
Boolean	True 或 False	2 字节
Byte	0～255	1 字节
Currency	-922337203685477.5808～922337203685477.5807	8 字节
Date	100 年 1 月 1 日～9999 年 12 月 31 日	8 字节

续表

数据类型	取值范围	占用的内存空间
Integer	-32768～32767	2 字节
Long	-2147483648～2147483647	4 字节
Single	负数：-3.402823E38～-1.401298E-45 正数：1.401298E-45～3.402823E38	4 字节
Double	负数：-1.79769313486232E308～-4.49065645841247E-324 正数：4.49065645841247E-324～1.79769313486232E308	8 字节
Decimal	不带小数点：+/-79228162514264337593543950335 小数点右边有 28 位：+/-7.9228162514264337593543950335 最小的非零值：+/-0.0000000000000000000000000001	14 字节
String（定长）	1～65400 个字符	字符串的长度
String（变长）	0～20 亿个字符	10 字节+字符串长度
Object	任何对象的引用	4 字节
Variant（字符型）	与 String（变长）的范围相同	22 字节+字符串长度
Variant（数字型）	与 Double 的范围相同	16 字节
用户定义	各个组成部分的取值范围	各个部分的空间总和

1.4.2　声明变量

变量是计算机内存中的存储位置，用于存储在 VBA 程序运行期间需要处理的值，变量中的值可以随时修改。每个变量都有一个名称和一种数据类型，变量的数据类型如表 1-4 所示。

编写 VBA 代码时可以直接使用变量，而无须事先声明它。然而，在使用一个变量之前先声明它，可以提高程序的运行效率，而且也是一种良好的编程习惯。为了避免忘记事先声明变量而直接在程序中使用变量，可以强制声明变量，这样在发现包含未经声明就已经使用的变量时会显示错误提示。强制声明变量有以下两种方法：

- 在模块顶部的声明部分输入 Option Explicit 语句。
- 使用 1.2.5 小节中的方法，在“选项”对话框的“编辑器”选项卡中勾选“强制变量声明”复选框。该方法会自动在新建模块的顶部添加 Option Explicit 语句，但是对现有模块无效。

声明变量可以使用 Dim 语句，下面的代码声明一个名为 UserName 的变量：

```
Dim UserName
```

如需指定变量的数据类型，可以在 Dim 语句中使用 As 子句。下面的代码声明一个字符串类型的变量，其名称是 UserName。

```
Dim UserName As String
```

注意： 如果不使用 As 子句指定变量的数据类型，则变量的数据类型默认为 Variant。为了节省内存空间并提高程序的运行效率，通常应该为变量指定一种数据类型。

下面的代码声明了两个变量，只有第二个变量的数据类型是 Integer，第一个变量的数据类型是 Variant。

```
Dim Row, Col As Integer
```

如果希望将上面的两个变量都声明为 Integer 数据类型，则需要在每个变量的后面加上 As 子句，代码如下：

```
Dim Row As Integer, Col As Integer
```

提示：除了使用 Dim 语句声明变量之外，还可以使用 Public、Private 和 Static 语句，它们的主要区别是声明的变量具有不同的作用域和生存期，具体内容请参考 1.4.5 小节。

为变量指定数据类型时，可以使用数据类型的简写形式，从而减少代码输入量。数据类型的简写形式如表 1-5 所示。

表 1-5 数据类型的简写形式

数 据 类 型	简 写 形 式
String	$
Integer	%
Long	&
Single	!
Double	#
Currency	@

下面的代码将 UserName 声明为 String 数据类型：

```
Dim UserName$
```

可以在声明变量时混合使用 As 语句和数据类型的简写形式。

```
Dim Row%, Col As Integer
```

1.4.3 变量的命名规则

声明变量时为变量起一个有意义的名称，对变量的使用有很大帮助。然而，在 VBA 中对用户创建的变量的名称有一些限制，具体如下：

- 不能将 VBA 关键字用作变量名。关键字是 VBA 中的保留字，用于标识 VBA 中的特定语言元素，声明变量的 Dim 就是 VBA 中的一个关键字。
- 变量名的首字符必须使用英文字母或汉字。
- 变量名可以包含数字和下画线，但是不能包含空格、句点、叹号等符号。
- 变量名的长度不能超过 255 个字符。

由于在 VBA 中创建的大多数变量都具有特定的数据类型，为了通过变量名就能识别其数据类型，可以在变量名的开头添加由 1～3 个字符组成的表示数据类型的前缀。建议的前缀及其对应的数据类型如表 1-6 所示。

表 1-6 标识数据类型的前缀

前 缀	数 据 类 型	前 缀	数 据 类 型
str	String	byt	Byte
int	Integer	dat	Date

续表

前　缀	数 据 类 型	前　缀	数 据 类 型
lng	Long	cur	Currency
sng	Single	dec	Decimal
dbl	Double	var	Variant
bln	Boolean	udf	用户定义

下面的代码将 strUserName 变量声明为 String 数据类型，使用 str 前缀标识该变量的数据类型是 String。

```
Dim strUserName As String
```

1.4.4　为变量赋值

声明后的每个变量都有一个初始值，不同数据类型的变量具有不同的初始值。Integer、Long、Single、Double 等数值数据类型的变量的初始值是 0，String 数据类型的变量的初始值是零长度字符串，Boolean 数据类型的变量的初始值是逻辑值 False。

声明变量的目的是将值存储到变量中，然后在程序中使用变量代替实际值，并在需要时修改存储在变量中的值。将值存储在变量中的操作称为“为变量赋值”。如需为一个变量赋值，需要先输入变量的名称，然后在其右侧输入一个等号，再在等号的右侧输入一个值。下面的代码将“Admin”赋值给名为 UserName 的变量。

```
UserName = "Admin"
```

注意：如果 UserName 变量的数据类型是 Integer、Long、Single、Double 等，则会出现类型不匹配的错误，因为赋给 UserName 变量的值是一个字符串而非数值。

1.4.5　变量的作用域和生存期

变量的作用域是指可以使用变量的范围。如果在一个过程中声明变量，则该变量只能在声明它的过程中使用，将这种变量称为过程级变量。下面的代码在“打开文件”过程中声明了一个名为 strFileName 的变量，该变量只能在该过程中使用，不能在“保存文件”过程中使用。

```
Sub 打开文件()
    Dim strFileName As String
    Workbooks.Open strFileName
End Sub

Sub 保存文件()
    ActiveWorkbook.Save
End Sub
```

注意：在同一个过程中声明的多个变量不能重名。

如果希望一个变量可以被当前模块中的所有过程使用，则需要在模块的顶部声明该变量，即在模块中的所有过程之外的位置声明变量，将这种变量称为模块级变量。下面的代码在两个过程的上方声明一个变量，此时两个过程都可以使用该变量。

```
Dim strFileName As String
```

```
Sub 打开文件()
    Workbooks.Open strFileName
End Sub

Sub 保存文件()
    ActiveWorkbook.Save
End Sub
```

声明模块级变量时，还可以使用 Private 语句，代码如下：

```
Private strFileName As String
```

提示：如果声明了一个模块级变量和一个过程级变量，它们的名称相同，则在包含该同名变量的过程中优先使用过程级变量，而忽略模块级变量。

如果希望声明的变量可以被 VBA 工程中的所有模块中的所有过程使用，则需要在声明模块级变量时使用 Public 语句，代码如下：

```
Public strFileName As String
```

使用 Public 语句声明的模块级变量还可以被其他 VBA 工程使用，使用前需要在其他 VBA 工程中添加对该变量所在工作簿的引用。只需单击菜单栏中的“工具”|“引用”命令，然后在“引用”对话框中勾选要引用的工作簿的 VBA 工程名的复选框，如图 1-31 所示。如果要引用的工作簿未打开，则可以单击“浏览”按钮打开该工作簿。

提示：如需为 VBA 工程设置一个有意义的名称，可以在工程资源管理器中右击 VBA 工程中的任意一项，在弹出的快捷菜单中选择“VBAProject 属性”命令，然后在打开的对话框中修改“工程名称”文本框中的值，如图 1-32 所示。

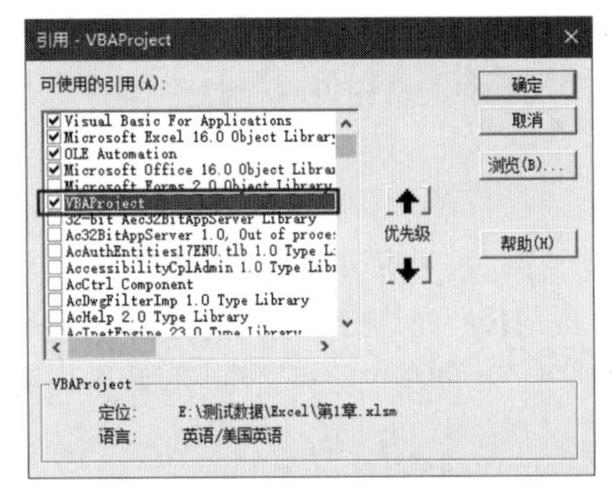

图 1-31　在一个 VBA 工程中引用其他 VBA 工程

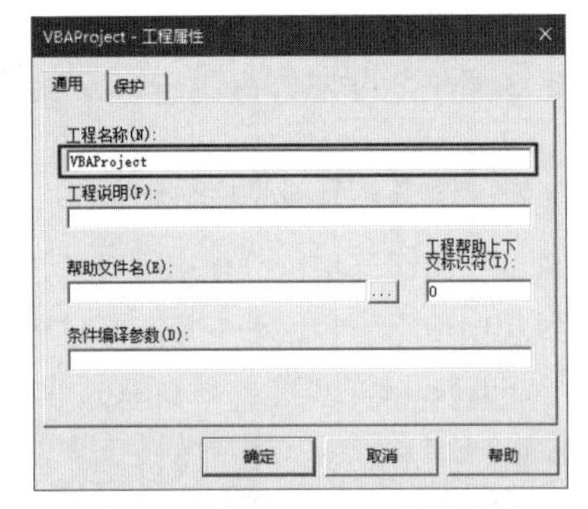

图 1-32　修改 VBA 工程的名称

变量的生存期是指在变量中存储的值的保存期限。变量的作用域直接影响变量的生存期。过程级变量中的值在过程结束时自动消失，模块级变量中的值在工作簿打开期间始终存在。如果希望过程级变量具有模块级变量的生存期，则可以在过程中使用 Static 语句将变量声明为静态变量，代码如下：

```
Static lngSales As Long
```

如需将一个过程中的所有变量都变成静态变量，可以在 Sub 过程或 Function 过程的开头添加 Static 关键字。

```
Static Sub 打开文件()
```

1.4.6　使用常量

使用常量可以存储固定不变的值。在 VBA 中已经内置了很多常量，例如在 MsgBox 函数中使用的 vbYesNo。除了 VBA 内置常量之外，用户还可以创建新的常量，将一些不易记忆的数字或文本存储到常量中，以后可以使用常量代替这些内容。

在 VBA 中使用 Const 语句声明常量，为了从外观上与变量区分，可以将常量名称全部大写。下面的代码声明一个名为 PI 的常量，在其中存储圆周率的值。

```
Const PI = 3.14159265
```

与变量类似，声明常量时也可以为其指定数据类型。下面的代码声明一个 String 数据类型的常量。

```
Const USER_NAME As String = "SongXiang"
```

常量也具有与变量类似的命名规则和作用域，此处不再赘述。

1.4.7　检测和转换数据类型

如需检测表达式或变量的数据类型，可以使用以 Is 开头的一系列 VBA 内置函数，如表 1-7 所示，这类函数的返回值是一个逻辑值 True 或 False。

表 1-7　检测数据类型的 Is 类函数

函　数	说　明
IsNumeric	检测表达式是否是数字，如果是则返回 True，否则返回 False
IsDate	检测表达式是否是有效的日期，如果是则返回 True，否则返回 False
IsObject	检测变量是否是对象变量或者包含对象引用，如果是则返回 True，否则返回 False
IsArray	检测变量是否是数组，如果是则返回 True，否则返回 False
IsEmpty	检测变量是否已经初始化，如果未初始化则返回 True，否则返回 False
IsNull	检测表达式是否是 Null 值，如果是则返回 True，否则返回 False
IsMissing	检测参数是否已经传递给过程，如果未传递则返回 True，否则返回 False
IsError	检测表达式是否是错误值，如果是则返回 True，否则返回 False

下面的代码声明一个 String 数据类型的变量，然后将一个数字以字符串的形式赋值给该变量，最后使用 IsNumeric 函数检测该变量的值是否是数字，结果返回 True，如图 1-33 所示。

```
Sub 检测数据类型()
    Dim Num As String
    Num = "168"
    MsgBox IsNumeric(Num)
End Sub
```

图 1-33　IsNumeric 函数检测结果

使用 VBA 内置的 TypeName 函数可以返回一个表示数据类型的文本，当无法确定变量中存储的值是什么数据类型时可以使用该函数。将上面示例中的代码修改为以下形式，运行结果如图 1-34 所示，证实 Num 变量中的值是字符串。

```
Sub 检测数据类型()
    Dim Num As String
    Num = "168"
    MsgBox TypeName(Num)
End Sub
```

图 1-34　使用 TypeName 函数返回表示数据类型的文本

如需转换表达式的数据类型，可以使用以 C 开头的一系列 VBA 内置函数，例如 CBool、CByte、CStr、CInt、CLng、CSng、CDbl、CDate、CCur、CVar 等，通过函数名称的拼写可以很容易了解函数将表达式转换成哪种数据类型。

下面的代码与上一个示例类似，唯一区别是使用 Cint 函数将 Num 变量的数据类型转换为 Integer，然后使用 TypeName 函数证实数据类型是否转换成功。

```
Sub 转换数据类型()
    Dim Num As String
    Num = "168"
    MsgBox TypeName(CInt(Num))
End Sub
```

注意：如果转换前的值超出目标数据类型支持的范围，则会出现错误。

1.5　创建和调用 Sub 过程

无论一个 VBA 程序包含多少行代码，所有代码都会被组织到一个或多个过程中，这些过程存储在不同的模块中。使用过程可以将复杂的代码分解成多个更小的逻辑单元，以便于代码的编写和调试。在 VBA 中最常使用的是 Sub 过程和 Function 过程，前者也称为子过程，后者也称为函数过程。在 Excel 中录制的宏是 Sub 过程，用户可以在 VBE 中创建 Sub 过程，从而实现比录制的宏更灵活、更强大的功能。本节将介绍创建和调用 Sub 过程的方法。

1.5.1　创建 Sub 过程

一个 Sub 过程由 Sub 语句开始，End Sub 语句结束，在这两个语句之间编写实现特定功能的 VBA 代码。Sub 过程的语法如下：

```
[Private | Public] [Static] Sub name [(arglist)]
[statements]
[Exit Sub]
[statements]
End Sub
```

- Private（可选）：声明一个模块级的 Sub 过程，该过程只能被其所在模块中的过程调用，不能被其他模块中的过程调用。
- Public（可选）：声明一个工程级的 Sub 过程，任何 VBA 工程中的任何过程都可以调用该过程。如果在模块顶部添加 Option Private Module 语句，则会强制将 Sub 过程变成模块级过程。
- Static（可选）：将 Sub 过程中的所有变量指定为静态变量。
- Sub（必需）：标志 Sub 过程的开始。
- name（必需）：Sub 过程的名称，与变量的命名规则相同。
- arglist（可选）：为 Sub 过程提供的一个或多个参数，参数之间使用逗号分隔。参数是 Sub 过程需要处理的数据，实际上参数就是变量，只不过在将变量传递给过程时，将变量称为参数，所以参数也具有与变量相同的数据类型。如果不提供参数，则必须保留一对空括号。
- statements（可选）：实现特定功能的 VBA 代码。
- Exit Sub（可选）：退出 Sub 过程。
- End Sub（必需）：标志 Sub 过程的结束。

可以手动输入 Sub 过程，也可以使用“添加过程”对话框中的选项创建 Sub 过程。如需手动输入 Sub 过程，可以先打开一个模块的代码窗口，然后在其中输入 Sub 和一个名称，按 Enter 键后，会自动在过程名称右侧添加一对小括号以及 End Sub 语句。

```
Sub 测试()

End Sub
```

现在可以在 Sub 和 End Sub 之间输入所需的 VBA 代码了。

如需使用“添加过程”对话框创建 Sub 过程，可以单击菜单栏中的“插入”|“过程”命令，打开“添加过程”对话框，在“名称”文本框中输入 Sub 过程的名称，然后在“类型”中选择“子程序”，还可以在“范围”中选择创建的 Sub 过程是模块级还是工程级的，最后单击“确定”按钮，如图 1-35 所示。

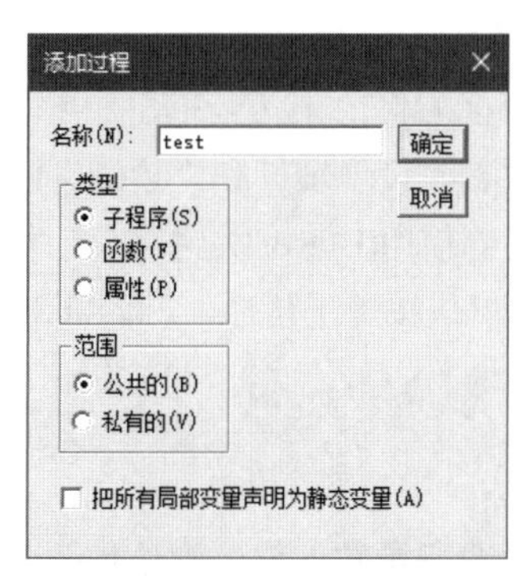

图 1-35　使用“添加过程”对话框创建 Sub 过程

提示：用户创建的不包含参数的 Sub 过程会与录制的宏同时显示在“宏”对话框中。在“宏”对话框中不显示用户创建的 Sub 过程有两种方法，一种是在创建过程时使用 Private 关键字，将过程创建为模块级的；另一种是在过程名右侧的小括号中添加至少一个参数。

1.5.2 调用 Sub 过程

将一个 VBA 程序实现的所有功能分解到多个 Sub 过程中，每个 Sub 过程只实现一种特定的功能，这种离散的组织方式为代码的编写和测试提供了很大的灵活性。在所有 Sub 过程中，总有一些 Sub 过程实现的是可能被反复使用的功能，此时无须在每个需要这种功能的地方重复编写代码，而可以直接调用实现该功能的 Sub 过程。

调用 Sub 过程最简单的方法是直接输入过程名。如果过程包含参数，则需要在过程名的右侧输入所需的参数值。如果有多个参数，则各个参数之间使用逗号分隔。下面的代码调用名为“OpenFile”的 Sub 过程，并为其提供 FileName 和 ReadOnly 两个参数的值。

```
Sub Main()
    OpenFile "第 1 章.xlsm", False
End Sub

Sub OpenFile(FileName As String, ReadOnly As Boolean)

End Sub
```

调用 Sub 过程的另一种方法是使用 Call 语句。首先输入 Call，然后输入过程名。如果过程包含参数，则需要将所需的参数放在过程名右侧的一对小括号中，各个参数之间使用逗号分隔。下面的代码使用 Call 语句调用上一个示例中的 OpenFile 过程。

```
Call OpenFile("第 1 章.xlsm", False)
```

如果在 VBA 工程中存在多个同名的 Sub 过程，则在调用它们时，需要在过程名的开头添加过程所在的模块名和一个英文句点，格式如下：

```
模块名.过程名
```

如需调用其他 VBA 工程中的 Sub 过程，可以先在 VBE 的“引用”对话框中添加对该工程的引用，然后使用以下格式的代码调用该工程中的 Sub 过程。

```
工程名.模块名.过程名
```

1.5.3 按地址或按值传递参数

创建 Sub 过程时，可以在过程名右侧的小括号中添加所需的一个或多个参数，并为这些参数指定合适的数据类型。传递参数有“按地址”和“按值”两种方式，创建 Sub 过程时可以指定参数的传递方式，在参数名的左侧使用 ByRef 关键字表示按地址传递，使用 ByVal 关键字表示按值传递，省略这两个关键字时默认按地址传递。下面的 Sub 过程包含一个按值传递的参数。

```
Sub OpenFile(ByVal FileName As String)

End Sub
```

按地址传递参数时，如果过程改变参数的值，则这种改变会直接影响变量本身。按值传递参数时，如果过程改变参数的值，则对变量本身没有任何影响。

下面的代码创建一个名为 MySum 的过程，该过程有一个按地址传递的参数，该过程执行的操作是对参数加 1。

```
Sub MySum(ByRef Num As Integer)
```

```
    Num = Num + 1
End Sub
```

下面的代码在“测试”过程中声明一个名为 intNum 的变量，然后调用 MySum 过程，并将该变量传递给该过程，最后显示该变量在 MySum 过程中执行加 1 计算后返回“测试”过程时的值。由于 MySum 过程的 Num 参数是按地址传递的，所以在 MySum 过程内部执行加 1 计算的结果会影响 intNum 变量本身，当 intNum 变量返回“测试”过程后其值是 1，如图 1-36 所示。

```
Sub 测试()
    Dim intNum As Integer
    MySum intNum
    MsgBox intNum
End Sub
```

图 1-36　按地址传递参数的结果

如果使用 ByVal 关键字将 MySum 过程中的 Num 参数指定为按值传递，则在“测试”过程中 intNum 变量的值最后会显示为 0。这是因为在 MySum 过程中无论对参数执行什么计算，按值传递时的计算结果都不会影响传递给 MySum 过程的变量本身。

1.5.4　Sub 过程的递归

递归是指在一个 Sub 过程中调用该 Sub 过程，即一个过程调用其自身。任何一个过程都可以递归，关键在于需要在满足条件时退出递归，否则会进入无限循环。

运行下面的代码将显示一个对话框，在其中输入一个名称，系统会检测输入的是否是“admin”。如果不是，则显示提示信息并通过调用该过程重新显示对话框，要求用户重新输入用户名。如果输入的是“admin”，则显示“登录成功”的提示信息并退出程序。

```
Sub 用户登录()
    Dim strUserName As String
    strUserName = InputBox("输入用户名：")
    If strUserName = "admin" Then
        MsgBox "登录成功！"
        Exit Sub
    Else
        MsgBox "用户名不正确，请重新输入！"
        Call 用户登录
    End If
End Sub
```

注意：只有输入与 admin 大小写完全匹配的英文字母，才会退出程序。如果希望输入任意大小写形式都能与 admin 匹配，则可以将 If 语句中的判断条件改为以下形式，使用 VBA 内置的 LCase 函数将用户输入的内容全部转换为小写字母。

```
If LCase(strUserName) = "admin" Then
```

也可以使用 UCase 函数将用户输入的内容全部转换为大写字母，此时需要将等号右侧的内容改为全部大写的 ADMIN。

1.6 创建和调用 Function 过程

在本章前面介绍 InputBox 函数时，该函数会返回一个值，该值表示用户在对话框中输入的内容。MsgBox 函数也有一个返回值，表示用户在对话框中单击了哪一个按钮。如果用户想要创建带有返回值的过程，则需要创建 Function 过程。是否带有返回值是 Function 过程和 Sub 过程的主要区别，该区别导致 Function 过程在语法和使用等方面与 Sub 过程存在一些差异。本节将介绍创建和调用 Function 过程的方法，还将介绍在 VBA 中使用 VBA 内置函数和 Excel 工作表函数的方法。

1.6.1 创建 Function 过程

Function 过程的语法与 Sub 过程类似，主要区别在于对返回值的处理。一个 Function 过程由 Function 语句开始，End Function 语句结束，在这两个语句之间编写实现特定功能的 VBA 代码。Function 过程的语法如下：

```
[Public | Private] [Static] Function name [(arglist)] [As type]
[statements]
[name = expression]
[Exit Function]
[statements]
[name = expression]
End Function
```

- Public（可选）：声明一个工程级的 Function 过程，任何 VBA 工程中的任何过程都可以调用该过程。如果在模块顶部添加 Option Private Module 语句，则会强制将 Function 过程变成模块级过程。
- Private（可选）：声明一个模块级的 Function 过程，该过程只能被其所在模块中的过程调用，不能被其他模块中的过程调用。
- Static（可选）：将 Function 过程中的所有变量指定为静态变量。
- Function（必需）：标志 Function 过程的开始。
- name（必需）：Function 过程的名称，与变量的命名规则相同。
- arglist（可选）：为 Function 过程提供的一个或多个参数，参数之间使用逗号分隔。参数是 Function 过程需要处理的数据。如果不提供参数，则必须保留一对空括号。
- type（可选）：为 Function 过程的返回值指定数据类型，与变量的数据类型相同。
- statements（可选）：实现特定功能的 VBA 代码。
- expression（可选）：Function 过程的返回值。如果希望 Function 过程可以返回一个值，则需要在 Function 过程结束前将其返回值赋值给 Function 过程的名称。
- Exit Function（可选）：退出 Function 过程。
- End Function（必需）：标志 Function 过程的结束。

创建 Function 过程的步骤与 Sub 过程类似，可以在代码窗口中手动输入 Function 和 End

Function，也可以使用“添加过程”对话框自动输入这两个语句，此时需要在该对话框的“类型”中选择“函数”选项，其他选项与 Sub 过程相同。

下面的代码创建一个计算两个数字之和的 Function 过程，该过程有两个参数，它们表示参与计算的两个数字，将该过程的返回值指定为 Single 数据类型，因为参与计算的数字可能是小数。

```
Function MySums(Num1, Num2) As Single
    MySums = Num1 + Num2
End Function
```

1.6.2　调用 Function 过程

调用 Function 过程的方法与调用 Sub 过程类似，包括 Function 过程的作用域规则和调用时的书写格式等方面。用户创建的 Function 过程的使用方法与 VBA 内置函数相同，可以使用连接运算符将 Function 过程与其他表达式组合在一起，也可以将 Function 过程的返回值赋给一个变量，然后使用该变量表示 Function 过程的返回值，以简化代码的输入量。

假设在 1.6.1 小节中创建的 MySums 过程位于名为“创建 Function 过程”的模块中，下面的代码在位于另一个模块的“测试”过程中调用 MySums 过程，并将其与一个字符串组合在一起，以便将它们显示在由 MsgBox 函数创建的对话框中，如图 1-37 所示。

```
Sub 调用 Function 过程()
    MsgBox "两个数字的总和是：" & 创建 Function 过程.MySums(2, 6)
End Sub
```

图 1-37　调用 Function 过程

如需在代码中处理 Function 过程的返回值并减少代码的输入量，可以将 Function 过程的返回值赋给一个变量，然后在代码中使用该变量表示 Function 过程的返回值。下面的代码将 MySums 过程的返回值赋给 sngSum 变量，然后在 If 语句中判断该变量的大小并显示指定的信息。

```
Sub 调用 Function 过程 2()
    Dim sngSum As Single
    sngSum = 创建 Function 过程.MySums(2, 6)
    If sngSum < 10 Then MsgBox "给定的两个数字太小了！"
End Sub
```

如果创建 Function 过程时，在 Function 的开头添加 Public 关键字或者省略该关键字，则创建的 Function 过程可以在工作表中使用，就像使用 Excel 内置的工作表函数一样。仍以前面创建的 MySums 过程为例，在工作表的 A1 和 B1 两个单元格中分别输入一个数字，然后在 C1 单元格中输入以下公式并按 Enter 键，将在 C1 单元格中显示两个数字之和，如图 1-38 所示。

```
=MySums(A1,B1)
```

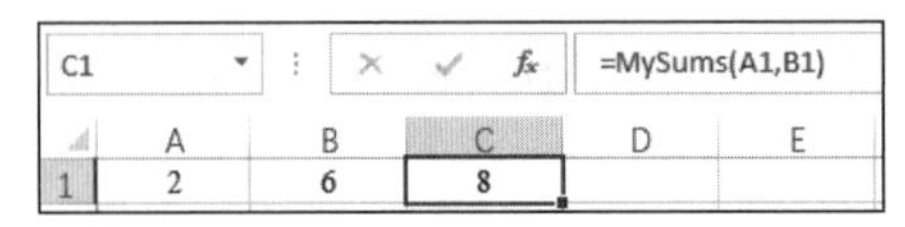

图 1-38 在工作表中使用用户创建的 Function 过程

如果不想在工作表中使用由用户创建的 Function 过程，则可以在创建 Function 过程时添加 Private 关键字，将其创建为模块级的 Function 过程。

1.6.3 使用 VBA 内置函数

用户创建的 Function 过程通常用于完成特定的计算或操作。实际上，VBA 已经内置了大量的 Function 过程，它们都是 VBA 内置的函数，这些函数可以执行很多数学和日期方面的计算，还可以处理字符串、文件和文件夹等。

如果想要使用某个 VBA 内置函数但是不知道它的英文拼写，则可以先输入 VBA 和一个英文句点，然后在弹出的列表中选择所需的函数，如图 1-39 所示。输入函数后，可以将开头的 VBA 和英文句点删除。

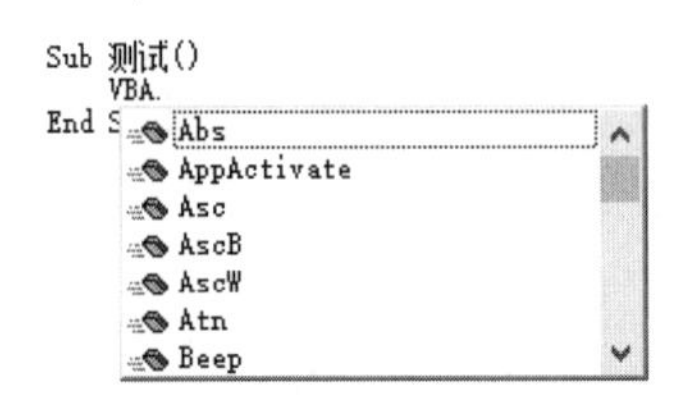

图 1-39 在列表中选择 VBA 内置函数

当用户创建的 Function 过程与 VBA 内置的函数同名时，如果直接输入 Function 过程的名称，则使用的是用户创建的 Function 过程。如需使用同名的 VBA 内置函数，需要在 Function 过程的开头添加 VBA 和一个英文句点。

1.6.4 在 VBA 中使用 Excel 工作表函数

在 VBA 代码中除了可以使用 VBA 内置函数和用户创建的 Function 过程之外，还可以使用 Excel 工作表函数。下面的代码就是使用 Excel 工作表函数统计 A1:A10 单元格区域中非空单元格的个数。

```
Application.WorksheetFunction.CountA(Range("A1:A10"))
```

Application 对象的 WorksheetFunction 属性返回 WorksheetFunction 对象，该对象的方法由 Excel 工作表函数组成。在 VBA 代码中输入 Application.WorksheetFunction.后，也会弹出一个列表，可以从中选择所需的工作表函数。由于 WorksheetFunction 是全局成员，所以在代码中可以省略对 Application 对象的引用，上面的代码可以改写成以下形式：

```
WorksheetFunction.CountA(Range("A1:A10"))
```

需要注意的是，如果一个 Excel 工作表函数与某个 VBA 内置函数的功能相同，则在 VBA 中无法使用该工作表函数。例如，工作表函数 UPPER 的功能是将英文字母转换为大写，它与 VBA 内置的 UCase 函数的功能相同，则在 VBA 中不能使用 UPPER 函数。

1.7　有选择地执行代码

在 Excel 中录制的宏只能按照用户的操作顺序逐行执行代码，这意味着录制的宏无法灵活处理可能出现的各种情况。在 VBA 中可以使用 If Then Else 和 Select Case 两个语句为程序加入条件判断机制，根据判断结果有选择地执行所需的代码。本节将介绍这两个语句的使用方法。

1.7.1　使用 If Then Else 语句根据条件选择要执行的代码

使用 If Then Else 语句可以根据条件是否成立执行一行或多行代码，该语句有单行或多行两种形式。

1. 单行 If Then Else 语句

如果只有一个条件且只执行少量的操作，则可以使用单行 If Then Else 语句，格式如下：

```
If 条件 Then 条件成立时执行的代码 Else 条件不成立时执行的代码
```

下面的代码检测用户输入的数字是否大于 10，如果是，则显示“符合要求”，否则显示“数字太小”。

```
Sub 单行If语句()
    Dim intNum As Integer
    intNum = Val(InputBox("输入一个整数: "))
    If intNum > 10 Then MsgBox "符合要求" Else MsgBox "数字太小"
End Sub
```

如果只在条件成立时才执行操作，则可以省略 Else 子句。下面的代码只在数字小于 10 时显示“不符合要求”，其他情况不显示任何信息。

```
Sub 单行If语句2()
    Dim intNum As Integer
    intNum = Val(InputBox("输入一个整数: "))
    If intNum < 10 Then MsgBox "不符合要求"
End Sub
```

2. 多行 If Then Else 语句

很多复杂问题通常需要在条件成立或不成立时执行多个操作，此时可以使用多行 If Then Else 语句，格式如下：

```
If 条件 Then
条件成立时执行的一行或多行代码
Else
条件不成立时执行的一行或多行代码
End If
```

下面的代码是本章前面的一个示例，用于检查用户输入的用户名，如果符合要求，则显示欢迎信息并退出程序，否则显示错误信息并要求用户重新输入用户名。无论条件是否成立，都需要分别执行两行代码。

```
Sub 多行If语句()
    Dim strUserName As String
    strUserName = InputBox("输入用户名: ")
    If strUserName = "admin" Then
```

```
        MsgBox "登录成功！"
        Exit Sub
    Else
        MsgBox "用户名不正确，请重新输入！"
        Call 用户登录
    End If
End Sub
```

提示：与单行 If Then Else 语句类似，如果条件不成立时不需要执行任何操作，则可以省略 Else 子句。单行 If Then Else 语句在条件成立和不成立时也可以执行多行代码，只需将多行代码写在同一行，并在各句代码之间使用英文冒号进行分隔。

处理复杂条件时，可以在多行 If Then Else 语句的内部嵌套另一个或多个 If Then Else 语句，每一个 If Then Else 语句中的 If 和 End If 必须成对出现，格式如下：

```
If 第 1 个条件 Then
    第 1 个条件成立时执行的代码
Else
    If 第 2 个条件 Then
        第 2 个条件成立时执行的代码
    Else
        If 第 n 个条件 Then
            第 n 个条件成立时执行的代码
        Else
            第 n 个条件不成立时执行的代码
        End If
        第 2 个条件不成立时执行的代码
    End If
    第 1 个条件不成立时执行的代码
End If
```

下面是一个嵌套 If Then Else 语句的示例，它也是本章前面的一个示例。

```
Sub 多行 If 语句 2()
    Dim strUserName As String
    strUserName = InputBox("输入用户名：")
    If strUserName = "Admin" Then
        MsgBox "你是管理员"
    Else
        If strUserName = "User" Then
            MsgBox "你是普通用户"
        Else
            MsgBox "你不是有效用户"
        End If
    End If
End Sub
```

如需在多个类似的条件中检查是否符合其中某个条件并执行相应的代码，则可以使用下面的格式：

```
If 第 1 个条件 Then
    第 1 个条件成立时执行的代码
ElseIf 第 2 个条件 Then
    第 1 个条件不成立但第 2 个条件成立时执行的代码
ElseIf 第 n 个条件 Then
    前 n-1 个条件都不成立但第 n 个条件成立时执行的代码
```

```
Else
    前面所有条件都不成立时执行的代码
End If
```

这种结构非常适合检测多个值中是否存在与指定值相匹配的值，并执行预先为各个值编写好的代码。下面的代码检测用户输入的数字，如果大于 100，则显示“数字太大”；如果小于 100，则显示“数字太小”，否则显示“数字有效”。

```
Sub 多行 If 语句 3()
    Dim intNum As Integer
    intNum = Val(InputBox("输入一个数字: "))
    If intNum > 100 Then
        MsgBox "数字太大"
    ElseIf intNum < 10 Then
        MsgBox "数字太小"
    Else
        MsgBox "数字有效"
    End If
End Sub
```

实际上，实现上述需求更适合使用 Select Case 语句，将在 1.7.2 小节中介绍。

1.7.2　使用 Select Case 语句根据表达式的值执行符合条件的代码

使用 Select Case 语句可以根据表达式的值从多个条件中检测是否存在符合的条件，并执行与第一个符合的条件关联的代码。Select Case 语句的格式如下：

```
Select Case 表达式
    Case 与表达式进行比较的第 1 个值
        满足第 1 个值时执行的代码
    Case 与表达式进行比较的第 2 个值
        满足第 2 个值时执行的代码
    Case 与表达式进行比较的第 n 个值
        满足第 n 个值时执行的代码
    Case Else
        不满足前面所有值时执行的代码
End Select
```

下面是使用 Select Case 语句重新编写 1.7.1 小节最后一个示例之后的代码，代码看起来更清晰。在 Case 子句中使用 Is 关键字表示 intNum 变量的值，将其与特定的值进行比较来构建判断条件。

```
Sub SelectCase 语句()
    Dim intNum As Integer
    intNum = Val(InputBox("输入一个数字: "))
    Select Case intNum
        Case Is > 100
            MsgBox "数字太大"
        Case Is < 10
            MsgBox "数字太小":
        Case Else
            MsgBox "数字有效"
    End Select
End Sub
```

如需减少代码的行数，可以将每个 Case 子句中的两行代码写在一行上：

```
Sub SelectCase语句()
    Dim intNum As Integer
    intNum = Val(InputBox("输入一个数字: "))
    Select Case intNum
        Case Is > 100: MsgBox "数字太大"
        Case Is < 10: MsgBox "数字太小":
        Case Else: MsgBox "数字有效"
    End Select
End Sub
```

提示：上面的示例使用 Is 关键字指定范围的一端，还可以使用 To 关键字指定范围的两端，例如 Case 10 To 20。

如果需要比较的不是范围而是固定的值，则可以将固定的值写在 Case 子句中。下面的代码根据用户输入的内容显示不同的欢迎信息。

```
Sub SelectCase语句2()
    Select Case LCase(InputBox("输入用户名: "))
        Case "admin"
            MsgBox "你好，管理员"
        Case "user"
            MsgBox "你好，普通用户"
        Case Else
            MsgBox "无效用户"
    End Select
End Sub
```

可以在一个 Case 子句中指定需要比较的多个值，在各个值之间使用英文逗号分隔。只要表达式与其中任意一个值匹配，就执行该 Case 子句中的代码。下面的代码检测当前 Excel 程序的版本，在第一个 Case 子句中指定了多个值，如果表达式的值与其中任意一个值匹配，则显示“Excel 2003 之后的版本”，否则显示“Excel 2003 或更早版本”的提示信息。

```
Sub SelectCase语句3()
    Select Case Application.Version
        Case "16.0", "15.0", "14.0", "12.0"
            MsgBox "Excel 2003之后的版本"
        Case Else
            MsgBox "Excel 2003或更早版本"
    End Select
End Sub
```

与嵌套的 If Then Else 语句类似，Select Case 语句也可以互相嵌套，还可以将 If Then Else 和 Select Case 两个语句嵌套在一起，从而构建可以处理复杂条件的代码。

1.8　重复执行代码

编程解决的主要问题之一是可以自动处理需要重复执行的操作，最大限度地提高效率并减少人为失误。在 VBA 中可以使用 For Next 和 Do Loop 两个语句处理需要重复执行的操作，本节将介绍它们的使用方法。

1.8.1　使用 For Next 语句重复执行代码指定的次数

如果事先知道代码需要重复执行的次数，则可以使用 For Next 语句，该语句的语法如下：

```
For counter = start To end [Step step]
[statements]
[Exit For]
[statements]
Next [counter]
```

- counter（必需）：计数器，其值在循环期间将不断递增或递减。
- start（必需）：计数器的起始值。
- end（必需）：计数器的终止值。
- Step step（可选）：计数器的步长，即计数器每次递增或递减的增量。以大写字母 S 开头的 Step 是 VBA 中的关键字，以小写字母 s 开头的 step 在编写代码时需要换成实际值。如果步长是 1，则可以写成 Step 1。由于 1 是步长的默认值，所以可以省略 Step 1。
- statements（可选）：实现特定功能的 VBA 代码。
- Exit For（可选）：退出 For Next 循环。

下面的代码计算自然数 1～10 的所有数字之和。由于两个相邻自然数的差值是 1，所以本例中的 For Next 语句的步长是 1，辨析代码时可将其省略。

```
Sub ForNext语句()
    Dim intCounter As Integer, intSum As Integer
    For intCounter = 1 To 10
        intSum = intSum + intCounter
    Next intCounter
    MsgBox "数字的总和是: " & intSum
End Sub
```

如需计算 1～10 中的所有偶数之和，可以将步长值设置为 2，并将计数器的起始值设置为 0，代码如下：

```
Sub ForNext语句2()
    Dim intCounter As Integer, intSum As Integer
    For intCounter = 0 To 10 Step 2
        intSum = intSum + intCounter
    Next intCounter
    MsgBox "所有偶数的总和是: " & intSum
End Sub
```

如果希望求和的数字范围完全由用户指定，则可以使用 InputBox 函数接收用户输入的数字，然后将其返回值指定为计数器的起始值和终止值。为了避免在输入不能转换为数字的字符串时程序出错，需要使用 VBA 内置的 IsNumeric 函数检测用户两次输入的数字是否都是数字，如果都是数字，才会使用 For Next 语句对数字求和。使用 And 运算符连接两个 IsNumeric 函数可以实现同时满足是数字的条件。

```
Sub ForNext语句3()
    Dim intCounter As Integer, intSum As Integer
    Dim intStart As String, intEnd As String
    intStart = InputBox("输入数字范围的下限")
    intEnd = InputBox("输入数字范围的上限")
    If IsNumeric(intStart) And IsNumeric(intEnd) Then
```

```
        For intCounter = intStart To intEnd
            intSum = intSum + intCounter
        Next intCounter
        MsgBox "指定范围内的所有数字的总和是：" & intSum
    End If
End Sub
```

1.8.2 使用 Do Loop 语句在满足条件时重复执行代码

如果事先无法确定代码需要重复执行的次数，但是知道在什么情况下开始或结束重复执行代码，此时应使用 Do Loop 语句。在 Do Loop 语句中使用 While 或 Until 设置开始或结束循环的条件，共有 4 种形式。

1. 先检测条件是否成立，如果成立则开始循环

```
Do While 条件
    条件成立时执行的代码
Loop
```

下面的代码说明了这种 Do Loop 形式的工作方式，在开始 Do Loop 循环之前，先检测用户输入的数字是否小于 10，如果小于 10，则执行 Do Loop 中的代码，每循环一次 intNum 变量都加 1，直到 intNum 变量的值等于 10 为止。如果最初输入的数字大于或等于 10，则跳过 Do Loop 语句，直接在对话框中显示该数字。

```
Sub DoLoop语句()
    Dim intNum As Integer
    intNum = Val(InputBox("输入一个数字："))
    Do While intNum < 10
        intNum = intNum + 1
    Loop
    MsgBox intNum
End Sub
```

2. 循环一次后检测条件是否成立，如果成立则继续循环

```
Do
    条件成立时执行的代码
Loop While 条件
```

下面的代码说明了这种 Do Loop 形式的工作方式，修改了上一个示例中的代码，此时无论用户输入的是什么数字，都会先进入 Do Loop 循环对该数字加 1，然后判断数字是否小于 10，如果小于 10，则继续对该数字加 1，直到数字等于 10 为止，否则不再执行 Do Loop 中的代码，而直接在对话框中显示 intNum 变量的当前值。

```
Sub DoLoop语句2()
    Dim intNum As Integer
    intNum = Val(InputBox("输入一个数字："))
    Do
        intNum = intNum + 1
    Loop While intNum < 10
    MsgBox intNum
End Sub
```

当在对话框中输入的数字大于或等于 10 时，本例最后在对话框中显示的数字会比上一个示例的数字大 1，这是因为在本例中无论输入多大的数字，都会先执行加 1 的计算。

3. 先检测条件是否成立，如果成立则结束循环

```
Do Until 条件
    条件不成立时执行的代码
Loop
```

下面的代码说明了这种 Do Loop 形式的工作方式，本例代码的运行结果与使用第一种 Do Loop 形式的示例相同。在代码的编写方式上有两个细微的区别，将 While 改成 Until，然后将条件改成相反的条件，即将“小于 10”改成“大于或等于 10”。

```
Sub DoLoop 语句 3()
    Dim intNum As Integer
    intNum = Val(InputBox("输入一个数字: "))
    Do Until intNum >= 10
        intNum = intNum + 1
    Loop
    MsgBox intNum
End Sub
```

4. 循环一次后检测条件是否成立，如果成立则结束循环

```
Do
    条件不成立时执行的代码
Loop Until 条件
```

下面的代码说明了这种 Do Loop 形式的工作方式，本例与使用第二种 Do Loop 形式的示例在代码的编写方式上也有与上一个示例类似的两个区别。

```
Sub DoLoop 语句 4()
    Dim intNum As Integer
    intNum = Val(InputBox("输入一个数字: "))
    Do
        intNum = intNum + 1
    Loop Until intNum >= 10
    MsgBox intNum
End Sub
```

无论使用以上哪种形式的 Do Loop 语句，都可以使用 Exit Do 语句立刻结束循环并执行 Loop 语句后面的代码，这给在 Do Loop 语句中加入额外的判断条件提供了机会。

下面的代码在 Do Loop 语句中首先执行显示接收用户输入的对话框的代码，然后使用 If Then 语句判断是否在未输入内容的情况下关闭了对话框，如果是，则使用 Exit Do 语句立刻结束 Do Loop 循环；如果不是，则检测输入的用户名是否是 admin。如果是 admin，则在对话框中显示“欢迎登录系统”，否则重新显示接收用户输入的对话框，用户需要再次输入用户名并重复之前的检测。

```
Sub DoLoop 语句 5()
    Dim strUserName As String
    Do
        strUserName = InputBox("输入用户名: ")
        If strUserName = "" Then Exit Do
    Loop While LCase(strUserName) <> "admin"
    If strUserName <> "" Then MsgBox "欢迎登录系统"
End Sub
```

1.9 对象编程

在 Excel 中编写的 VBA 代码几乎都是在处理各种对象。Excel 中的对象代表 Excel 应用程序中的各种元素，工作簿、工作表、单元格、字体、图片、形状、图表等都是对象，Excel 应用程序本身也是一个对象。编程处理 Excel 中的对象不但可以使界面环境中的手动操作变成自动执行，还可以完成很多在界面环境中无法实现的功能。本节将介绍在 VBA 中进行对象编程的基本概念和一般方法，编程处理 Excel 中的具体对象的方法将在后续章节中详细介绍。

1.9.1 Excel 对象模型

为了通过编程完整控制 Excel 应用程序，微软提供了一个与 Excel 应用程序中的各个元素完全对应的 Excel 对象模型，该模型包含可以编程处理的所有 Excel 对象以及对象之间的关系。Excel 对象模型就像一张 Excel 应用程序中所有对象的关系脉络图。

Application 对象在 Excel 对象模型中是最顶层的对象，它代表 Excel 应用程序，该对象是其他所有对象的发源地。在 Excel 应用程序中创建的每一个工作簿都是一个 Workbook 对象，在工作簿中创建的每一个工作表都是一个 Worksheet 对象，工作表中的任意单元格或单元格区域都是 Range 对象。

上面简单介绍的几个对象的层次结构可以表示为以下形式，它们的级别从左到右逐层下降。这几个对象是 Excel 对象模型中最重要、使用率最高的对象，通过它们可以延伸出其他对象，直到蔓延至整个对象模型。

```
Application⇨⇨Workbook⇨Worksheet⇨Range
```

使用 VBE 中的对象浏览器可以查看 Excel 对象模型中的所有对象。打开对象浏览器有以下几种方法：

- ❐ 单击菜单栏中的“视图”|“对象浏览器”命令。
- ❐ 单击“标准”工具栏中的“对象浏览器”按钮。
- ❐ 按 F2 键。

打开的对象浏览器如图 1-40 所示。如要查看 Excel 对象模型中的所有对象，可以在顶部的下拉列表中选择 Excel，在“类”列表框中会显示所有 Excel 对象。选择一个 Excel 对象，右侧会显示该对象的属性、方法和事件，图标表示对象的属性、图标表示对象的方法，图标表示对象的事件。

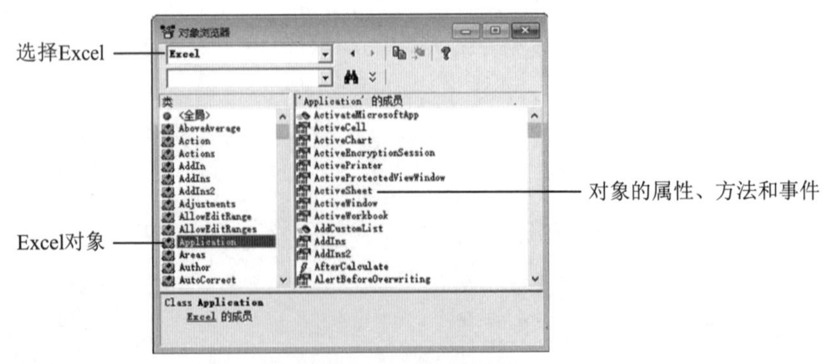

图 1-40　对象浏览器

提示： 严格地说，在“类”列表框中显示的是每个对象的类。为了易于理解“类”的概念，可以将类看作对象的模板，每个对象都是通过类创建的，与从工作簿模板创建工作簿的方式类似。由类创建的对象称为类的实例。每一个类具有哪些属性、方法和事件是事先被定义好的，使用类创建多个对象后，可以为这些对象的同一个属性设置不同的值，使每个对象具有自己的特征，也可以使用同一种方法操作对象，但是为方法提供不同的参数，从而得到不同的操作结果。

1.9.2　引用集合中的对象

当同一种对象的数量不止一个时，这些对象就构成了集合。例如，在 Excel 中打开的所有工作簿构成了工作簿集合，在 Excel 对象模型中表示为 Workbooks。一个工作簿中的所有工作表构成了工作表集合，在 Excel 对象模型中表示为 Worksheets。

如需引用集合中的某个对象，可以使用两种方法。如果集合中的所有对象都有一个唯一的名称，则可以使用名称引用对象。如果当前工作簿包含名为 2021、2022 和 2023 的 3 个工作表，则下面的代码引用名为“2023”的工作表。

```
Worksheets("2023")
```

如果名为“2023”的工作表是第 3 个工作表，则还可以使用索引号引用该工作表。

```
Worksheets(3)
```

注意： 如需一直引用某个工作表，则应该使用名称而非索引号来引用这个工作表，因为索引号会根据工作表位置的变动而改变。

如果要引用的工作表所属的工作簿不是当前工作簿，则需要在代码中添加对特定工作簿的引用。

```
Workbooks("总公司").Worksheets("2023")
```

1.9.3　使用对象变量引用对象

在 VBA 支持的数据类型中有一个 Object 类型，它表示一般对象类型。当无法确定对象的具体类型时，可以将变量声明为 Object 数据类型。编程处理 Excel 对象时，通常不会使用 Object 数据类型，而是将变量声明为 Excel 中的特定对象类型。将声明为一般或特定对象类型的变量称为对象变量。下面的代码将名为 wks 的变量声明为 Worksheet 对象类型，以后可以在代码中使用该对象变量引用一个工作表。

```
Dim wks As Worksheet
```

将一个变量声明为特定的对象类型后，还需要使用 Set 语句将特定的对象赋值给该变量，然后才能在代码中使用该变量引用特定的对象。下面的代码将当前工作簿中名为“2023”的工作表赋值给 wks 变量，以后可以使用 wks 变量引用该工作表。

```
Set wks = Worksheets("2023")
```

使用对象变量引用对象不仅可以减少代码的输入量，还可以提高程序的运行效率。当不再使用某个对象变量时，可以使用 Set 语句将 Nothing 赋值给该对象变量，清除在对象变量中引用的对象，使对象变量恢复到赋值前的状态。

```
Set wks = Nothing
```

在实际编程中，为了避免使用一个没有引用实际对象的对象变量而导致程序出错，可以使用 Is 关键字配合 Nothing 来检测一个对象变量是否正在引用一个对象。下面的代码检测 wks 对象变量是否是 Nothing，如果是，说明该对象变量没有引用任何特定的对象，此时将退出 Sub 过程。

```
If wks Is Nothing Then Exit Sub
```

如需在对象变量不是 Nothing 时执行操作，可以在上面的代码中添加 Not 关键字。

```
If Not wks Is Nothing Then Exit Sub
```

1.9.4　对象的属性

属性是对象具有的特征。例如，Worksheet 对象有一个 Name 属性，该属性表示工作表的名称。如需修改工作表的名称，可以为 Name 属性设置一个值，就像为变量赋值一样。下面的代码将名为“2023”的工作表的名称设置为“2023 年”。

```
Worksheets("2023").Name = "2023年"
```

提示：如果当前工作簿中没有名为“2023”的工作表，则运行代码时会出错。

除了可以设置属性的值之外，还可以使用属性的值。下面的代码显示当前工作簿中第 1 个工作表的名称。

```
MsgBox Worksheets(1).Name
```

如需在代码中多次使用属性的值，可以将它赋值给一个变量，然后使用变量代表属性的值。下面的代码将当前工作簿中第 1 个工作表的名称存储在 strSheetName 变量中。

```
strSheetName = Worksheets(1).Name
```

对象的很多属性返回的是一个值，例如上面代码中的 Worksheet 对象的 Name 属性。然而，对象的某些属性返回的也可能是另一个对象。下面的代码将 A1 单元格的字体设置为“黑体”。

```
Range("A1").Font.Name = "黑体"
```

Range("A1")是一个 Range 对象，Font 是该对象的属性，它表示单元格的字体格式（字体、字号、颜色等）。为 Range 对象使用 Font 属性后，返回的是一个 Font 对象。Font 后面的 Name 是 Font 对象的属性，表示字体的名称。上面的代码中位于等号左侧的 3 个部分连在一起，它们的运作方式是：先使用 Range 对象的 Font 属性返回一个 Font 对象，然后使用 Font 对象的 Name 属性设置字体名称。编写 VBA 代码处理 Excel 应用程序时经常会遇到这种情况。

1.9.5　对象的方法

方法是对象可以执行的操作。Workbook 对象有一个 Close 方法，该方法用于关闭工作簿。下面的代码是关闭名为“总公司”的工作簿。

```
Workbooks("总公司").Close
```

提示：如果当前没有打开名为“总公司”的工作簿，则运行代码时会出错。

如果工作簿中存在未保存的内容，则运行上面的代码会显示一个对话框，询问用户是否保存工作簿，选择后才会关闭工作簿。如果在关闭工作簿时不想被这个对话框打扰，无论工作簿中是否存在未保存的内容，都自动保存并关闭工作簿，则可以使用下面的代码，将 Close 方法的 SaveChanges 参数设置为 True。

```
Workbooks("总公司").Close True
```

如需不保存修改而直接关闭工作簿，可以将 True 改为 False。如果希望代码的含义更清晰，则可以使用命名参数，与本章前面介绍 MsgBox 函数时使用命名参数的方法相同。下面的代码使用命名参数的方式指定 SaveChanges 参数的值，在参数名及其值之间添加一个冒号和一个等号。

```
Workbooks("总公司").Close SaveChanges:=True
```

与属性类似，对象的某些方法也可以返回另一个对象。例如，Worksheets 对象的 Add 方法将新建一个工作表，并返回一个 Worksheet 对象，该对象表示这个新建的工作表。为了在后面的代码中使用由 Add 方法新建的工作表，可以将该方法返回的 Worksheet 对象赋值给一个对象变量。

下面的代码是使用 Worksheets 对象的 Add 方法在当前工作簿中新建一个工作表，并将其返回的 Worksheet 对象赋值给 wks 对象变量，现在 wks 对象变量表示这个新建的工作表。然后为 wks 对象变量设置 Name 属性以修改新工作表的名称。

```
Sub 对象的方法()
    Dim wks As Worksheet
    Set wks = Worksheets.Add
    wks.Name = "2024"
End Sub
```

1.9.6　父对象和子对象

Excel 对象模型中的各个对象构成了复杂的层次结构，它就像一条线路图，可以在编写代码时为找到特定的对象提供方向。在 Excel 对象模型中，Application 对象处于最顶层，比其他所有对象的级别都高。

Workbook 对象位于 Application 对象的下一层，Worksheet 对象位于 Workbook 对象的下一层。在相邻的上下两层对象中，将上一层对象称为父对象，将下一层对象称为子对象。所以 Application 对象是 Workbook 对象的父对象，Workbook 对象是 Application 对象的子对象，而 Workbook 对象又是 Worksheet 对象的父对象。很多 Excel 对象同时充当父对象和子对象的角色，就像此处的 Workbook 对象。

如需从一个对象返回其子对象，只需使用可以返回特定对象的属性，正如 1.9.4 小节中介绍的。如需从一个对象返回其父对象，可以使用对象的 Parent 属性。下面的代码使用 Worksheet 对象的 Parent 属性，返回 Worksheet 对象的父对象 Workbook 对象，然后使用 Workbook 对象的 Name 属性返回特定的工作表所属工作簿的名称。

```
Worksheets("2023").Parent.Name
```

如需返回特定的工作表所属工作簿所在的 Excel 应用程序的版本号，可以使用两次 Parent 属性。第一个 Parent 属性返回 Worksheet 对象的父对象——Workbook 对象，第二个 Parent 属性是 Workbook 对象的属性，返回的是 Workbook 对象的父对象——Application 对象。

```
Worksheets("2023").Parent.Parent. Version
```

如果起始对象的层次级别很低，则可能需要使用很多个 Parent 属性才能返回 Application 对象。实际上，无论对象处于哪个层次级别，都可以使用 Application 属性直接返回 Application 对象，代码如下：

```
Worksheets("2023").Application.Version
```

1.9.7　使用 With 语句提高处理同一个对象的效率

在 VBA 程序中对一个对象或对象变量的每一次引用都会消耗一定的内存。下面的代码为 A1 单元格设置多种字体格式，其中对 A1 单元格的 Font 属性引用了 4 次。

```
Sub 设置多个属性()
    Range("A1").Font.Name = "宋体"
    Range("A1").Font.Size = 12
    Range("A1").Font.Bold = True
    Range("A1").Font.Color = vbRed
End Sub
```

一种更好的方法是使用 With 语句在最开始只引用一次 A1 单元格的 Font 属性，之后可以为 A1 单元格的 Font 属性返回的 Font 对象设置一系列的属性和方法，但是必须在属性和方法的开头保留英文句点，整个 With 语句以 With 开始，End With 结束。使用 With 语句既可以提高代码效率，还可以减少代码的输入量。

```
Sub 使用With语句设置多个属性()
    With Range("A1").Font
        .Name = "宋体"
        .Size = 12
        .Bold = True
        .Color = vbRed
    End With
End Sub
```

1.9.8　使用 For Each 语句处理集合中的对象

可能经常需要处理一个集合中的每一个对象，尤其是处理集合中满足条件的对象，此时可以使用 For Each 语句，该语句的语法如下：

```
For Each element In group
[statements]
[Exit For]
[statements]
Next [element]
```

- element（必需）：循环访问集合中每一个对象的对象变量。
- group（必需）：对象集合。
- statements（可选）：处理对象的 VBA 代码。
- Exit For（可选）：退出 For Each 语句。

For Each 语句与 For Next 语句类似，区别是 For Each 语句不需要事先知道循环的次数。无论集合中有多少个对象，For Each 语句都会依次处理每一个对象，直到处理完所有对象。如果在 For Each 语句中加入 If Then Else 语句，则可以只处理满足条件的对象，或者在满足特定条件时，使用 Exit For 语句提前退出循环。

下面的代码逐个查看当前工作簿中每个工作表的名称，如果发现名为“2023”的工作表，则激活该工作表并退出循环。

```
Sub ForEach语句()
    Dim wks As Worksheet
    For Each wks In Worksheets
        If wks.Name = "2023" Then
            wks.Activate
            Exit For
        End If
    Next wks
End Sub
```

1.10　调试程序并处理错误

无论代码编写的有多么仔细，都无法避免程序出现错误。VBE 提供了一些有用的调试工具，可以在程序出错时帮助用户尽快找到出错原因。本节将介绍常用调试工具的使用方法，还将介绍如何编写错误处理代码来处理运行时错误。

1.10.1　错误类型

VBA 中的错误有 3 种类型：编译错误、运行时错误和逻辑错误。

- 编译错误：在编写代码的过程中出现不符合 VBA 语法规则的代码时，会立刻被检测出来，并要求用户更正错误的代码，否则禁止运行代码。这意味着在运行代码前，必须完全解决所有现存的编译错误。
- 运行时错误：运行代码期间执行无效的操作时，会立刻中断代码的运行，并使用特定颜色标记出错的代码。解决错误后，才能继续运行代码。
- 逻辑错误：逻辑错误具有很强的隐蔽性，因为它在 VBA 语法规则和程序运行两个方面都不会出现问题，也从不会显示任何错误信息，但是程序的运行结果与预期存在偏差或完全不同。

如需设置出错代码的标记颜色，可以在 VBE 窗口中单击菜单栏中的“工具”|“选项”命令，打开“选项”对话框，在“编辑器格式”选项卡中设置，如图 1-41 所示。

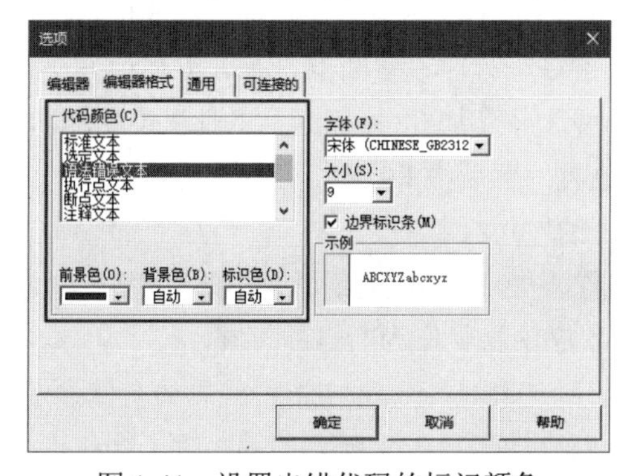

图 1-41　设置出错代码的标记颜色

1.10.2　运行代码的几种方式

VBE 提供了几种运行程序的方式，它们适用于不同的需求。

1. 运行整个程序

如果是第一次运行一个编写好的 VBA 程序，则通常会以常规方式运行该程序。将插入点定位到想要运行的过程的代码范围内，然后按 F5 键或单击“标准”工具栏中的▶按钮，开始运行程序。如果运行过程中出现运行时错误，则会显示一个包含错误信息的对话框，如图 1-42 所示。

图 1-42　显示运行时错误信息的对话框

单击对话框中的“调试”按钮，将进入中断模式，此时程序暂停运行，并突出显示出错代码，如图 1-43 所示。

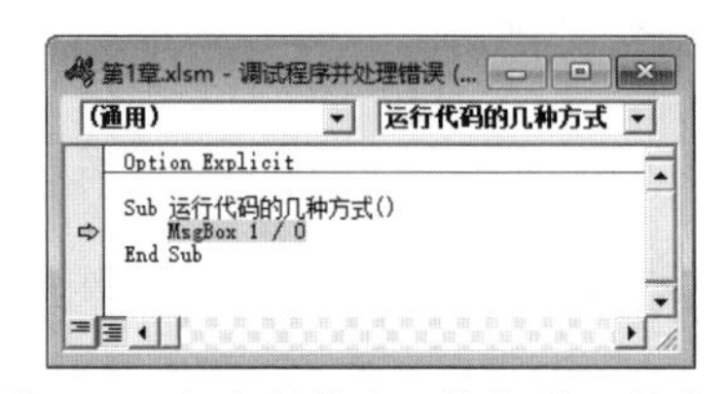

图 1-43　在中断模式下修复错误的代码

更正错误后，按 F5 键从出错代码的位置继续运行程序。如需从头开始运行程序，可以单击“标准”或“调试”工具栏中的“重新设置”按钮，然后按 F5 键。

2. 逐行运行代码

如需了解程序中每一行代码的运行情况，可以使用 F8 键逐行运行代码。每按一次 F8 键，将从程序起始位置开始每次向下运行一行代码并进入中断模式。在中断模式下，将鼠标指针移动到变量或表达式上，将显示它们的当前值，便于检查程序是否正按照预期运行。

3. 运行到指定位置

如果希望让程序直接运行到可能有问题的代码行之前的位置，以便于逐步排查错误，并节省运行中间代码的时间，则可以为程序设置断点，有以下几种方法：

- 单击要设置断点的位置，然后单击“标准”工具栏中的“切换断点”按钮。
- 单击要设置断点的位置，然后按 F9 键。
- 在要设置断点的位置的左边缘单击。
- 右击要设置断点的位置，在弹出的快捷菜单中选择“切换”|“断点”命令，如图 1-44 所示。
- 将 Stop 语句添加到程序中希望作为断点的位置。

设置为断点位置的代码行会突出显示，并在该行代码的左侧显示一个圆点，如图 1-45 所示。可以在一个程序中设置多个断点。运行包含断点的程序时，会在运行到第一个断点时暂停并进入中断模式。

图 1-44　使用鼠标快捷菜单中的命令设置断点

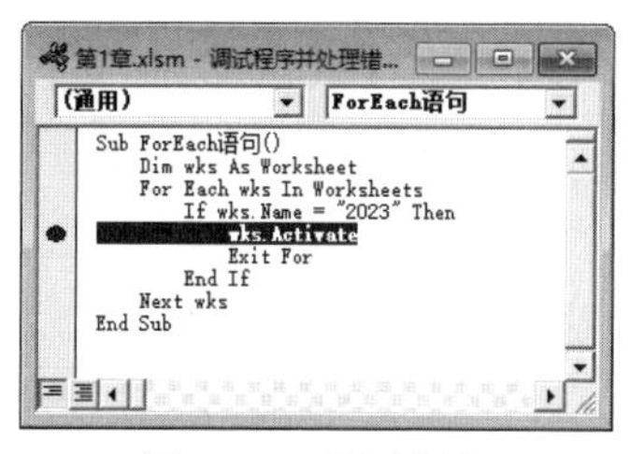

图 1-45　设置断点

清除断点与设置断点的方法相同，只需重复执行前 4 种方法中的任意一种，或者将第 5 种方法中的 Stop 语句从代码中删除。

1.10.3　监视程序中的特定值

如需监视程序运行过程中某个变量、属性或表达式的值的变化情况，可以在 VBE 窗口中单击菜单栏中的“调试”|“添加监视”命令，打开如图 1-46 所示的“添加监视”对话框，设置以下几项：

- 在“表达式”文本框中输入想要监视的内容，此处输入的是一个变量。
- 在“上下文”类别中选择实施监视的范围。
- 在“监视类型”类别中选择监视的方式，此处选中“当监视值改变时中断”单选钮，表示当监视的对象的值发生改变时，会立刻进入中断模式。

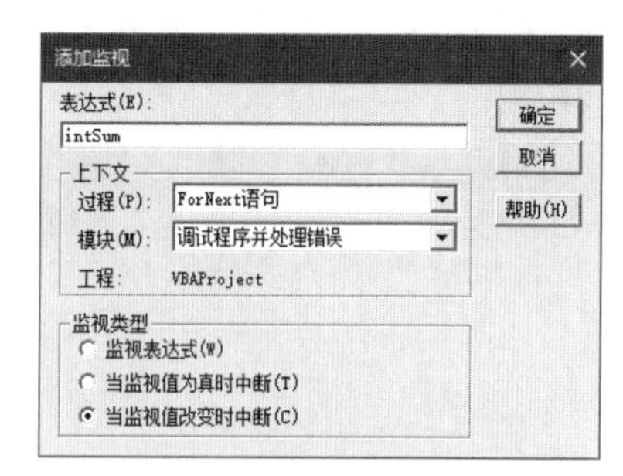

图 1-46　“添加监视”对话框

设置完成后，单击“确定”按钮，关闭“添加监视”对话框。在 VBE 窗口的底部将显示监视窗口，如图 1-47 所示。由于本例将监视类型设置为“当监视值改变时中断”，所以在程序运行过程中，intSum 变量的值每次发生改变时都会自动进入中断模式，并在监视窗口中显示该变量的值。

如需修改或删除现有的监视，可以在监视窗口中右击该项，然后在弹出的快捷菜单中选择“编辑监视”或“删除监视”命令，如图 1-48 所示。

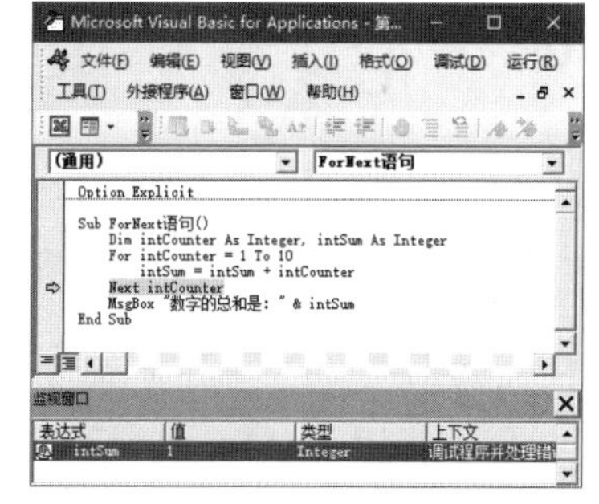

图 1-47　运行程序时监视变量的值

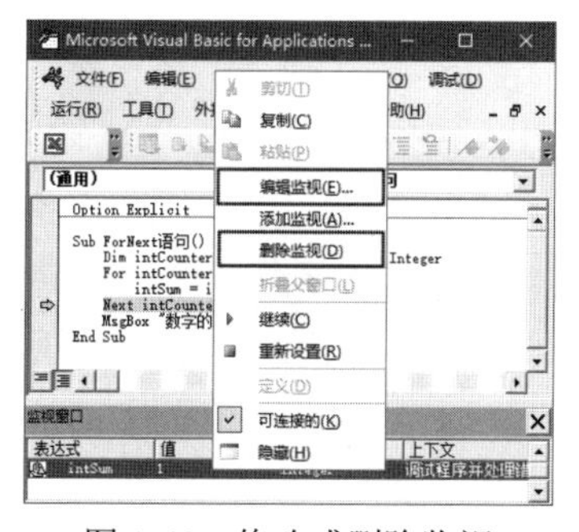

图 1-48　修改或删除监视

1.10.4 在立即窗口中测试代码

使用 1.10.3 小节介绍的方法虽然可以监视在程序运行期间某个特定值的变化情况，但是存在一些局限：

- 当表达式的值不断变化时，同一时间只能显示一个值，下一个值会覆盖上一个值，这样无法查看所有历史值。
- 每次值发生变化时，都会进入中断模式，影响程序运行的流畅性。
- 下次重新打开 Excel 文件时，需要重新添加监视的表达式。

使用立即窗口可以解决上述所有问题，使用该窗口可以测试表达式、变量或属性的值，还可以测试过程的执行情况。立即窗口有两种使用方法，一种是直接在立即窗口中使用 Print 方法测试代码，另一种方法是在程序中使用 Debug.Print 语句添加需要测试的内容，并在程序运行期间自动将测试结果显示在立即窗口中。

1. 在立即窗口中使用 Print 方法

在运行程序时手动或自动进入中断模式后，可以在立即窗口中使用 Print 方法测试表达式、变量或属性的值。假设要测试 intSum 变量的当前值，可以在立即窗口中输入以下代码，如图 1-49 所示。

```
print intsum
```

图 1-49 在立即窗口中输入要测试的代码

按 Enter 键后，将在下一行显示该变量的当前值，如图 1-50 所示。

图 1-50 显示测试结果

英文问号（?）是 Print 方法的简写形式，在立即窗口中测试代码时可以使用它代替 Print。使用英文问号时，在它和表达式之间无须添加空格，如图 1-51 所示。

图 1-51 使用 Print 方法的简写形式

2. 在代码中使用 Debug.Print 语句

如需查看一个变量在一段循环语句中值的变化情况，可以将 Debug.Print 语句添加到代码中，在运行程序后会通过该语句自动将该变量的每个值显示到立即窗口中。

在下面的代码中将 Debug.Print 语句添加到对 intSum 变量求和的代码之后，以便在每次对 intSum 变量求和立刻将其值显示在立即窗口中。运行该代码时将在立即窗口中显示如图 1-52 所示的信息。

```
Sub 使用DebugPrint语句()
```

```
    Dim intCounter As Integer, intSum As Integer
    For intCounter = 1 To 10
        intSum = intSum + intCounter
        Debug.Print "intSum 变量在第" & intCounter & "次循环时的值是: " & intSum
    Next intCounter
    MsgBox "数字的总和是: " & intSum
End Sub
```

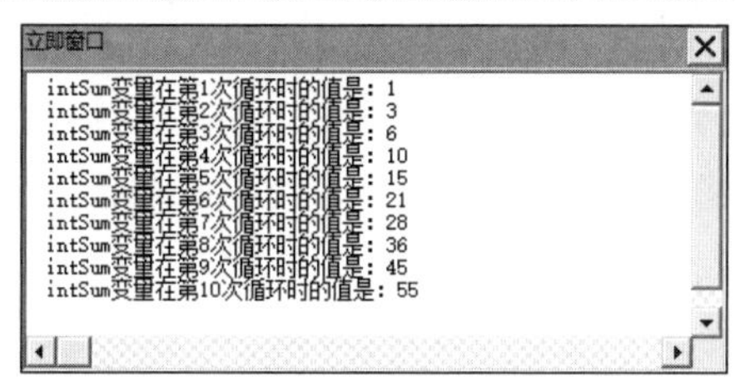

图 1-52　在代码中使用 Debug.Print 语句

1.10.5　处理运行时错误

无论是否具备丰富的 VBA 编程经验，在运行编写好的 VBA 程序时，都可能会出现运行时错误。出现运行时错误是正常现象，VBA 程序员要做的是预先考虑到程序可能会执行哪些无效操作，并在程序中事先编写处理无效操作的代码，以便在出现运行时错误，显示有指导意义的提示信息，而不是进入中断模式导致程序无法继续运行。

在 VBA 中可以使用 On Error 语句捕获运行时错误，该语句有以下几种形式：

- On Error Goto Line：捕获到运行时错误，将暂停程序的正常运行，并转到由 Line 指定的位置开始执行事先编写好的错误处理程序。Line 由一个字符串和一个冒号组成，表示错误处理程序的起点。在一个 VBA 程序中可以编写多个错误处理程序，每个错误处理程序都有一个对应的 Line。
- On Error GoTo 0：关闭正处于活动状态的错误处理程序，并恢复正常的错误捕获状态。如果在程序中使用 On Error Resume Next 语句忽略任何错误，则应该在适当的位置使用 On Error GoTo 0，否则会忽略所有运行时错误。
- On Error Resume Next：出现运行时错误时不显示任何提示信息，忽略所有运行时错误并从出错代码的下一行代码继续执行。

通常将处理运行时错误的错误处理程序放在 VBA 程序的结尾，以 Line 作为起点。在错误处理程序中，可以使用 Resume 语句决定完成错误处理后程序的走向。Resume 语句有以下几种形式：

- Resume：重新执行导致运行时错误的代码。
- Resume Next：从导致运行时错误的代码的下一行代码开始执行。
- Resume Line：执行由 Line 标记的代码，此处的 Line 与 On Error Goto Line 中的 Line 的功能和用法类似。

处理运行时错误还可以使用 Err 对象。Err 对象的 Number 属性的值是一个错误号，错误号是一个非零数字。通过检测 Number 属性的值是否是 0，可以判断是否出现了运行时错误。下面通过几个示例介绍使用 On Error 语句、Resume 语句和 Err 对象编写错误处理程序处理运行时错误的方法。

下面的代码将用户在对话框中输入的数字作为除数并被 100 除，然后在对话框中显示计算结果。由于用户输入 0 时将导致运行时错误，所以需要在程序中编写应对该错误的错误处理程序。

首先在可能导致运行时错误的代码的上一行添加 On Error GoTo Line 语句，本例将 Line 设置为 ErrTrap。然后在正常程序的结尾的下一行输入 ErrTrap 和一个冒号，按 Enter 键后，开始输入处理运行时错误的代码。本例先使用 MsgBox 函数显示一个“除数不能是 0”的提示信息，然后递归调用当前 Sub 过程，重新显示接收用户输入的对话框，让用户重新输入一个数字。为了防止在正常程序结束后继续执行错误处理程序，所以应该在正常程序的最后一行代码之后添加 Exit Sub 语句，在未出现运行时错误时不会执行错误处理程序。

```
Sub 处理运行时错误()
    Dim strNum As String
    strNum = InputBox("输入一个整数: ")
    If strNum = "" Then Exit Sub
    If Not IsNumeric(strNum) Then Exit Sub
    On Error GoTo ErrTrap
    MsgBox "计算结果是: " & 100 / strNum
    Exit Sub
ErrTrap:
    MsgBox "除数不能是 0! "
    Call 处理运行时错误
End Sub
```

下面的代码实现相同的功能，但是使用了不同的错误处理方法。先使用 On Error Resume Next 语句忽略所有运行时错误，然后检测 Err 对象的 Number 属性的值，从而判断是否出现了运行时错误，并显示相应的提示信息。本例没有使用 On Error GoTo 0 语句，因为处理完错误后没有其他需要执行的代码了，否则应该使用该语句恢复正常的错误捕获状态。

```
Sub 处理运行时错误2()
    Dim strNum As String
    strNum = InputBox("输入一个整数: ")
    If strNum = "" Then Exit Sub
    If Not IsNumeric(strNum) Then Exit Sub
    On Error Resume Next
    MsgBox "计算结果是: " & 100 / strNum
    If Err.Number <> 0 Then
        MsgBox "除数不能是 0! "
        Call 处理运行时错误2
    End If
End Sub
```

下面的代码在错误处理程序的结尾使用 Resume 语句，完成错误处理后会重新执行导致运行时错误的代码。首先使用 Set 语句将名为“2023”的工作表赋值给一个 Worksheet 类型的对象变量，如果该工作表不存在，则会导致运行时错误，此时将跳转到 ErrTrap 标签处开始执行错误处理程序。在错误处理程序中，先显示一个对话框，询问用户是否需要新建一个工作表，如图 1-53 所示。

图 1-53　是否创建工作表的提示信息

如果单击对话框中的“是”按钮，则将新建一个工作表，并将其命名为“2023”，然后使用 Resume 语句重新执行 Set 语句，此时不会再出现运行时错误，所以可以正常执行后面的代码。如果单击对话框中的“否”按钮，则直接退出程序，不再执行任何操作。

```
Sub 处理运行时错误 3()
    Dim wks As Worksheet, lngAnswer As Long
    On Error GoTo ErrTrap
    Set wks = Worksheets("2023")
    With wks.Range("A1")
        .Value = "编号"
        .Font.Name = "黑体"
        .Font.Bold = True
    End With
    Exit Sub
ErrTrap:
    lngAnswer = MsgBox("指定的工作表不存在，是否创建？", vbYesNo + vbQuestion)
    If lngAnswer = vbYes Then
        Worksheets.Add.Name = "2023"
        Resume
    Else
        Exit Sub
    End If
End Sub
```

第 2 章　控制 Excel 应用程序

Application 对象位于 Excel 对象模型的顶层，它代表 Excel 应用程序。通过 Application 对象可以编程控制 Excel 应用程序，该对象的很多属性和方法用于设置 Excel 应用程序的界面环境和相关选项，与在“Excel 选项”对话框中设置的效果相同。Application 对象的某些方法还可以实现一些特殊操作，例如定时运行程序。本章将介绍使用 Application 对象控制 Excel 应用程序的方法。

2.1　Application 对象和全局成员

Application 对象的很多属性和方法都是“全局”成员。“全局”意味着不需要为属性或方法添加对象引用，即可直接使用该对象的属性和方法。例如，ActiveWorkbook 引用活动工作簿，由于它是全局成员，所以下面的两行代码等效。

```
Application.ActiveWorkbook
ActiveWorkbook
```

在 Excel 中有很多与 ActiveWorkbook 类似的全局成员，它们引用不同的活动对象。例如，ActiveCell 引用活动单元格，ActiveSheet 引用活动工作表，ActiveChart 引用活动图表，ActiveWindow 引用活动窗口。

如需查看哪些属性和方法是全局成员，可以在 VBE 窗口中打开对象浏览器，然后在“工程/库”下拉列表中选择“Excel”选项，再在“类”列表框中选择“全局”选项，将在右侧显示 Excel 中的所有全局成员，如图 2-1 所示。

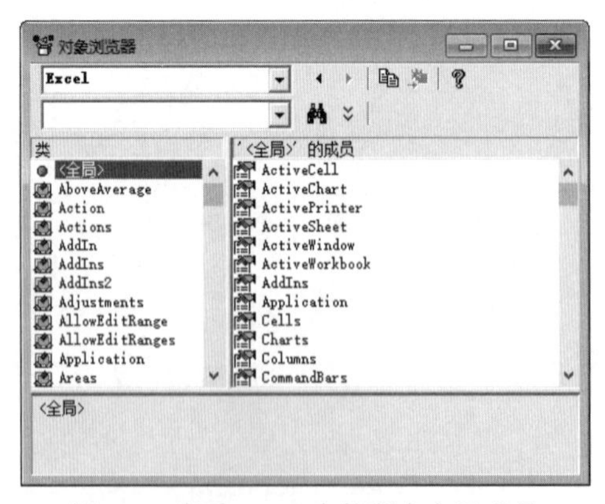

图 2-1　查看 Excel 中的所有全局成员

用于引用活动对象的全局成员为编写通用的 VBA 代码提供了极大的方便。例如，选择一个工作表时，会使其成为活动工作表。如需显示活动工作表的名称，由于事先无法预知哪个工作表会成为活动工作表，所以可以使用 ActiveSheet 动态引用已经成为活动工作表的那个工作表，代码如下。

```
ActiveSheet.Name
```

提示： *ActiveSheet 返回一个 Worksheet 对象，使用该对象的 Name 属性可以获取工作表的名称。*

Application 对象的 Selection 属性也是全局成员，它表示在活动工作簿的活动工作表中选中的对象，可以是单元格、单元格区域、图表、图形、图片等任何可以选中的对象。下面的代码将选中的单元格区域的字体设置为“宋体”。

```
Selection.Font.Name = "宋体"
```

由于上面的代码事先假设选中的是单元格区域，所以可以正常运行。如果选中的对象不支持 Font 属性，例如图片，则运行上面的代码将导致运行时错误。为了避免这种问题，可以先使用 VBA 内置的 TypeName 函数检测选中对象的类型，然后再执行相应的操作。

TypeName 函数返回表示对象类型的字符串，如果被检测的对象类型是单元格或单元格区域，则 TypeName 函数将返回“Range”。下面的代码使用 If Then Else 语句检测/Selection 的类型，如果选中的对象不是单元格或单元格区域，则会显示提示信息。

```
Sub Selection属性()
    If TypeName(Selection) = "Range" Then
        Selection.Font.Name = "宋体"
    Else
        MsgBox "需要先选择一个单元格或单元格区域"
    End If
End Sub
```

注意： *在使用 TypeName 函数的表达式的等号右侧输入的字符串的大小写形式，必须与 TypeName 函数的返回值的大小写形式完全相同。*

在代码中输入 Selection 和一个英文句点之后，不会自动显示包含属性和方法的成员列表，这是因为 Selection 默认是 Object 类型，它代表一般对象类型，这意味着 VBA 无法确定 Selection 到底是哪种对象。如需解决这个问题，可以先声明一个特定对象类型的变量，然后将 Selection 赋值给该变量，之后就会显示包含属性和方法的成员列表了，如图 2-2 所示。

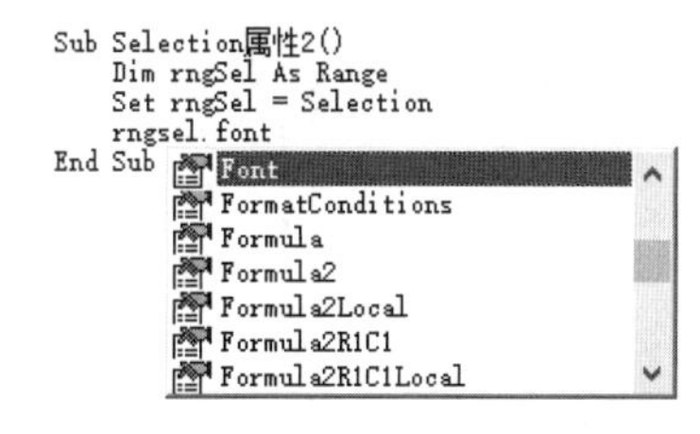

图 2-2　为 Selection 显示包含属性和方法的成员列表

2.2　获取 Excel 应用程序的基本信息

编程创建 Excel VBA 程序时，事先检查程序的一些关键信息是很有必要的，包括 Excel 版本号、用户名、安装路径、启动文件夹路径和工作簿模板路径等。本节将介绍使用 Application

对象获取这些信息的方法。

2.2.1 使用 Version 属性获取 Excel 版本号

使用 Application 对象的 Version 属性将返回 Excel 应用程序的版本号，代码如下。

```
Application.Version
```

Version 属性的返回值与 Excel 版本的对应情况如表 2-1 所示。

表 2-1 Version 属性返回的版本号与 Excel 版本之间的对应情况

Version 属性的返回值	对应的 Excel 版本
16.0	Excel 2021、Excel 2019 和 Excel 2016
15.0	Excel 2013
14.0	Excel 2010
12.0	Excel 2007
11.0	Excel 2003

如果 VBA 程序中的某些功能受到不同 Excel 版本的影响，为了避免程序出现无法预料的问题，应该检测 Excel 应用程序的版本，然后根据不同的 Excel 版本选择相应的处理方式。下面的代码检测当前正在使用的 Excel 应用程序的版本，如果 Excel 版本是 Excel 2007 或更低版本，则显示“当前版本过低，无法使用本程序”，并退出程序，否则显示另一条信息，如图 2-3 所示。

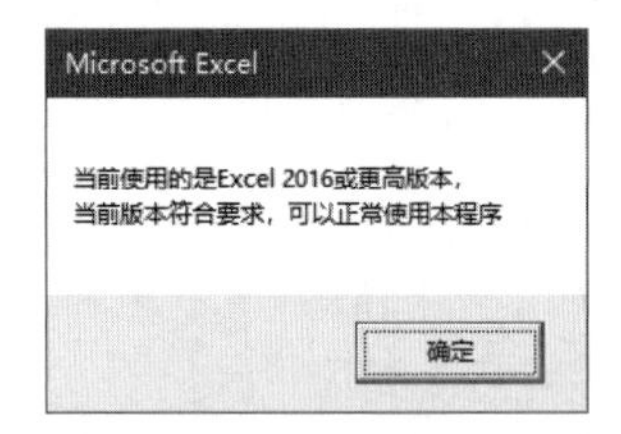

图 2-3 检测 Excel 版本并显示相应的信息

```
Sub 检测Excel版本()
    Select Case Val(Application.Version)
        Case Is >= 14
            MsgBox "当前版本符合要求，可以正常使用本程序"
        Case Else
            MsgBox "当前版本过低，无法使用本程序，" & vbCrLf & "请安装Excel 2010或更高版本"
            Exit Sub
    End Select
End Sub
```

提示：Val 函数是一个 VBA 内置函数，该函数返回字符串中的第一个数字。如果字符串的第一个字符不是数字，则返回 0。例如，Val("666Like888")返回 666。vbCrLf 是一个 VBA 内置常数，表示将插入点移动到下一行的起始位置，可以使用 Chr(13)& Chr(10)代替 vbCrLf。

2.2.2 使用 UserName 属性获取 Excel 用户名

使用 Application 对象的 UserName 属性将返回 Excel 用户，即在“Excel 选项”对话框中设置的用户名，如图 2-4 所示。

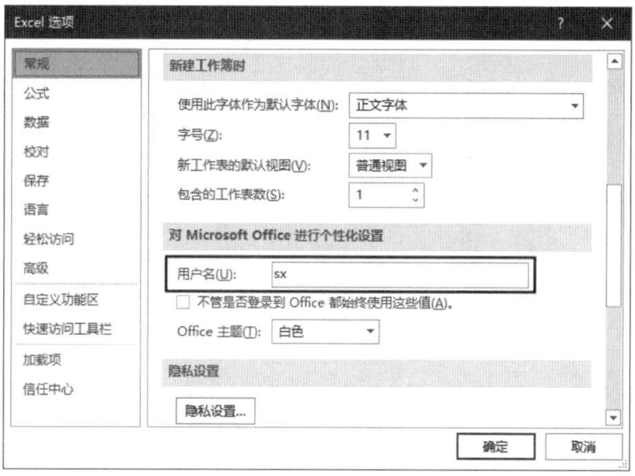

图 2-4　在“Excel 选项”对话框中设置的用户名

下面的代码将用户在对话框中输入的名称设置为 Excel 用户名。如果用户什么都没输入就单击“确定”按钮，或者单击“取消”按钮，则会再次显示输入对话框，直到用户输入内容为止。

```
Sub 设置Excel用户名()
    Dim strUserName As String
    Do
        strUserName = InputBox("输入用户名：")
    Loop While strUserName = ""
    Application.UserName = strUserName
End Sub
```

2.2.3　使用 Path 属性获取 Excel 的安装路径

使用 Application 对象的 Path 属性将返回 Excel 应用程序的安装路径。

```
Application.Path
```

可以在立即窗口中测试上述代码的运行结果，如图 2-5 所示。

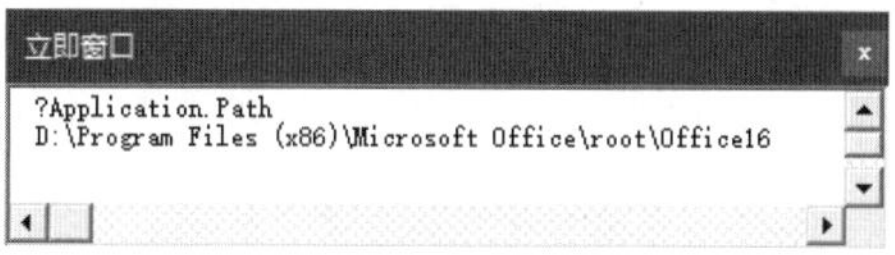

图 2-5　在立即窗口中测试 Path 属性的返回值

2.2.4　使用 StartupPath 属性获取启动文件夹路径

位于启动文件夹中的工作簿会在启动 Excel 时自动打开，第 1 章介绍过的 Personal.xlsb 工作簿就位于启动文件夹中。使用 Application 对象的 StartupPath 属性将返回 Excel 启动文件夹的路径，如图 2-6 所示。

```
Application.StartupPath
```

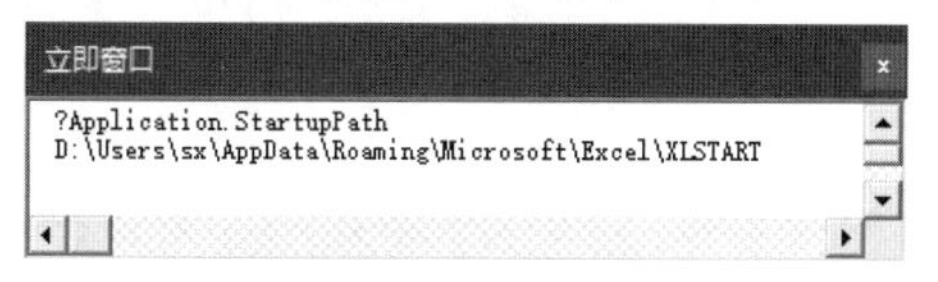

图 2-6　在立即窗口中测试 StartupPath 属性的返回值

2.2.5 使用 TemplatesPath 属性获取工作簿模板路径

如需在 VBA 程序中处理工作簿模板，需要先知道工作簿模板的存储位置。使用 Application 对象的 TemplatesPath 属性将返回 Excel 工作簿模板的路径，如图 2-7 所示。

```
Application.TemplatesPath
```

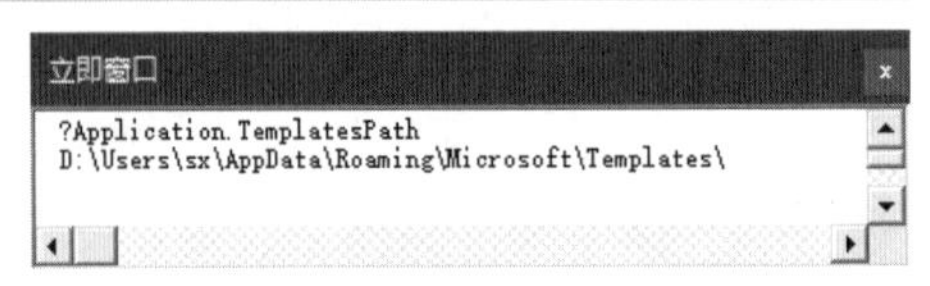

图 2-7　在立即窗口中测试 TemplatesPath 属性的返回值

2.3　设置 Excel 应用程序的界面环境

本节将介绍编程控制 Excel 界面环境的方法，其中的一些设置可以在“Excel 选项”对话框中手动完成，而另一些设置只能通过编程才能实现。

2.3.1 使用 Visible 属性设置 Excel 应用程序的可见性

启动 Excel 应用程序时，默认会正常显示程序窗口。当编写一个需要验证用户的 VBA 程序时，可能需要在显示程序窗口之前先验证用户的有效性，此时就需要在启动 Excel 时隐藏暂时隐藏程序窗口。

使用 Application 对象的 Visible 属性可以控制 Excel 程序窗口的可见性，该属性为 True 表示正常显示程序窗口，该属性为 False 表示隐藏程序窗口。下面的代码将隐藏 Excel 程序窗口。

```
Application.Visible = False
```

2.3.2 使用 WindowState 属性设置 Excel 窗口的显示状态

窗口的显示状态是指以最大化、最小化等方式显示窗口。使用 Application 对象的 WindowState 属性可以返回或设置 Excel 窗口的状态，该属性返回或设置的值由 XlWindowState 常量提供，如表 2-2 所示。

表 2-2　XlWindowState 常量

名　称	值	说　明
xlMaximized	-4137	最大化
xlMinimized	-4140	最小化
xlNormal	-4143	正常

下面的代码将活动的 Excel 窗口最大化显示。

```
Application.WindowState = xlMaximized
```

下面的代码使用 For Each 语句将当前打开的所有 Excel 窗口都设置为最大化。

```
Sub 最大化显示所有Excel窗口()
    Dim win As Window
    For Each win In Windows
```

```
        win.WindowState = xlMaximized
    Next win
End Sub
```

下面的代码实现相同的功能，但是使用的是 For Next 语句，此处使用 Windows 对象的 Count 属性获取所有打开窗口的总数，然后使用索引号引用每一个打开的窗口。Windows 是 Application 对象的属性，该属性返回 Windows 集合，使用该集合的 Count 属性返回窗口总数。

```
Sub 最大化显示所有 Excel 窗口 2()
    Dim intIndex As Integer
    For intIndex = 1 To Windows.Count
        Windows(intIndex).WindowwState = xlMaximized
    Next intIndex
End Sub
```

2.3.3　使用 DisplayFullScreen 属性设置是否全屏显示 Excel

与最大化显示 Excel 窗口不同，全屏显示会将 Excel 窗口中的标题栏、功能区、编辑栏和状态栏都隐藏起来。使用 Application 对象的 DisplayFullScreen 属性可以设置 Excel 窗口是否全屏显示，该属性为 True 表示全屏显示，该属性为 False 表示不全屏显示。下面的代码将 Excel 窗口全屏显示。

```
Application.DisplayFullScreen = True
```

2.3.4　使用 Caption 属性设置 Excel 标题栏

在 Excel 窗口顶部的标题栏中默认显示工作簿的名称和 Excel 应用程序的名称，例如"工作簿 1 - Excel"，如图 2-8 所示。

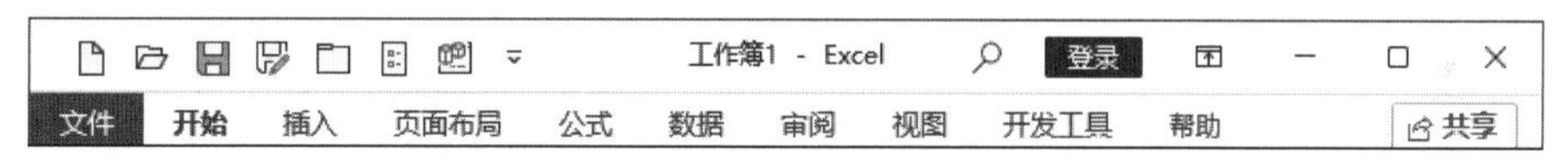

图 2-8　Excel 窗口顶部的标题栏

使用 Application 对象的 Caption 属性可以设置标题栏中的 Excel 应用程序的名称。下面的代码将标题栏中默认显示的"Excel"替换为"测试系统"，如图 2-9 所示。

```
Application.Caption = "测试系统"
```

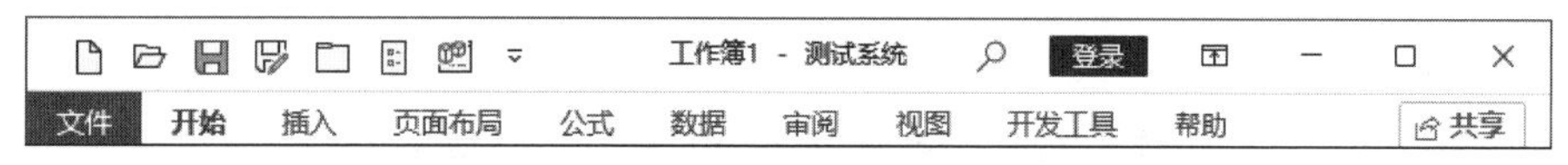

图 2-9　修改标题栏中的 Excel 应用程序的名称

如果不想在标题栏中显示任何内容，可以将 Caption 属性设置为包含空格的字符串。

```
Application.Caption = " "
```

如需恢复标题栏的默认名称，可以将 Caption 属性设置为零长度字符串。

```
Application.Caption = ""
```

使用 Application 对象的 Caption 属性可以返回标题栏中的所有内容，而不只是 Excel 应用程序的名称。下面的代码将在对话框中显示标题栏中的所有内容，如图 2-10 所示。

如果只想返回标题栏中位于"-"后面的内容，则可以使用下面的代码，使用 Mid 函数在整个标题栏内容中查找每一个字符以确定“-”的位置，然后使用 Right 函数提取位于“-”后面的所有字符。代码的运行效果如图 2-11 所示。

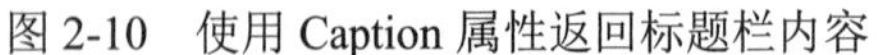
图 2-10　使用 Caption 属性返回标题栏内容

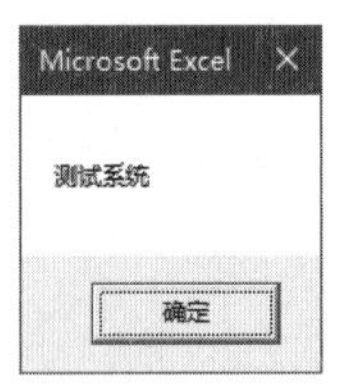

图 2-11　提取标题栏中的程序名称

```
Sub 提取标题栏中的程序名称()
    Dim strTitle As String
    Dim strAppName As String
    Dim intStart As Integer
    strTitle = Application.Caption
    For intStart = 1 To Len(strTitle)
        If Mid(strTitle, intStart, 1) = "-" Then
            strAppName = Right(strTitle, Len(strTitle) - intStart)
            Exit For
        End If
    Next intStart
    MsgBox strAppName
End Sub
```

2.3.5　使用 DisplayFormulaBar 属性设置是否显示编辑栏

Excel 中的编辑栏显示在单元格区域的上方，是一个类似文本框的长条矩形区域，可以在编辑栏中输入公式来计算工作表中的数据，如图 2-12 所示。

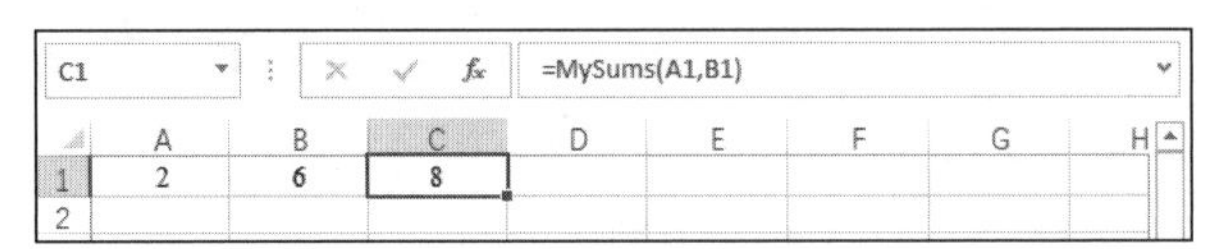

图 2-12　编辑栏

使用 Application 对象的 DisplayFormulaBar 属性可以设置是否显示编辑栏，该属性为 True 表示显示编辑栏，该属性为 False 表示隐藏编辑栏。下面的代码将隐藏编辑栏。

```
Application.DisplayFormulaBar = False
```

2.3.6　使用 ShowMenuFloaties 属性设置右击单元格是否显示浮动工具栏

浮动工具栏是在单元格进入编辑模式后选择内容时，或右击单元格时，在单元格附近显示的微型工具栏，其中包含常用的格式选项，可以提高设置格式的效率，如图 2-13 所示。

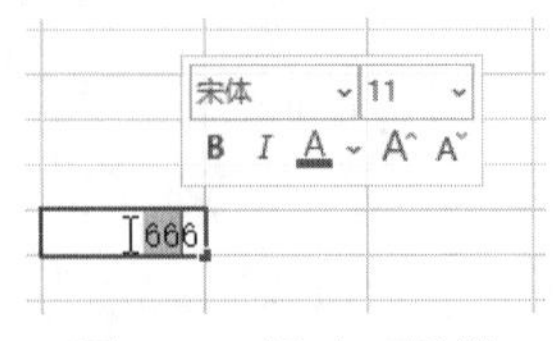

图 2-13　浮动工具栏

使用 Application 对象的 ShowSelectionFloaties 属性可以设置在单元格中选择内容时是否显

示浮动工具栏，该属性为 False 表示显示浮动工具栏，该属性为 True 表示不显示浮动工具栏。下面的代码在单元格中选择内容时不显示浮动工具栏：

```
Application.ShowSelectionFloaties = True
```

即使将 ShowSelectionFloaties 属性设置为 False 不显示浮动工具栏，但是在右击单元格时仍会显示浮动工具栏。如果希望在右击单元格时也不显示浮动工具栏，则可以将 Application 对象的 ShowMenuFloaties 属性设置为 True。

```
Application.ShowMenuFloaties = True
```

如需彻底禁止显示浮动工具栏，可以将上面两个属性都设置为 True。

2.3.7　使用 ShowDevTools 属性设置是否显示“开发工具”选项卡

使用 Application 对象的 ShowDevTools 属性可以设置在功能区中是否显示“开发工具”选项卡，该属性为 True 表示在功能区中显示“开发工具”选项卡，该属性设置为 False 表示在功能区中不显示“开发工具”选项卡。下面的代码在功能区中显示“开发工具”选项卡。

```
Application.ShowDevTools = True
```

2.3.8　使用 StatusBar 属性设置在状态栏中显示的信息

状态栏位于 Excel 窗口的底部，其中显示在 Excel 中执行操作时的状态信息，例如单元格当前所处的编辑模式。当执行耗时较长的操作时，可以在状态栏中显示有关程序处理进度的信息。使用 Application 对象的 StatusBar 属性可以返回或设置在状态栏中显示的信息。

下面的代码在 1 万个单元格中依次输入从 1 开始的连续自然数，程序运行期间在状态栏中实时显示当前正在处理第几个单元格，如图 2-14 所示。在程序结束前，应该将 StatusBar 属性设置为 False，使状态栏恢复到 Excel 默认状态，否则在状态栏中会一直显示由程序设置的信息。

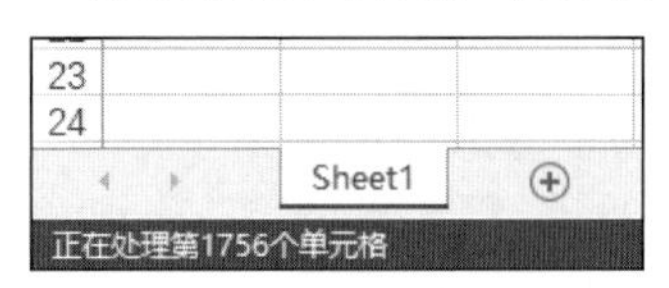

图 2-14　在状态栏中显示操作进度

```
Sub 在状态栏中显示操作进度()
    Dim intCell As Integer
    For intCell = 1 To 10000
        Cells(intCell).Value = intCell
        Application.StatusBar = "正在处理第" & intCell & "个单元格"
    Next intCell
    Application.StatusBar = False
End Sub
```

2.3.9　使用 DisplayAlerts 属性设置警告信息的显示方式

运行 VBA 程序时，可能会显示来自 Excel 的警告信息，只有对这类信息进行处理后，程序才能继续运行。例如，当 VBA 程序执行删除工作表的操作时，将显示如图 2-15 所示的对话框，只有单击“删除”按钮或“取消”按钮后，程序才能继续运行。

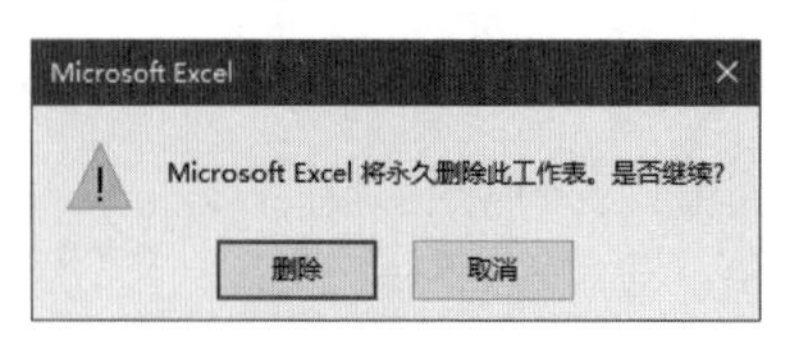

图 2-15　Excel 中的警告信息

如果不想显示该对话框而直接执行删除操作，则可以将 Application 对象的 DisplayAlerts 属性设置为 False，屏蔽任何 Excel 警告信息，此时会自动执行与对话框中默认按钮关联的操作。默认按钮是指对话框中处于焦点的按钮，即在不改变选择的情况下直接按 Enter 键生效的按钮。从外观上看，默认按钮的边缘显示为虚线或蓝色。

下面的代码执行活动工作表，为了避免出现警告信息，在执行该操作前将 DisplayAlerts 属性设置为 False。如果在删除工作表之后还有很多代码，则应该将 DisplayAlerts 属性设置为 True，使 Excel 可以正常显示警告信息，否则会屏蔽后面可能出现的所有警告信息。

```
Sub 设置警告信息的显示方式()
    Application.DisplayAlerts = False
    ActiveSheet.Delete
    Application.DisplayAlerts = True
End Sub
```

2.3.10　使用 DefaultFilePath 属性设置打开文件的默认路径

如需频繁从同一个文件夹中打开 Excel 工作簿，可以将该文件夹设置为打开文件的默认路径。以后每次执行打开文件的操作时，默认都会显示该文件夹。在“Excel 选项”对话框的“保存”选项卡中，通过设置“默认本地文件位置”选项可以实现该功能，如图 2-16 所示。

图 2-16　设置打开文件的默认路径

在 VBA 中可以使用 Application 对象的 DefaultFilePath 属性设置打开文件的默认路径。如果设置的路径不存在，则不会使无效路径的设置生效，也不会出现任何错误提示。下面的代码将指定的路径存储在 strPath 变量中，然后使用 VBA 内置的 Dir 函数检测该路径是否有效，如果路径有效，则 Dir 函数将返回路径结尾的文件夹名称，此时将该路径设置为 DefaultFilePath 属性的值；如果路径不存在，则 Dir 函数将返回零长度字符串，此时会显示提示信息。

```
Sub 设置打开文件的默认路径()
    Dim strPath As String
    strPath = "E:\测试数据\Excel"
    If Dir(strPath, vbDirectory) <> "" Then
        Application.DefaultFilePath = strPath
    Else
        MsgBox "指定的路径无效"
    End If
End Sub
```

2.3.11　使用 SheetsInNewWorkbook 属性设置新工作簿中的工作表数

在不同版本的 Excel 中，新建的工作簿中默认包含不同数量的工作表。实际上，可以在“Excel 选项”对话框的“常规”选项卡中通过修改“包含的工作表数”选项来更改默认的工作表数，如图 2-17 所示。

图 2-17　更改新建的工作簿中默认包含的工作表数

在 VBA 中可以使用 Application 对象的 SheetsInNewWorkbook 属性设置新建的工作簿中默认包含的工作表数。下面的代码将在每次新建的工作簿中自动包含 6 个工作表。

```
Application.SheetsInNewWorkbook = 6
```

2.3.12　使用 StandardFont 和 StandardFontSize 属性设置工作簿的默认字体和字号

为新建的工作簿设置默认的字体和字号有两种方法，一种是创建一个工作簿模板，在其中设置好字体和字号，保存后将其放置到 2.2.4 小节介绍的 Excel 启动文件夹中，以后每次在快速访问工具栏中单击“新建”按钮时，新建的工作簿中的字体和字号都与工作簿模板保持一致。

另一种方法是在“Excel 选项”对话框的“常规”选项卡中设置“使用此字体作为默认字体”和“字号”两个选项，如图 2-17 所示。以后每次单击“文件”按钮，然后选择“新建”|“空白工作簿”命令时，创建的空白工作簿中的字体和字号将由这两个选项决定。

使用 Application 对象的 StandardFont 和 StandardFontSize 属性可以设置第二种方法中的默认字体和字号。下面的代码将新建的工作簿中的默认字体设置为“黑体”，默认字号设置为“12”。

```
Application.StandardFont = "黑体"
Application.StandardFontSize = 12
```

注意：运行代码会立刻在“Excel 选项”对话框中显示设置结果，但是只有在退出 Excel 应用程序并再次启动它之后，设置才会真正对以后新建的工作簿有效。

2.4 Excel 应用程序的特殊操作

Application 对象的一些属性和方法可以实现一些比较特殊的功能，包括控制屏幕刷新、计算字符串表达式、定时运行程序和为程序设置快捷键，这些功能通常很难在 Excel 界面环境中实现。本节将介绍在 VBA 中使用 Application 对象实现这些功能的方法。

2.4.1 使用 ScreenUpdating 属性控制屏幕刷新

屏幕刷新是指在程序运行期间，程序执行的各种操作将导致屏幕中显示的内容不断变化和闪烁，这种现象通常会给用户带来不好的体验。使用 Application 对象的 ScreenUpdating 属性可以开启或关闭屏幕刷新，该属性为 True 表示开启屏幕刷新，该属性为 False 表示关闭屏幕刷新。

在即将开始执行一段包含大量操作的代码时，可以将 ScreenUpdating 属性设置为 False，暂时关闭屏幕刷新，这样在代码运行期间将不会让屏幕显示有任何变化，还能加快代码的运行速度。

```
Application.ScreenUpdating = False
```

在包含大量操作的代码运行结束后，可以将 ScreenUpdating 属性设置为 True，重新开启屏幕刷新。

```
Application.ScreenUpdating = True
```

注意：如需在程序运行期间显示 Excel 内置对话框或用户窗体，应该开启屏幕刷新，否则拖动对话框时会在屏幕上产生橡皮擦的效果。

2.4.2 使用 Evaluate 方法将字符串转换为对象或值

使用 Application 对象的 Evaluate 方法可以将一个字符串转换为 Excel 对象或值。Evaluate 方法有以下两种语法：

```
Evaluate("字符串")
[字符串]
```

使用第一种语法时，必须将字符串放在一对英文双引号中。使用第二种语法时，直接将字符串放在中括号内，不能在字符串的两侧添加英文双引号。下面两行代码都引用 A1 单元格：

```
Evaluate("A1")
[A1]
```

下面两行代码都返回 3 个数字的乘积：

```
Evaluate("2*3*5")
[2*3*5]
```

在上面两个示例中，使用第一种语法的优点是可以在字符串中使用&连接符连接变量，从而灵活构建表达式。使用第二种语法的优点是代码更简洁。下面的代码使用第一种语法，将变量和字符串组合在一起，用作 Evaluate 方法的参数，计算 10 和 strNumber 变量的乘积，该变量的值由用户指定。

```
Sub Evaluate 方法()
    Dim strNumber As String
    strNumber = Val(InputBox("输入一个整数"))
    MsgBox Application.Evaluate("10*" & strNumber)
End Sub
```

第 1 章曾经介绍过，如果在 Excel 工作表函数和 VBA 内置函数中同时存在完成同一个功能的函数，则在 VBA 程序中不能使用完成该功能的 Excel 工作表函数。然而，Application 对象的 Evaluate 方法打破了这种限制，可以在该方法中以字符串的形式编写使用 Excel 工作表函数的公式，Evaluate 方法会计算其结果。

下面两行代码使用工作表函数 ISBLANK 判断 A1 单元格是否为空。由于该函数与 VBA 内置的 IsEmpty 函数等效，所以不能在 VBA 中使用 ISBLANK 函数，但是可以在 Evaluate 方法中使用该函数。

```
Evaluate("ISBLANK(A1)")
[ISBLANK(A1)]
```

2.4.3　使用 OnTime 方法定时运行 VBA 程序

使用 Application 对象的 OnTime 方法可以在指定的时间自动运行 VBA 程序，只要 Excel 应用程序一直处于运行状态，但是不必打开包含 VBA 程序的工作簿，Excel 会在需要时自动打开它。在到达指定的时间之前，用户在 Excel 中的各种操作不受影响。

OnTime 方法的语法如下：

```
Application.OnTime(EarliestTime, Procedure, LatestTime, Schedule)
```

- EarliestTime（必需）：运行 VBA 程序的时间。
- Procedure（必需）：VBA 程序的名称。
- LatestTime（可选）：运行 VBA 程序的最后时间。如果在到达由 EarliestTime 参数指定的时间时，Excel 正在执行其他程序，则会等待该程序结束后再运行由 Procedure 参数指定的 VBA 程序。如果将 LatestTime 参数设置为一个时间，则会等到达该时间时再运行指定的 VBA 程序。
- Schedule（可选）：该参数为 True 表示安排一个新的运行计划，该参数为 False 表示清除当前正处于活动状态的运行计划。省略该参数时，其默认值是 True。

设置 EarliestTime 参数时可以使用 VBA 内置的 TimeValue 或 TimeSerial 函数。TimeValue 函数只有一个参数，它是一个表示时间的字符串。TimeSerial 函数有 3 个参数，分别表示时间中的时、分、秒。下面两种形式都表示当天下午 3 点 30 分：

```
TimeValue("15:30:00")
TimeSerial(15, 30, 0)
```

如需表示指定时间间隔之后的时间，可以使用+连接符连接当前时间和由 TimeValue 或 TimeSerial 函数设置的时间间隔。下面两种形式都表示 30 分钟后的时间，其中的 Now 函数返回当前系统时间。

```
Now + TimeValue("00:30:00")
Now + TimeSerial(0, 30, 0)
```

了解如何设置时间后，就可以很容易使用 On Time 方法定时运行 VBA 程序了。下面的代码在当天上午 9 点半自动运行名为“例会提醒”的 Sub 过程，向用户发送开会提醒的信息。为了使该功能生效，需要先运行包含 On Time 方法的 Sub 过程。

```
Sub OnTime 方法()
    Application.OnTime TimeValue("9:30:00"), "例会提醒"
End Sub

Sub 例会提醒()
    MsgBox "今天上午 10 点开例会"
End Sub
```

运行下面的代码，将在 15 分钟后自动运行“例会提醒”Sub 过程，此处使用的是 TimeSerial 函数。

```
Sub OnTime 方法 2()
    Application.OnTime Now + TimeSerial(0, 15, 0), "例会提醒"
End Sub
```

如需定时重复运行一个 VBA 程序，可以在该程序内使用 On Time 方法，并将该方法的 Procedure 参数设置为该程序。运行下面的代码，每隔 10 分钟会向用户发送一次例会提醒的信息。

```
Sub 例会提醒 2()
    Application.OnTime Now + TimeSerial(0, 10, 0), "例会提醒 2"
    MsgBox "今天上午 10 点开例会"
End Sub
```

如需停止定时重复运行某个 VBA 程序，需要在一个单独的 Sub 过程中编写代码，获取为运行该程序设置的时间，并将 OnTime 方法的 Schedule 参数设置为 False，即取消定时运行计划。为了在同一个模块中的不同 Sub 过程之间共享同一个时间，需要在该模块中声明一个模块级变量，然后在定时重复运行程序的 Sub 过程和停止定时重复运行的 Sub 过程中使用该变量传递时间。

在下面的示例中，先运行名为“例会提醒 3”的 Sub 过程，将每隔 10 分钟发送一次例会提醒。在该过程中，将定制运行程序的时间赋值给名为 datTime 的模块级变量，然后在“停止例会提醒”Sub 过程中将该变量设置为 On Time 方法的 EarliestTime 参数的值，从而确保两个过程中的时间完全相同。

```
Dim datTime As Date

Sub 例会提醒 3()
    datTime = Now + TimeSerial(0, 10, 0)
    Application.OnTime datTime, "例会提醒 3"
    MsgBox "今天上午 10 点开例会"
End Sub

Sub 停止例会提醒()
    Application.OnTime datTime, "例会提醒 3", , False
End Sub
```

2.4.4　使用 OnKey 方法为 VBA 程序设置快捷键

使用 Application 对象的 OnKey 方法可以为 VBA 程序设置快捷键，之后可以通过快捷键运行指定的 VBA 程序。OnKey 方法的语法如下：

```
Application.OnKey(Key, Procedure)
```

- Key（必需）：为 VBA 程序设置的快捷键。表 2-3 列出了在 OnKey 方法中表示按键的代码，在该表中没有列出字母键、数字键和符号键，因为这些按键在 OnKey 方法中直接使用按键本身的字符表示，例如 A 键在 OnKey 中表示为"a"，如果写为"A"，则表示同时按 Shift 键和 A 键。如需在快捷键中包含+、^或%，则需要将它们放在一对大括号中，此时表示它们是按键本身，而不代表 Shift 键、Ctrl 键或 Alt 键，例如"^{+}"表示按 Ctrl 键和加号键。
- Procedure（可选）：设置快捷键的 VBA 程序的名称。

表 2-3　OnKey 方法中与按键对应的代码

按　键	代　码	按　键	代　码
Shift	+	F1～F15	{F1}～{F15}
Ctrl	^	Tab	{TAB}
Alt	%	Ins	{INSERT}
Enter	{ENTER}或～（波形符）	Break	{BREAK}
Esc	{ESCAPE}或{ESC}	向上	{UP}
Backspace	{BACKSPACE}或{BS}	向下	{DOWN}
Delete 或 Del	{DELETE}或{DEL}	向左	{LEFT}
Home	{HOME}	向右	{RIGHT}
End	{END}	Caps Lock	{CAPSLOCK}
Pageup	{PGUP}	Num Lock	{NUMLOCK}
Pagedown	{PGDN}	Scroll Lock	{SCROLLLOCK}

下面的代码将“显示欢迎信息”过程的快捷键设置为 Ctrl+1，然后运行名为“设置快捷键”的过程，之后可以按 Ctrl+1 组合键运行“显示欢迎信息”过程。在 Excel 中按 Ctrl+1 组合键默认将打开“设置单元格格式”对话框，现在失去该功能，而是运行“显示欢迎信息”过程。

```
Sub 设置快捷键()
    Application.OnKey "^1", "显示欢迎信息"
End Sub

Sub 显示欢迎信息()
    MsgBox "你好"
End Sub
```

提示：退出 Excel 应用程序之前，使用 OnKey 方法设置的快捷键一直有效。

如需恢复上面示例中的 Ctrl+1 组合键在 Excel 中的默认功能，可以省略 OnKey 方法的第 2 个参数。

```
Application.OnKey "^1"
```

如需彻底禁用 Ctrl+1 组合键在 Excel 中的功能，可以将 OnKey 方法的第 2 个参数设置为零长度字符串。

```
Application.OnKey "^1", ""
```

第3章 处理工作簿和工作表

Excel对象模型中的Workbooks集合和Workbook对象，以及Worksheets集合和Worksheet对象分别代表Excel中的工作簿和工作表，本章将介绍使用这几个对象编程处理工作簿和工作表的方法。

3.1 使用Workbooks集合和Workbook对象处理工作簿

使用Application对象的Workbooks属性可以返回Workbooks集合，该集合由在Excel中打开的所有工作簿组成，其中的每一个工作簿都是一个Workbook对象。本节将介绍使用Workbooks集合和Workbook对象编程处理工作簿的方法。

3.1.1 从Workbooks集合中引用工作簿

在编程处理一个工作簿之前，需要先从Workbooks集合中引用一个特定的工作簿。假设在打开的所有工作簿中有一个名为“总公司”的工作簿，该工作簿是第1个被打开的，下面两种方法都可以引用该工作簿。

```
Workbooks("总公司")
Workbooks(1)
```

还可以使用ActiveWorkbook和ThisWorkbook两个全局成员引用工作簿，它们都是Application对象的属性。使用ActiveWorkbook可以引用活动工作簿，使用ThisWorkbook可以引用运行当前VBA代码的工作簿。当运行VBA代码的工作簿是活动工作簿时，ActiveWorkbook和ThisWorkbook引用的是同一个工作簿。

3.1.2 使用Add方法创建新的工作簿

使用Workbooks集合的Add方法可以创建新的工作簿。下面的代码是创建一个空白工作簿。

```
Workbooks.Add
```

如需使用某个工作簿作为模板创建新的工作簿，可以为Add方法指定Template参数的值，该参数表示一个Excel文件的完整路径。下面的代码使用E盘“测试数据”文件夹中的“总公司.xlsx”工作簿作为模板创建新的工作簿。

```
Workbooks.Add "E:\测试数据\总公司.xlsx"
```

使用Add方法创建一个新的工作簿后，该工作簿会自动成为活动工作簿，可以使用ActiveWorkbook引用该工作簿。下面的代码在创建一个工作簿后显示其名称，由于还未保存刚创建的工作簿，所以显示的是默认名称，例如“工作簿1”。

```
Workbooks.Add
MsgBox ActiveWorkbook.Name
```

为了便于在后面的代码引用和处理新建的工作簿，可以将使用 Add 方法创建的工作簿赋值给一个 Workbook 对象变量。下面的代码将新建的工作簿赋值给名为 wks 的对象变量。

```
Set wkb = Workbooks.Add
```

使用这种方法时如需为 Add 方法提供 Template 参数，则需要将作为模板的工作簿文件的完整路径放在一对小括号中。格式类似于为函数设置参数并将其返回值赋值给一个变量。

```
Set wkb = Workbooks.Add("E:\测试数据\总公司.xlsx")
```

如需一次性创建多个工作簿，可以在 For Next 语句中使用 Add 方法。下面的代码将创建由用户指定数量的工作簿。在进入 For Next 循环之前，需要检测用户在对话框中输入的是否是数字，以及是否不为空，即输入了至少一个字符。

```
Sub 创建多个工作簿()
    Dim strCount As String, intIndex As Integer
    strCount = InputBox("输入创建工作簿的数量：")
    If IsNumeric(strCount) And strCount <> "" Then
        For intIndex = 1 To strCount
            Workbooks.Add
        Next intIndex
        MsgBox "已创建" & strCount & "个工作簿"
    End If
End Sub
```

3.1.3 使用 Open 方法打开工作簿

使用 Workbooks 集合的 Open 方法可以打开一个工作簿，该方法有多个参数，第一个参数用于指定要打开的工作簿的完整路径。下面的代码打开 E 盘“测试数据”文件夹中名为“总公司.xlsx”的工作簿：

```
Workbooks.Open "E:\测试数据\总公司.xlsx"
```

提示：虽然省略文件的扩展名也能使代码正常运行，但是如果存在同名不同文件类型的工作簿（例如总公司.xlsx 和总公司.xls），则在省略扩展名时打开的工作簿可能不是希望的文件类型，所以输入文件名时最好加上扩展名。

如果要打开的工作簿与运行 VBA 代码的工作簿存储在 E 盘“测试数据”文件夹中，则可以使用 ThisWorkbook.Path 自动获取文件路径，后面添加一个反斜线和工作簿的名称，从而组成工作簿的完整路径。

```
Workbooks.Open ThisWorkbook.Path & "\总公司 xlsx"
```

与 Add 方法类似，使用 Open 方法也返回一个 Workbook 对象，表示刚打开的工作簿，并且该工作簿也会成为活动工作簿，使用 ActiveWorkbook 可以引用该工作簿。

如果为 Open 方法指定的工作簿不存在或路径有误，则将出现运行时错误。为了避免出错，可以在执行 Open 方法之前使用 On Error Resume Next 语句，它会忽略由 Open 方法产生的运行时错误。执行 Open 方法后检查 Err 对象的 Number 属性，如果是一个不为 0 的数字，则说明出现了运行时错误，此时会显示一条有意义的信息，而不是进入中断模式。

```
Sub 打开工作簿()
    Dim strFile As String
    strFile = "E:\测试数据\总公司.xlsx"
    On Error Resume Next
    Workbooks.Open strFile
    If Err.Number <> 0 Then MsgBox "指定的文件不存在或路径有误"
End Sub
```

如需一次性打开多个工作簿，可以使用 Array 函数存储这些工作簿的名称。首先需要将所需打开的每一个工作簿的名称指定为 Array 函数的参数，Array 函数会返回包含这些名称的 Variant 数据类型的数组，然后使用 For Each 语句逐一访问数组中的每一个元素，即可以获取每个工作簿的名称，然后使用 Open 方法依次打开它们。使用 For Each 语句访问数组中的每个元素的方法与访问集合中的对象类似。

```
Sub 打开多个工作簿()
    Dim varFile As Variant, varFiles As Variant
    varFiles = Array("北京分公司", "天津分公司", "上海分公司")
    On Error Resume Next
    For Each varFile In varFiles
        Workbooks.Open "E:\测试数据\" & varFile & ".xlsx"
        If Err.Number <> 0 Then
            MsgBox "无法打开：" & varFile & ".xlsx"
        End If
    Next varFile
End Sub
```

提示：有关数组的更多内容将在第 5 章进行介绍。

3.1.4　获取工作簿的路径和名称

编程处理工作簿时，经常需要使用工作簿的名称和路径等相关信息，可以使用 Workbook 对象的 Name、Path 和 FullName 三个属性获取这些信息。

1. 获取工作簿的名称

使用 Name 属性可以获取工作簿的名称。如果已将工作簿保存到计算机中，则返回带有扩展名的工作簿名称，否则返回不带扩展名的工作簿名称。假设当前打开了一个工作簿，下面的代码会先显示该工作簿的名称，如图 3-1 所示，然后新建一个工作簿并显示其名称，如图 3-2 所示。由于新建的工作簿还未保存到计算机中，所以显示的名称不带扩展名。

```
MsgBox ActiveWorkbook.Name
Workbooks.Add
MsgBox ActiveWorkbook.Name
```

图 3-1　已保存的工作簿带有扩展名

图 3-2　未保存的工作簿不带扩展名

2. 获取工作簿的路径

使用 Workbook 对象的 Path 属性可以获取工作簿的路径，该路径是工作簿所在文件夹的路径，路径中不包含工作簿的名称以及名称左侧的分隔符。下面的代码显示活动工作簿的路径，如图 3-3 所示，如果是一个新建还未保存到计算机中的工作簿，则显示为空。

```
ActiveWorkbook.Path
```

同时使用 Name 和 Path 属性可以获取工作簿的完整路径，如图 3-4 所示。

```
ActiveWorkbook.Path & "\" & ActiveWorkbook.Name
```

图 3-3 显示工作簿的路径

图 3-4 同时使用 Name 和 Path 属性

提示： 工作簿名称左侧的那个分隔符还可以使用 Application 对象的 PathSeparator 属性自动创建，使用该属性的优点是可以根据不同的操作平台返回正确的分隔符。

3. 获取工作簿的完整路径

使用 Workbook 对象的 FullName 属性可以实现同时使用 Name 属性和 Path 属性的功能。如果是一个新建还未保存到计算机中的工作簿，使用 FullName 属性将只返回工作簿的默认名称，没有路径和扩展名。

```
ActiveWorkbook.FullName
```

3.1.5 使用 Save 和 SaveAs 方法保存工作簿

如果已将工作簿以指定的文件名保存到计算机中，则可以使用 Workbook 对象的 Save 方法保存工作簿的最新修改。下面的代码保存所有打开的工作簿的最新修改。

```
Sub 保存所有打开的工作簿()
    Dim wkb As Workbook
    For Each wkb In Workbooks
        wkb.Save
    Next wkb
End Sub
```

如果一个新建的工作簿还未保存到计算机中，或者想将现有工作簿保存为另一个名称或保存到不同的位置，则可以使用 Workbook 对象的 SaveAs 方法。该方法有多个参数，第一个参数用于指定工作簿的保存位置和文件名。下面的代码将新建的工作簿以“总公司”名称保存到 E 盘“测试数据”文件夹中。

```
Workbooks.Add
ActiveWorkbook.SaveAs "E:\测试数据\总公司.xlsx"
```

如果路径无效，则会出现运行时错误。可以在保存工作簿之前，使用 VBA 内置的 Dir 函数检测路径是否有效，如果有效，则 Dir 函数返回表示路径的字符串，否则返回零长度字符串。使用 Len 函数计算 Dir 函数返回值的字符数，如果大于 0，则说明 Dir 函数返回了一个路径，否则 Dir 函数返回的是一个零长度字符串，表示路径无效。

```
Sub 检查保存路径是否有效()
    Dim strPath As String
    strPath = "E:\测试数据"
    If Len(Dir(strPath, vbDirectory)) > 0 Then
        ActiveWorkbook.SaveAs strPath & "\总公司.xlsx"
    Else
        MsgBox "请检查路径是否有效，然后重试"
    End If
End Sub
```

提示： *如果省略 SaveAs 方法的 Filename 参数，则自动将工作簿以默认名称保存到默认位置，该位置是使用 Application 对象的 DefaultFilePath 属性设置的路径。*

如果为 SaveAs 方法指定的保存路径中已经存在同名的工作簿，则使用该方法保存工作簿时会显示如图 3-5 所示的提示信息，做出选择后才能完成保存操作。如果不想显示该提示信息，则可以在保存前将 Application 对象的 DisplayAlerts 属性设置为 False，Excel 会自动替换同名文件，完成保存后再将该属性设置为 True。

图 3-5　是否替换同名文件的提示信息

```
Application.DisplayAlerts = False
ActiveWorkbook.SaveAs "E:\测试数据\总公司.xlsx"
Application.DisplayAlerts = True
```

3.1.6　使用 Close 方法关闭工作簿

使用 Workbook 对象的 Close 方法可以关闭指定的工作簿。Close 方法有 3 个参数，第一个参数用于指定关闭工作簿时，是否保存该工作簿中的最新修改。将该参数设置为 True，表示保存最新修改；将该参数设置为 False，表示不保存最新修改。下面的代码是保存并关闭名为“总公司”的工作簿。

```
Workbooks("总公司").Close True
```

如果将 Close 方法的第一个参数设置为 True，并且该工作簿是一个新建的还未保存到计算机中的工作簿，则可以使用 Close 方法的第二个参数指定保存路径和文件名。

下面的代码判断当前正在关闭的工作簿是否从未保存到计算机中，如果从未保存过，则在关闭该工作簿时将其以“总公司”文件名保存到 E 盘“测试数据”文件夹中，否则保存最新修改并关闭工作簿。

```
Sub 保存并关闭工作簿()
    If Len(ActiveWorkbook.Path) = 0 Then
        ActiveWorkbook.Close True, "E:\测试数据\总公司.xlsx"
    Else
        ActiveWorkbook.Close True
    End If
End Sub
```

注意：如果在新建的工作簿中没有任何编辑操作，则关闭前不会保存该工作簿。

Workbook 对象有一个 Saved 属性，如果工作簿包含未保存的内容，则该属性返回 False，否则返回 True。如果将该属性设置为 True，则无论工作簿是否包含未保存的内容，Excel 都认为不存在未保存的内容，在关闭工作簿时将不会显示确认保存的提示信息。

```
ActiveWorkbook.Saved = True
```

如需一次性关闭所有打开的工作簿，可以使用 Workbooks 集合的 Close 方法。遇到存在未保存修改的工作簿时，会显示确认保存的提示信息。

```
Workbooks.Close
```

如需关闭除了运行 VBA 代码的工作簿之外的其他所有工作簿，可以使用下面的代码，检测打开的每一个工作簿的名称，只要不与 ThisWorkbook.Name 相同，就将其保存并关闭。

```
Sub 关闭多个工作簿()
    Dim wkb As Workbook
    For Each wkb In Workbooks
        If wkb.Name <> ThisWorkbook.Name Then
            wkb.Close True
        End If
    Next wkb
End Sub
```

在 End Sub 语句之前添加下面的代码，最后关闭运行 VBA 程序的工作簿。

```
ThisWorkbook.Close True
```

3.1.7　关闭多余的工作簿窗口

在 Excel 中打开的每一个工作簿都显示在各自独立的窗口中，Application 对象的 Windows 属性返回的 Windows 集合由所有工作簿窗口组成，每个窗口都是一个 Window 对象。每个工作簿也有自己的 Windows 集合，该集合由特定工作簿的所有窗口组成。为一个工作簿打开多个窗口时，在每个窗口中可以显示该工作簿的不同部分，在窗口顶部的标题栏中显示工作簿名和窗口编号并使用冒号连接，例如“总公司:1”和“总公司:2”。

在为一个工作簿打开多个窗口的情况下，如果只想保留一个窗口而关闭该工作簿的其他多余窗口，则可以使用下面的代码。首先检测与活动工作簿关联的窗口数量，如果不止一个，则使用 For Each 语句逐个检查每一个窗口，使用 VBA 内置的 InStr 函数在窗口标题中查找冒号，如果找到冒号，则返回一个大于 0 的值，此时执行 Window 对象的 Close 方法将该窗口关闭。当只剩下一个窗口时，由于无法在窗口标题中找到冒号，所以 InStr 函数返回 0，此时不会关闭该窗口。

```
Sub 关闭多余的工作簿窗口()
    Dim win As Window, wins As Windows
    Set wins = ActiveWorkbook.Windows
    If wins.Count > 1 Then
        For Each win In wins
            If InStr(win.Caption, ":") <> 0 Then
                win.Close
            End If
        Next win
```

```
    End If
End Sub
```

3.1.8　设置打开工作簿的密码

如需防止用户随意打开工作簿，可以为工作簿设置一个密码，每次打开工作簿时，只有输入正确的密码，才能打开该工作簿。使用 Workbook 对象的 Password 属性可以设置打开工作簿的密码。

运行下面的代码将显示一个对话框，用户需要在其中输入作为密码的字符，如果没有输入任何内容就单击“确定”按钮，或者单击“取消”按钮，则会重新显示该对话框并要求用户输入密码。当用户输入一个不为空的密码后，会将其设置为打开工作簿的密码，并将该密码保存到工作簿中。以后打开这个工作簿时，将显示如图 3-6 所示的对话框，只有输入正确的密码，才能打开该工作簿。

```
Sub 设置打开工作簿的密码()
    Dim strPassword As String
    strPassword = InputBox("输入打开工作簿的密码：")
    If strPassword = "" Then
        MsgBox "密码不能为空"
        设置打开工作簿的密码
    End If
    Workbooks("总公司").Password = strPassword
    Workbooks("总公司").Close True
End Sub
```

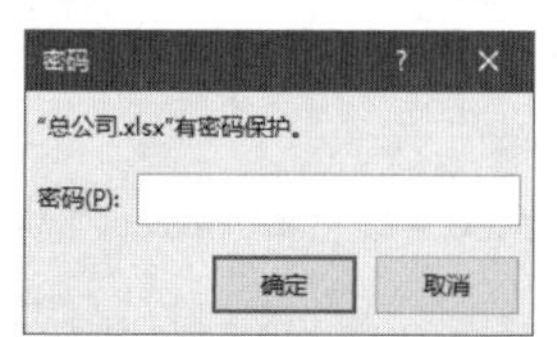

图 3-6　只有输入正确的密码才能打开工作簿

如果想要限制密码的位数，例如输入的密码不能少于 6 个字符，则可以使用 VBA 内置的 Len 函数检测 InputBox 函数的返回值的字符数。

```
Sub 设置打开工作簿的密码2()
    Dim strPassword As String
    strPassword = InputBox("输入打开工作簿的密码：")
    If strPassword = "" Or Len(strPassword) < 6 Then
        MsgBox "密码不能为空或不足6位"
        设置打开工作簿的密码2
    End If
    Workbooks("总公司").Password = strPassword
    Workbooks("总公司").Close True
End Sub
```

3.1.9　删除所有已打开的工作簿中的密码

如需删除打开工作簿的密码，可以将一个零长度字符串赋值给 Workbook 对象的 Password 属性。删除密码前可以先使用 Workbook 对象的 HasPassword 属性检测工作簿是否包含密码，如果该属性返回 True，则表示工作簿包含密码；如果该属性返回 False，则表示工作簿不包含密码。下面的代码是检测打开的每一个工作簿中是否包含密码，如果有密码，则将其删除并保存工作簿。

```
Sub 删除所有已打开的工作簿中的密码()
    Dim wkb As Workbook
    For Each wkb In Workbooks
        If wkb.HasPassword Then
            wkb.Password = ""
            wkb.Save
        End If
    Next wkb
End Sub
```

3.2 使用 Worksheets 集合和 Worksheet 对象处理工作表

使用 Workbook 对象的 Worksheets 属性可以返回 Worksheets 集合。打开的每一个工作簿都有一个 Worksheets 集合，该集合由特定工作簿中的所有工作表组成，其中的每一个工作表都是一个 Worksheet 对象。本节将介绍使用 Worksheets 集合和 Worksheet 对象编程处理工作表的方法。

3.2.1 从 Worksheets 集合和 Sheets 集合中引用工作表

Workbook 对象有一个 Worksheets 集合，它由特定工作簿中的所有工作表组成，每一个工作表都是一个 Worksheet 对象。Workbook 对象还有一个 Sheets 集合，该集合除了包含 Worksheet 对象之外，还包含 Chart 对象，即图表工作表。

可以使用名称或索引号从 Worksheets 集合和 Sheets 集合中引用工作表。如图 3-7 所示，在工作簿中有 3 个工作表和 1 个图表工作表，图表工作表位于工作表 Sheet1 和 Sheet2 之间。

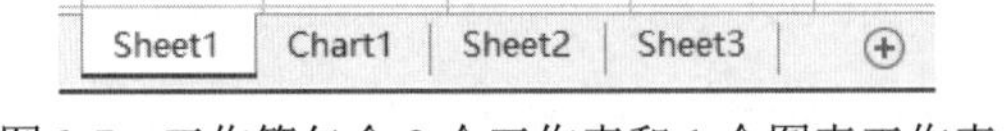

图 3-7　工作簿包含 3 个工作表和 1 个图表工作表

下面的两行代码分别使用 Worksheets 集合和 Sheets 集合引用名为 Sheet2 的工作表。

```
Worksheets("Sheet2")
Sheets("Sheet2")
```

如需引用名为 Chart1 的图表工作表，则只能使用 Sheets 集合。

```
Sheets("Chart1")
```

使用索引号引用工作表时需要格外注意，如果在工作簿中同时包含工作表和图表工作表，则在 Worksheets 集合和 Sheets 集合中使用同一个索引号时，引用的可能不是同一个工作表。

仍以如图 3-7 所示的工作簿为例，下面两行代码都使用 2 作为索引号，但是它们引用的不是同一个对象，第一行代码引用的是名为 Sheet2 的工作表，第二行代码引用的是名为 Chart1 的图表工作表。对于 Worksheets 集合来说，索引号 2 表示所有工作表中第 2 个位置上的工作表，本例是 Sheet2。对于 Sheets 集合来说，索引号 2 表示所有工作表和图表工作表中第 2 个位置上的对象，本例是 Chart1。

```
Worksheets(2)
Sheets(2)
```

使用 Worksheet 对象的 Index 属性将返回工作表在 Sheets 集合中的索引号。下面的代码返回 Sheet2 工作表在 Sheets 集合的索引号，本例是 3，因为 Sheet1 工作表位于第一个位置，Chart1 图表工作表位于第二个位置，Sheet2 工作表位于第三个位置。

```
Worksheets("Sheet2").Index
```

使用全局成员 ActiveSheet 可以引用活动工作表。无论活动工作簿中有几个工作表，下面的代码始终返回活动工作表的名称。

```
ActiveSheet.Name
```

到目前为止，在本小节中使用 Worksheets 集合时，都省略了对其父对象 Workbook 的引用，所以表示的都是活动工作簿中的工作表。如需引用某个非活动工作簿中的工作表，需要在 Worksheets 集合的开头添加对该工作簿的引用。下面的代码引用名为“总公司”的工作簿中名为“2023”的工作表。

```
Workbooks("总公司").Worksheets("2023")
```

3.2.2　判断工作表的类型

使用 ActiveSheet 引用活动工作表时，由于引用前无法确定引用的是工作表还是图表工作表，为了避免执行无效操作导致运行时错误，可以先使用 VBA 内置的 TypeName 函数检测活动工作表的类型。TypeName 函数返回一个字符串，它表示被检测对象的数据类型或对象类型。下面的代码使用 TypeName 函数检测活动工作表的类型，根据检测结果显示不同的信息。

```
Sub 判断工作表的类型()
    Select Case TypeName(ActiveSheet)
        Case "Worksheet"
            MsgBox "工作表"
        Case "Chart"
            MsgBox "图表工作表"
        Case Else
            MsgBox "其他类型"
    End Select
End Sub
```

3.2.3　判断工作表是否处于保护状态

当工作表处于保护状态时，对工作表中的单元格执行操作将导致运行时错误。为了避免出错，可以先使用 Worksheet 对象的 ProtectContents 属性判断工作表是否处于保护状态，如果该属性返回 True，则表示工作表处于保护状态；如果该属性返回 False，则表示工作表未处于保护状态。

下面的代码判断活动工作表是否处于保护状态，如果未处于保护状态，则将该工作表中的 A1:C1 单元格区域的字体设置为黑体，否则提醒用户解除工作表的保护状态。

```
Sub 判断工作表是否处于保护状态()
    If Not ActiveSheet.ProtectContents Then
        Range("A1:C1").Font.Name = "黑体"
```

```
    Else
        MsgBox "需要先解除工作表的保护状态"
    End If
End Sub
```

如果活动工作表是图表工作表，则运行上述代码将导致运行时错误。可以先判断活动工作表的类型，如果是 Worksheet，再对单元格执行操作。

```
Sub 判断工作表是否处于保护状态2()
    If TypeName(ActiveSheet) = "Worksheet" Then
        If Not ActiveSheet.ProtectContents Then
            Range("A1:C1").Font.Name = "黑体"
        Else
            MsgBox "需要先解除工作表的保护状态"
        End If
    Else
        MsgBox "需要选择一个工作表"
    End If
End Sub
```

3.2.4 使用 Add 方法添加新的工作表

使用 Worksheets 集合的 Add 方法可以在工作簿中添加新的工作表，Add 方法的语法如下：

```
Add(Before, After, Count, Type)
```

- Before（可选）：将添加的工作表放在指定工作表之前。
- After（可选）：将添加的工作表放在指定工作表之后。如果同时省略 Before 和 After，则默认将工作表添加到活动工作表之前。
- Count（可选）：添加的工作表的数量，省略该参数时默认值是 1。
- Type（可选）：添加的工作表的类型，该参数为 xlWorksheet 表示添加工作表，省略该参数时默认添加工作表。

下面的代码在活动工作簿中添加一个新的工作表，由于没有为 Add 方法提供参数，所以默认将新的工作表放在活动工作表之前。

```
Worksheets.Add
```

如需将新工作表添加到工作簿中的最后一个工作表之后，可以使用 Worksheets 集合的 Count 属性获取工作表的总数，将其作为 Worksheets 集合的索引号以引用最后一个工作表，然后将该工作表设置为 After 参数的值。下面的代码在活动工作簿中的最后一个工作表之后添加 3 个工作表。

```
Worksheets.Add count:=3, after:=Worksheets(Worksheets.Count)
```

使用 Add 方法添加一个工作表时，该工作表会自动成为活动工作表，可以使用 ActiveSheet 引用该工作表。下面的代码判断新添加的工作表的类型。

```
Worksheets.Add
MsgBox TypeName(ActiveSheet)
```

为了减少代码行数，可以将上面两行代码合并为一行。

```
MsgBox TypeName(Worksheets.Add)
```

下面的代码可以根据用户在对话框中输入的代表工作表类型的字母，自动在活动工作簿中添加相应类型的工作表。为了在对话框中显示多行信息，可以使用 VBA 内置常量 vbCrlf 在所需位置换行。由于 Worksheets 集合的 Add 方法只能添加工作表，所以添加图表工作表时需要使用 Sheets 集合的 Add 方法，并将其 Type 参数设置为 xlChart。使用 Sheets 集合的 Add 方法也可以添加工作表，此时需要将该方法的 Type 参数设置为 xlWorksheet。

```
Sub 灵活添加工作表或图表工作表()
    Dim strType As String, strMsg As String
    strMsg = "输入一个字母以添加相应类型的工作表: "
    strMsg = strMsg & vbCrLf & "W: 工作表"
    strMsg = strMsg & vbCrLf & "C : 图表工作表"
    strType = InputBox(strMsg)
    If strType <> "" Then
        Select Case LCase(strType)
            Case "w"
                Worksheets.Add
                MsgBox "添加了一个工作表"
            Case "c"
                Sheets.Add Type:=xlChart
                MsgBox "添加了一个图表工作表"
            Case Else
                MsgBox "输入的内容无效"
                Exit Sub
        End Select
    End If
End Sub
```

运行上面的代码将显示如图 3-8 所示的对话框，输入 w 或 c，然后单击“确定”按钮，将添加工作表或图表工作表。如果输入其他字母，则显示一条信息并退出程序。

图 3-8　输入代表工作表类型的字母

如果使用功能区中的“审阅”|“保护工作簿”命令使工作簿的结构处于保护状态，则使用 VBA 代码添加工作表时将导致运行时错误。为了避免出错，可以先使用 Workbook 对象的 ProtectStructure 属性判断工作簿结构是否处于保护状态，如果该属性返回 True，则表示处于保护状态；如果该属性返回 False，则表示未处于保护状态。下面的代码判断活动工作簿的结构的保护状态，如果处于保护状态，则显示一条信息，否则添加一个新的工作表。

```
Sub 判断工作簿结构的保护状态()
    If ActiveWorkbook.ProtectStructure Then
        MsgBox "需要先解除工作簿结构的保护状态"
    Else
        Worksheets.Add
    End If
End Sub
```

如果只想在工作簿结构未处于保护状态时添加新的该工作表，否则不执行操作，则可以使用下面的代码。

```
If Not ActiveWorkbook.ProtectStructure Then Worksheets.Add
```

3.2.5 使用 Activate 和 Select 方法激活和选择工作表

使用 Worksheet 对象的 Activate 方法可以激活一个工作表，使其成为活动工作表，然后可以使用 ActiveSheet 引用活动工作表。使用 Worksheet 对象的 Select 方法可以选择一个或多个工作表，在 VBA 中处理特定工作表之前，不需要先使用 Select 方法选择工作表。

Activate 方法没有参数，Select 方法有一个 Replace 参数。当使用 Select 方法选择多个工作表时，需要将该方法的 Replace 参数设置为 False。下面的代码选择活动工作簿中的前 5 个工作表，先选择第一个工作表，然后选择第 2～5 个工作表，并在每次选择时将 Replace 参数设置为 False，选择下一个工作表时保留上一个工作表的选中状态。

```
Sub 选择多个工作表()
    Dim intIndex As Integer
    If Worksheets.Count >= 5 Then
        Worksheets(1).Select
        For intIndex = 2 To 5
            Worksheets(intIndex).Select False
        Next intIndex
    End If
End Sub
```

选择多个工作表的另一种方法是使用 Array 函数。下面的代码实现相同的功能，此处将 Array 函数的返回值用作 Worksheets 集合的索引号，以便引用想要选择的每一个工作表。

```
Worksheets(Array(1, 2, 3, 4, 5)).Select
```

Window 对象的 SelectedSheets 属性返回的 Sheets 集合由选中的所有工作表和图表工作表组成。下面的代码在每一个选中的工作表的 A1 单元格中输入“姓名”，Windows(1)表示 Excel 中的活动窗口。

```
Sub 选择多个工作表并输入数据()
    Dim sht As Object
    Worksheets(Array(1, 2, 3, 4, 5)).Select
    For Each sht In Windows(1).SelectedSheets
        sht.Range("A1").Value = "姓名"
    Next sht
End Sub
```

3.2.6 使用 Name 属性设置工作表的名称

每次添加新的工作表时，Excel 会为其设置一个默认名称，例如“Sheet2”。为了便于识别工作表中的内容，应该为其设置一个有意义的名称。使用 Worksheet 对象的 Name 属性可以返回或设置工作表的名称。下面的代码添加一个新的工作表，并将其名称设置为“2023”。

```
Worksheets.Add
ActiveSheet.Name = "2023"
```

下面的代码是在活动工作簿中现有工作表的末尾添加了 3 个工作表，并将它们的名称依次设置为 2021、2022 和 2023。

```
Sub 添加工作表并设置名称()
    Dim intName As Integer
    For intName = 2021 To 2023
        Worksheets.Add after:=Worksheets(Worksheets.Count)
        ActiveSheet.Name = intName
    Next intName
End Sub
```

如需修改特定工作表的名称，可以将 Name 属性的返回值与特定字符串进行比较，在找到匹配的工作表时修改其名称。下面的代码将活动工作簿中名为“第一分公司”“第二分公司”和“第三分公司”的 3 个工作表的名称分别修改为“北京分公司”“天津分公司”和“上海分公司”。

```
Sub 修改工作表的名称()
    Dim wks As Worksheet
    For Each wks In Worksheets
        Select Case wks.Name
            Case "第一分公司"
                wks.Name = "北京分公司"
            Case "第二分公司"
                wks.Name = "天津分公司"
            Case "第三分公司"
                wks.Name = "上海分公司"
        End Select
    Next wks
End Sub
```

3.2.7　使用 Move 方法移动工作表

使用 Worksheet 对象的 Move 方法可以在工作簿中移动工作表的位置，或者将工作表移动到其他工作簿中。Move 方法有两个参数，Before 参数表示将工作表移动到指定工作表之前，After 参数表示将工作表移动到指定工作表之后。下面的代码将活动工作簿中的第一个工作表移动到该工作簿中的最后一个工作表之前。

```
Worksheets(1).Move Before:=Worksheets(Worksheets.Count)
```

提示：使用 Move 方法移动一个工作表后，该工作表将称为活动工作表。

使用 Move 方法还可以将一个工作表移动到其他已打开的工作簿或新建的工作簿中。如果使用不带任何参数的 Move 方法，则将工作表移动到一个新建的工作簿中。下面的代码将活动工作表移动到一个新建的工作簿中。

```
ActiveSheet.Move
```

如需将工作表移动到一个已打开的工作簿中，需要在 Move 方法的 Before 或 After 参数中添加对目标工作簿的引用。下面的代码将活动工作表移动到名为“总公司”的工作簿中的第一个工作表之前。为了避免在未打开该工作簿时出现运行时错误，加入了错误处理程序，以便在未打开该工作簿时提醒用户。

```
Sub 将工作表移动到其他工作簿()
    Dim wkb As Workbook, strName As String
    strName = "总公司"
    On Error GoTo ErrTrap
```

```
    Set wkb = Workbooks(strName)
    ActiveSheet.Move before:=wkb.Worksheets(1)
    Exit Sub
ErrTrap:
    MsgBox "请先打开名为【" & strName & "】的工作簿"
End Sub
```

3.2.8 使用 Copy 方法复制工作表

使用 Worksheet 对象的 Copy 方法可以复制工作表，该方法包含与 Move 方法完全相同的两个参数，复制后的工作表将成为活动工作表。下面的代码将活动工作表复制到一个新建的工作簿中。

```
ActiveSheet.Copy
```

3.2.9 使用 Visible 属性设置工作表的可见性

使用 Worksheet 对象的 Visible 属性可以返回或设置工作表的可见性，该属性的值由 XlSheetVisibility 常量提供，如表 3-1 所示。除了使用表 3-1 中的值之外，还可以使用 True 代替 xlSheetVisible，使用 False 代替 xlSheetHidden。

表 3-1 XlSheetVisibility 常量

名　称	值	说　明
xlSheetVisible	−1	显示工作表
xlSheetHidden	0	隐藏工作表，可以使用功能区或鼠标快捷菜单中的命令重新显示工作表
xlSheetVeryHidden	2	隐藏工作表，重新显示工作表的唯一方法是将 Visible 属性设置为 xlSheetVisible 或 True

隐藏一个工作表后，如需在后面的代码中引用该工作表，可以在隐藏前将该工作表赋值给一个对象变量，以后可以使用该对象变量引用这个工作表。下面的代码先隐藏活动工作表，然后询问用户是否重新显示该工作表，如果单击“是”按钮，则重新显示刚隐藏的这个工作表。

```
Sub 隐藏后重新显示工作表()
    Dim wks As Worksheet
    Set wks = ActiveSheet
    wks.Visible = xlSheetVeryHidden
    If MsgBox("重新显示刚隐藏的工作表吗？", vbQuestion + vbYesNo) = vbYes Then
        wks.Visible = True
    End If
End Sub
```

下面的代码判断活动工作簿中是否存在隐藏的工作表，无论工作表是使用哪种方式隐藏的，都会使隐藏的工作表重新显示出来。

```
Sub 重新显示处于隐藏状态的工作表()
    Dim wks As Worksheet
    For Each wks In Worksheets
        If wks.Visible <> xlSheetVisible Then
            wks.Visible = True
        End If
    Next wks
```

```
End Sub
```

3.2.10　使用 Delete 方法删除工作表

使用 Worksheet 对象的 Delete 方法可以删除工作表，删除工作表时将显示一个对话框中包含的“删除”和“取消”两个按钮，用户需要单击其中一个按钮后，VBA 程序才会继续运行。如果单击“删除”按钮，则 Delete 方法返回 True；如果单击“取消”按钮，则 Delete 方法返回 False。

下面的代码判断用户是否真的删除了活动工作表，无论单击的是“删除”还是“取消”按钮，都会显示一条信息以告知操作状态。

```
Sub 判断工作表是否已被删除()
    If ActiveSheet.Delete Then
        MsgBox "活动工作表已被删除"
    Else
        MsgBox "未删除活动工作表"
    End If
End Sub
```

下面的代码是删除活动工作簿中的前 3 个工作表。

```
Worksheets(Array(1, 2, 3)).Delete
```

下面的代码是删除活动工作簿中的最后两个工作表。

```
Worksheets(Array(Worksheets.Count - 1, Worksheets.Count)).Delete
```

3.2.11　将工作簿中的每个工作表保存为独立的工作簿

有时可能需要将一个工作簿中的每一个工作表保存为独立的工作簿，每个工作簿以工作表标签命名。下面的代码可以实现该功能，将活动工作簿中的每一个工作表保存为独立的工作簿。

本例代码由两个 If Then 语句组成，第一个 If Then 语句的功能是设置保存工作簿的路径。用户需要在如图 3-9 所示的对话框中选择是否使用活动工作簿的路径作为保存位置，如果单击“否”按钮，则会显示如图 3-10 所示的对话框，用户需要在其中输入一个路径作为保存位置。第二个 If Then 语句的功能是先检查路径是否有效，如果有效，则将活动工作簿中的每个工作表依次保存到指定路径中。为了避免在存在同名文件时显示替换文件的提示信息，在保存工作表之前将 Application 对象的 DisplayAlerts 属性设置为 False。

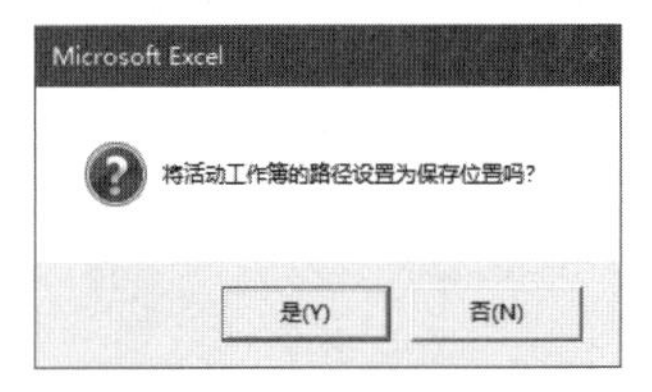

图 3-9　选择保存位置

图 3-10　输入新的路径

```
Sub 将工作簿中的每个工作表保存为独立的工作簿()
    Dim strPath As String, wks As Worksheet
    If MsgBox("将活动工作簿的路径设置为保存位置吗? ", vbQuestion + vbYesNo) = vbYes Then
        strPath = ActiveWorkbook.Path
    Else
```

```
        strPath = InputBox("输入结尾不带反斜线的路径：")
    End If
    If strPath <> "" And Dir(strPath, vbDirectory) <> "" Then
        Application.DisplayAlerts = False
        For Each wks In Worksheets
            wks.Copy
            ActiveWorkbook.SaveAs strPath & "\" & wks.Name & ".xlsx"
            ActiveWorkbook.Close
        Next wks
    End If
End Sub
```

第 4 章　引用单元格和单元格区域

使用 VBA 编程处理 Excel 的大多数工作都是针对单元格的。Excel 对象模型中的 Range 对象代表工作表中的单个单元格或单元格区域，单元格区域由相邻或不相邻的多个单元格组成。本章将介绍引用单元格和单元格区域的多种方法，每一种方法引用的单元格或单元格区域都是一个 Range 对象，可以使用 Range 对象的属性和方法对引用的单元格或单元格区域执行所需的操作。

4.1　使用 Activate 方法和 ActiveCell 属性引用活动单元格

正如在第 2 章中介绍的，可以使用全局成员引用 Excel 中的活动对象，例如使用 ActiveSheet 引用活动工作表。对于单元格来说，可以使用 ActiveCell 引用活动工作表中的活动单元格。当选择不止一个单元格时，选区中呈现白色背景的单元格是活动单元格，如图 4-1 所示的 B2 单元格是活动单元格。

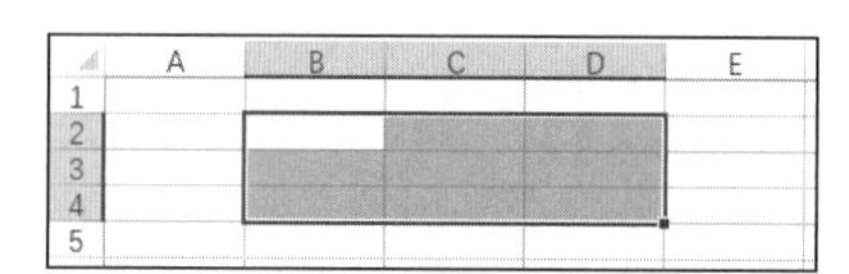

图 4-1　选区中呈现白色背景的单元格是活动单元格

在不改变选区的情况下，可以使用 Range 对象的 Activate 方法激活选区内的任意一个单元格，使其成为活动单元格。下面的代码激活如图 4-1 所示的选区中的 D3 单元格，使其成为活动单元格，如图 4-2 所示。

```
Range("D3").Activate
```

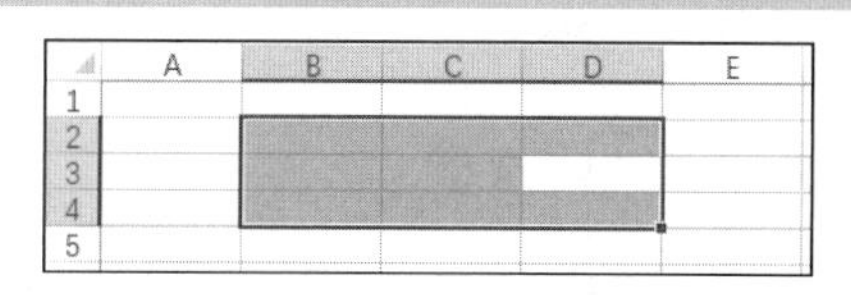

图 4-2　激活选区中的某个单元格

如果使用 Activate 方法激活位于选区外的单元格，则会取消该选区的选中状态，并选中新激活的单元格，此时选区和活动单元格是同一个单元格。

4.2　使用 Select 方法和 Selection 属性引用选中的单元格

Application 对象的 Selection 属性也是全局成员，使用 Selection 可以引用当前选中的对象，可能是单元格，也可能是图片、图表等对象。为了确保 Selection 引用的是单元格，需要在使用它之前，先使用 Range 对象的 Select 方法选择一个或多个单元格。下面的代码先选择 B2:D6 单元格区域，然后使用 Selection 引用该单元格区域，并使用 VBS 内置的 TypeName 函数显示选区的数据类型，如图 4-3 所示。

```
Range("B2:D6").Select
MsgBox TypeName(Selection)
```

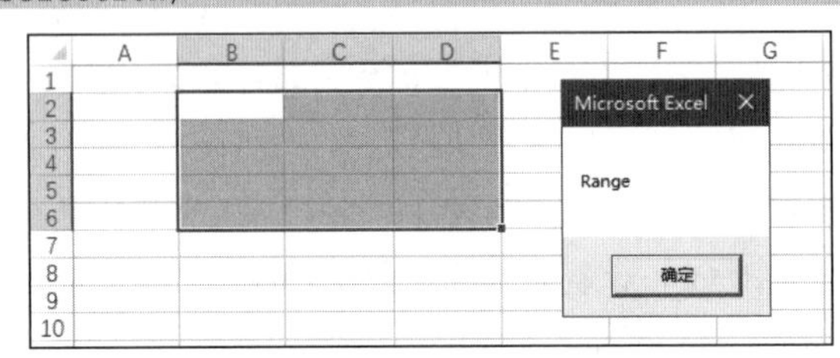

图 4-3　使用 Selection 属性引用选中的单元格或单元格区域

4.3　使用 Range 属性引用单元格

Application 对象、Worksheet 对象和 Range 对象都有 Range 属性，Application 对象的 Range 属性用于引用活动工作表中的单元格，Worksheet 对象的 Range 属性用于引用特定工作表中的单元格，Range 对象的 Range 属性用于引用单元格区域中的单元格，但是很少使用这种用法。

4.3.1　引用活动工作表中的单个单元格

下面的代码是引用活动工作表中的 A1 单元格。

```
Application.Range("A1")
```

使用 ActiveSheet 可以引用活动工作表，所以下面的代码与上面的代码等效。

```
ActiveSheet.Range("A1")
```

由于 Application 对象的 Range 属性是全局成员，所以可以省略对 Application 对象的引用，可将上述代码简化为以下形式：

```
Range("A1")
```

4.3.2　引用活动工作表中的单元格区域

如需引用活动工作表中的一个单元格区域，可以在双引号中输入区域左上角和右下角的单元格地址，并使用冒号分隔它们。下面的代码引用活动工作表中的 A1:B6 单元格区域。

```
Range("A1:B6")
```

下面的代码仍然引用 A1:B6 单元格区域，此处是将该区域的左上角单元格和右下角单元格分别设置为 Range 属性的两个参数。

```
Range("A1", "B6")
```

下面的代码引用活动工作表中两个不相邻的单元格区域 A1:B6 和 D3:E5。引用多个单元格区域时，需要使用逗号分隔各个区域。

```
Range("A1:B6,D3:E5")
```

4.3.3　引用非活动工作表中的单元格

如需引用非活动工作表中的单元格，需要为 Range 属性添加对特定工作表的引用。下面的代码引用名为“2023”的工作表中的 A1:B6 单元格区域。

```
Worksheets("2023").Range("A1:B6")
```

4.3.4　在 Range 属性中使用变量

可以在 Range 属性中使用变量，从而动态引用同一列中的不同单元格。下面的代码依次显示活动工作表中的 A 列前 10 个单元格中的值，此处使用 intRow 变量动态引用不同的行号，并将其与字母 A 组合为单元格地址。

```
Sub 显示A列前10个单元格中的值()
    Dim intRow As Integer
    For intRow = 1 To 10
        MsgBox Range("A" & intRow).Value
    Next intRow
End Sub
```

4.4　使用 Cells 属性引用单元格

与 Range 属性类似，Cells 也是 Application 对象、Worksheet 对象和 Range 对象的属性，该属性用于引用工作表或单元格区域中的所有单元格或特定单元格。Application 对象的 Cells 属性也是全局成员，所以使用 Cells 属性引用活动工作表中的单元格时，可以省略对 Application 对象的引用。

4.4.1　引用工作表或单元格区域中的所有单元格

下面的 3 行代码都引用活动工作表中的所有单元格。

```
Application.Cells
ActiveSheet.Cells
Cells
```

如需引用特定范围内的单元格，可以使用 Range 对象的 Cells 属性。下面的两行代码都引用活动工作表中的 A1:B6 单元格区域，此处使用 Cells 属性显然是多余的。

```
Range("A1:B6")
Range("A1:B6").Cells
```

使用 Cells 属性引用非活动工作表中的单元格的方法与 Range 属性类似，也需要添加对特定工作表的引用。下面的代码引用名为“2023”的工作表中的所有单元格。

```
Worksheets("2023").Cells
```

4.4.2　引用工作表或单元格区域中的特定单元格

如需使用 Cells 属性引用特定单元格，需要为 Cells 属性提供两个参数，第一个参数表示单元格的行号，第二个参数表示单元格的列号。下面的代码是引用活动工作表中的 B6 单元格。

```
Cells(6, 2)
```

可以使用列的英文字母作为 Cells 属性的第二个参数，下面的代码仍然引用 B6 单元格。

```
Cells(6, "B")
```

如果使用 Range 对象的 Cells 属性引用特定单元格，则该单元格的行列号表示的是 Range 对象引用的单元格区域中的相对位置。下面的代码引用位于 B2:E6 单元格区域中第 2 行第 3 列的单元格，即 D3 单元格。由于 B2:E6 单元格区域的第 1 行位于工作表的第 2 行，所以该区域的第 2 行就位于工作表的第 3 行。该区域的第一列位于工作表的 B 列，所以该区域的第 3 列就位于工作表的 D 列，最后得到的是 D3 单元格。

```
Range("B2:E6").Cells(2, 3)
```

4.4.3　在 Cells 属性中使用变量

由于 Cells 属性使用行列号来引用单元格，所以可以更方便地使用变量动态表示一系列单元格的行号或列号。下面的代码使用 Cells 属性改写 4.3.4 小节中的示例，此处引用单元格的代码更易于理解。

```
Sub 显示A列前10个单元格中的值2()
    Dim intRow As Integer
    For intRow = 1 To 10
        MsgBox Cells(intRow, 1).Value
    Next intRow
End Sub
```

下面的代码创建一个九九乘法表，其中声明了两个变量，分别表示 Cells 属性中的行号和列号。使用两个 For Next 语句分别在第 1～9 行和每一行的第 1～9 列中处理每个单元格，将每个单元格的值设置为行号和列号的乘积，最后将得到九九乘法表。

```
Sub 九九乘法表()
    Dim intRow As Integer, intCol As Integer
    For intRow = 1 To 9
        For intCol = 1 To 9
            Cells(intRow, intCol).Value = intRow * intCol
        Next intCol
    Next intRow
End Sub
```

4.4.4　使用 Cells 属性以索引号的方式引用单元格

Cells 属性的第二个参数是可选参数，当省略第二个参数时，第一个参数表示单元格的索引号，按照先行后列的顺序标识单元格。下面的代码引用活动工作表中的 A2 单元格，一个工作表共有 16384 列，16385 中的前 16384 个数字分别引用第一行中的第 1～16384 个单元格，16385 中的最后一个数字引用的就是第二行中的第一个单元格，即 A2 单元格。

```
Cells(16385)
```

4.4.5　在 Range 属性中使用 Cells 属性

可以将 Range 属性中的两个参数都设置为 Cells 形式，两个 Cells 分别指定单元格区域中的左上角和右下角的单元格。下面的代码引用活动工作表中的 A2:B6 单元格区域。

```
Range(Cells(2, 1), Cells(6, 2))
```

当使用这种形式引用非活动工作表中的单元格时需要格外注意工作表的引用问题。可能认为下面的代码引用名为“2023”的工作表中的 A2:B6 单元格区域，但是却会导致运行时错误。

```
Worksheets("2023").Range(Cells(2, 1), Cells(6, 2))
```

出错的原因是没有为两个 Cells 属性添加相同的工作表引用，将代码改写成以下形式才能使程序正确运行。

```
Worksheets("2023").Range(Worksheets("2023").Cells(2, 1),
Worksheets("2023").Cells(6, 2))
```

为了减少代码的输入量并使代码更直观，可以使用 With 语句简化对工作表的引用。

```
With Worksheets("2023")
    .Range(.Cells(2, 1), .Cells(6, 2))
End With
```

4.5　使用 Rows 和 EntireRow 属性引用行

Application 对象、Worksheet 对象和 Range 对象都有 Rows 属性，Application 对象的 Rows 属性用于引用活动工作表中的行，Worksheet 对象的 Rows 属性用于引用特定工作表中的行，Range 对象的 Rows 属性用于引用单元格区域中的行。Range 对象还有一个 EntireRow 属性，该属性用于引用单元格区域中的整行，这些行横向贯穿工作表中的所有列。

4.5.1　使用 Rows 属性引用工作表或单元格区域中的行

下面的 3 行代码都引用活动工作表中的所有行。

```
Application.Rows
ActiveSheet.Rows
Rows
```

下面的代码引用活动工作表中的 A2:B6 单元格区域中的所有行。

```
Range("A2:B6").Rows
```

如需引用非活动工作表中的行，需要为 Rows 属性添加对特定工作表的引用。下面的代码引用名为“2023”的工作表中的 A2:B6 单元格区域中的所有行。

```
Worksheets("2023").Range("A2:B6").Rows
```

如果只想引用工作表或单元格区域中的某一行，则可以在 Rows 右侧的括号中输入表示行号的数字。下面的代码引用活动工作表中的第 6 行。

```
Rows(6)
```

引用单元格区域中的某一行时，Rows 右侧的数字表示的是该单元格区域中的相对行号，而非工作表中的绝对行号。下面的代码引用活动工作表中的 A2:B6 单元格区域中的第 2 行，该行是工作表中的第 3 行，因为单元格区域是从工作表的第 2 行开始的。

```
Range("A2:B6").Rows(2)
```

提示：使用 Range 对象的 Row 属性可以返回单元格区域中的第一行的行号。使用该属性可以验证上面的代码引用 A2:B6 单元格区域中的第 2 行在整个工作表中的行号是 3。

```
Range("A2:B6").Rows(2).Row
```

如需引用相邻的多行，可以在 Rows 右侧的括号中使用冒号连接表示起止行号的两个数字。下面的代码是引用活动工作表中的第 3～5 行。

```
Rows("3:5")
```

如需引用不相邻的多行，需要使用 Application 对象的 Union 方法。下面的代码引用活动工作表中的第 1 行、第 3 行和第 5～7 行。

```
Union(Rows(1), Rows(3), Rows("5:7"))
```

4.5.2 使用 EntireRow 属性引用单元格区域中的整行

只有 Range 对象才有 EntireRow 属性，Application 对象和 Worksheet 对象没有该属性，这是因为使用 Application 对象和 Worksheet 对象的 Rows 属性引用的就是工作表中的整行，而 Range 对象的 Rows 属性引用的是单元格区域内的行。如需引用单元格区域在整个工作表中的整行，可以使用 Range 对象的 EntireRow 属性。

下面的代码引用活动工作表中的 A2:B6 单元格区域在该工作表中的所有整行。

```
Range("A2:B6").EntireRow
```

比较下面两行代码的显示结果，会更容易理解 Range 对象的 Rows 属性和 EntireRow 属性之间的区别。第 1 行代码的运行结果如图 4-4 所示，第 2 行代码的运行结果如图 4-5 所示。

```
MsgBox Range("A2:B6").Rows.Address(0, 0)
MsgBox Range("A2:B6").EntireRow.Address(0, 0)
```

图 4-4　Range 对象的 Rows 属性

图 4-5　Range 对象的 EntireRow 属性

4.6 使用 Columns 和 EntireColumn 属性引用列

Application 对象、Worksheet 对象和 Range 对象都有 Columns 属性，Application 对象的 Columns 属性用于引用活动工作表中的列，Worksheet 对象的 Columns 属性用于引用特定工作表中的列，Range 对象的 Columns 属性用于引用单元格区域中的列。Range 对象还有一个 EntireColumn 属性，该属性用于引用单元格区域中的整列，这些列纵向贯穿工作表中的所有行。

4.6.1 使用 Columns 属性引用工作表或单元格区域中的列

下面的 3 行代码都引用活动工作表中的所有列。

```
Application.Columns
```

```
ActiveSheet.Columns
Columns
```

下面的代码引用活动工作表中的 A2:B6 单元格区域中的所有列。

```
Range("A2:B6").Columns
```

如需引用非活动工作表中的列，需要为 Columns 属性添加对特定工作表的引用。下面的代码是引用名为“2023”的工作表中的 A2:B6 单元格区域中的所有列。

```
Worksheets("2023").Range("A2:B6").Columns
```

如果只想引用工作表或单元格区域中的某一列，则可以在 Columns 右侧的括号中输入表示列号的数字或字母。下面的两行代码都是引用活动工作表中的第 6 列。

```
Columns(6)
Columns("F")
```

引用单元格区域中的某一列时，Columns 右侧括号中的数字表示的是该单元格区域中的相对列号，而非工作表中的绝对列号。下面的代码引用活动工作表中的 B2:F6 单元格区域中的第 2 列，该列是工作表中的第 3 列，因为单元格区域是从工作表的第 2 列开始的。

```
Range("B2:F6").Columns(2)
```

提示：使用 Range 对象的 Column 属性可以返回单元格区域中的第一列的列号。使用该属性可以验证上面的代码引用 B2:F6 单元格区域中的第 2 列在整个工作表中的列号是 3。

```
Range("B2:F6").Columns(2).Column
```

如需引用相邻的多列，可以在 Columns 右侧的括号中使用冒号连接表示起止列的两个字母。下面的代码是引用活动工作表中的 C～E 列。

```
Columns("C:E")
```

注意：引用相邻的多列时，不能为 Columns 属性指定表示列号的数字。

如需引用不相邻的多列，需要使用 Application 对象的 Union 方法。下面的两行代码都引用活动工作表中的 A 列、C 列和 E～G 列。

```
Union(Columns("A"), Columns("C"), Columns("E:G"))
Union(Columns("1"), Columns("3"), Columns("E:G"))
```

4.6.2　使用 EntireColumn 属性引用单元格区域中的整列

只有 Range 对象才有 EntireColumn 属性，Application 对象和 Worksheet 对象没有该属性，这是因为使用 Application 对象和 Worksheet 对象的 Columns 属性引用的就是工作表中的整列，而 Range 对象的 Columns 属性引用的是单元格区域内的列。如需引用单元格区域在整个工作表中的整列，可以使用 Range 对象的 EntireColumn 属性。

下面的代码引用活动工作表中的 A2:B6 单元格区域在该工作表中的所有整列。

```
Range("A2:B6").EntireColumn
```

4.7　使用 Offset 属性引用偏移后的单元格

Excel 中的 OFFSET 工作表函数可以对一个单元格或单元格区域执行偏移操作，并可控制偏移后的单元格区域的大小。在 VBA 中，使用 Range 对象的 Offset 属性和 Resize 属性可以实现 OFFSET 函数的完整功能，Offset 属性用于执行偏移操作，Resize 属性用于执行调整单元格区域大小的操作。使用 Offset 属性可以将一个单元格或单元格区域偏移指定的行数或列数，然后返回对偏移后的单元格或单元格区域的引用。

4.7.1 偏移单元格

Offset 属性有两个可选参数，第一个参数用于指定偏移的行数，正数表示向下偏移，负数表示向上偏移。第二个参数用于指定偏移的列数，正数表示向右偏移，负数表示向左偏移。将参数设置为 0 或省略参数的值，表示不进行相应方向上的偏移。

下面的代码是将 C3 单元格向下偏移 3 行，向右偏移两列，偏移后引用的是 E6 单元格。

```
Range("C3").Offset(3, 2)
```

下面的代码是将 C3 单元格向上偏移 2 行，向左偏移 1 列，偏移后引用的是 B1 单元格。

```
Range("C3").Offset(-2, -1)
```

下面的代码是将 C3 单元格向上偏移 1 行，不偏移列，偏移后引用的是 C2 单元格。

```
Range("C3").Offset(-1)
```

下面的代码是将 C3 单元格向左偏移 1 列，不偏移行，偏移后引用的是 B3 单元格。

```
Range("C3").Offset(0, -1)
```

上面的代码也可以写成下面的形式，无须输入 0，但是必须保留逗号分隔符。

```
Range("C3").Offset(, -1)
```

下面的代码将导致运行时错误，这是因为将 C3 单元格向上偏移 6 行后，已经超出了工作表的范围，引用的是一个不存在的单元格。

```
Range("C3").Offset(-6)
```

上面引用单元格时都使用的是 Range 属性，也可以改用 Cells 属性。下面的代码使用 Cells 属性引用 C3 单元格，并对其执行偏移操作。

```
Cells(3, 3).Offset(3, 2)
```

4.7.2 偏移单元格区域

如果偏移的是一个单元格区域，则偏移后得到的单元格区域与偏移前的单元格区域具有相同的大小。下面的代码将 C3:D5 单元格区域向下偏移两行，向右偏移 3 列，偏移后引用的是 F5:G7 单元格区域。

```
Range("C3:D5").Offset(2, 3)
```

下面使用 Cells 属性重写上面的代码。

```
Range(Cells(3, 3), Cells(5, 4)).Offset(2, 3)
```

4.8 使用 Resize 属性调整引用的单元格区域的大小

使用 Range 对象的 Resize 属性可以调整单元格区域的大小，并返回对调整大小后的单元格区域的引用。Resize 属性有两个可选参数，第一个参数用于指定调整大小后的区域包含的行数，第二个参数用于指定调整大小后的区域包含的列数，两个参数都必须是正数。

4.8.1　扩大单元格区域

无论起始单元格是单个单元格还是单元格区域，使用 Resize 属性扩大单元格区域都是以 Range 对象左上角单元格作为起点。下面的代码以 B2 单元格为起点，引用一个包含 1 行 3 列的单元格区域，即 B2:D2。

```
Range("B2").Resize(1, 3)
```

如需将上面示例中的单元格区域扩大到两行，可以将 Resize 属性的第 1 个参数设置为 2。下面的代码引用 B2:D3 单元格区域。

```
Range("B2").Resize(2, 3)
```

下面的代码将 B2:D2 单元格区域扩大到 5 行 6 列，即 B2:G6。

```
Range("B2:D2").Resize(5, 6)
```

假设想要从 B3 单元格通过 Resize 属性引用 A1:C6 单元格区域，为了完成该操作，需要先使用 Offset 属性将 B2 单元格向上偏移两行，向左偏移一列，得到 A1 单元格。然后使用 Resize 属性以 A1 单元格为起点，将单元格区域扩大到 6 行 3 列。代码如下：

```
Range("B3").Offset(-2, -1).Resize(6, 3)
```

4.8.2　缩小单元格区域

如果为 Resize 属性设置的参数值小于原始单元格区域中的行数或列数，则使用 Resize 属性调整后的单元格区域将变小。下面的代码将 A1:E6 单元格区域缩小到 3 行 2 列，即 A1:B3。

```
Range("A1:E6").Resize(3, 2)
```

4.9　使用 Union 方法引用不相邻的单元格区域

虽然可以使用 Range 属性引用不相邻的单元格区域，但是这些单元格区域需要使用逗号分隔并组合为一个字符串，编程处理其中的每一个单元格区域不太方便。

使用 Application 对象的 Union 方法可以将多个单元格区域组合为一个整体，其中的每一个单元格区域都是一个独立的 Range 对象，编程处理多个 Range 对象要比处理拆分后的多个字符串方便且灵活得多。

使用 Union 方法时必须至少为其提供两个参数。下面的代码引用 A1:A6 和 C1:C6 两个单元格区域。由于 Union 方法是全局成员，所以可以省略对 Application 对象的引用。

```
Union(Range("A1:A6"), Range("C1:C6"))
```

Union 方法返回一个 Range 对象，表示引用的多个单元格区域。为了便于在代码中使用由 Union 方法引用的多个单元格区域，可以声明一个 Range 类型的对象变量，然后将 Union 方法返回的多个单元格区域赋值给该对象变量。下面的代码将 A1:A6 和 C1:C6 两个单元格区域存储在 rng 变量中。

```
Dim rng As Range
Set rng = Union(Range("A1:A6"), Range("C1:C6"))
```

当需要处理 Union 方法返回的多个单元格区域时，可以使用 Range 对象的 Areas 属性。该属性返回一个 Areas 集合，该集合由组成多个单元格区域中的每一个单元格区域组成，其中的每一个单元格区域都是一个 Range 对象。使用 For Each 语句可以逐一处理 Areas 集合中的每一个单元格区域。

下面的代码使用 Union 方法引用 3 个单元格区域，并在立即窗口中显示每个单元格区域包含的单元格数量，如图 4-6 所示。

```
Sub 统计每个单元格区域包含的单元格数量()
    Dim rngUnion As Range, rng As Range
    Set rngUnion = Union(Range("A1:A3"), Range("C1:C5"), Range("E1:E7"))
    For Each rng In rngUnion.Areas
        Debug.Print rng.Count
    Next rng
End Sub
```

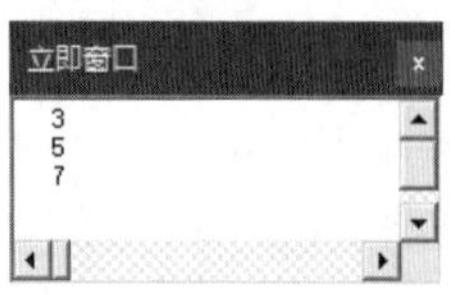

图 4-6 显示每个单元格区域包含的单元格数量

4.10 使用 Intersect 方法引用多个单元格区域的重叠部分

当需要处理多个单元格区域的重叠部分时，可以使用 Application 对象的 Intersect 方法。如果将 Union 方法看作是获取多个单元格区域的并集，那么 Intersect 方法获取的就是多个单元格区域的交集。

在实际应用中，经常使用 Intersect 方法判断选择或右击的单元格是否位于特定的单元格区域之内，然后根据判断结果执行不同的操作。下面的代码检查活动单元格是否在 A 列中，如果不在，则显示如图 4-7 所示的提示信息。

```
Sub 检查活动单元格是否位于 A 列()
    If Intersect(ActiveCell, Columns("A")) Is Nothing Then
        MsgBox "活动单元格不在 A 列中"
    End If
End Sub
```

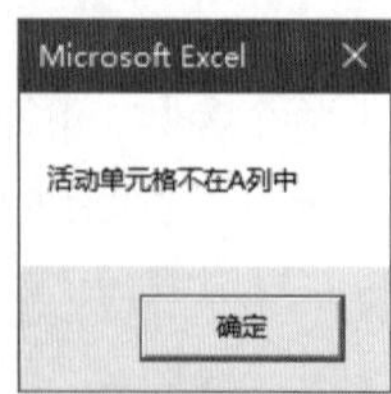

图 4-7 检查活动单元格是否位于 A 列

4.11　使用 CurrentRegion 属性引用连续数据区域

使用 Range 对象的 CurrentRegion 属性可以引用连续的数据区域，连续数据区域是指一个不包含空行或空列的数据区域。如图 4-8 所示是两个连续数据区域，它们被两个空行分隔。使用 CurrentRegion 属性可以很容易引用其中任意一个数据区域。

	A	B	C
1	名称	数量	
2	可乐	3	
3	雪碧	6	
4	芬达	2	
5			
6			
7	名称	数量	
8	可乐	8	
9	雪碧	7	
10	芬达	5	
11			

图 4-8　使用 CurrentRegion 属性引用连续数据区域

下面的代码引用位于上方的数据区域。

```
Range("A1").CurrentRegion
```

下面的代码引用位于下方的数据区域。

```
Range("A7").CurrentRegion
```

在上面的两行代码中，Range 属性引用的单元格可以是其所在的数据区域中的任意一个单元格。下面的任意一行代码都引用位于上方的数据区域。

```
Range("A2").CurrentRegion
Range("B2").CurrentRegion
Range("B3").CurrentRegion
```

同理，下面的任意一行代码都引用位于下方的数据区域。

```
Range("A8").CurrentRegion
Range("B9").CurrentRegion
Range("A10").CurrentRegion
```

如果希望让用户选择要引用哪个数据区域，则可以使用 InputBox 函数提供一个对话框，如果在其中输入 1，则引用位于上方的数据区域；如果在其中输入 2，则引用位于下方的数据区域。用户做出选择后，将自动选中相应的数据区域。下面的代码可以实现该功能。

```
Sub 自动选择用户指定的数据区域()
    Dim strRegionNumber As String
    strRegionNumber = InputBox("输入 1 选择上方的区域，输入 2 选择下方的区域")
    Select Case strRegionNumber
        Case 1
            Range("A1").CurrentRegion.Select
        Case 2
            Range("A7").CurrentRegion.Select
        Case Else
            MsgBox "输入的内容无效"
    End Select
End Sub
```

4.12 使用 UsedRange 属性引用已使用的单元格区域

UsedRange 是 Worksheet 对象的属性，该属性引用工作表中已使用的单元格区域。“已使用的单元格区域”既包括有数据的单元格，也包括设置了格式的空单元格。

在如图 4-9 所示的活动工作表中，A1:A6 单元格区域包含数据，C5 单元格也包含数据，下面的代码引用该工作表中已使用的单元格区域，将返回 A1:C6，而不是 A1:A6 和 C5。

```
ActiveSheet.UsedRange
```

图 4-9 使用 UsedRange 属性引用已使用的单元格区域

如图 4-10 所示的已使用的单元格区域是 A1:D8，这是因为在 D8 单元格中设置了填充色，即使该单元格不包含数据，Excel 也会将其识别为已使用的单元格。

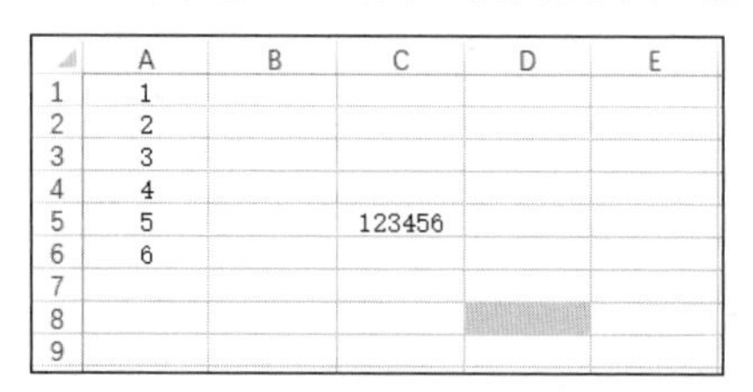

图 4-10 已使用的单元格区域是 A1:D8

4.13 使用 End 属性引用数据区域的边界

End 是 Range 对象的属性，使用该属性可以实现按键盘上的 Ctrl 键+方向键的功能。End 属性只有一个参数，该参数用于设置单元格的跳转方向，其值由 XlDirection 常量提供，如表 4-1 所示。

表 4-1 XlDirection 常量

名　称	值	说　明
xlUp	-4162	向上
xlDown	-4121	向下
xlToLeft	-4159	向左
xlToRight	-4161	向右

如图 4-11 所示，下面的代码从 A1 单元格开始，向下定位到包含连续数据的最后一个单元格。由于 A7 单元格是空单元格，所以包含连续数据的最后一个单元格是 A6 单元格。

```
Range("A1").End(xlDown)
```

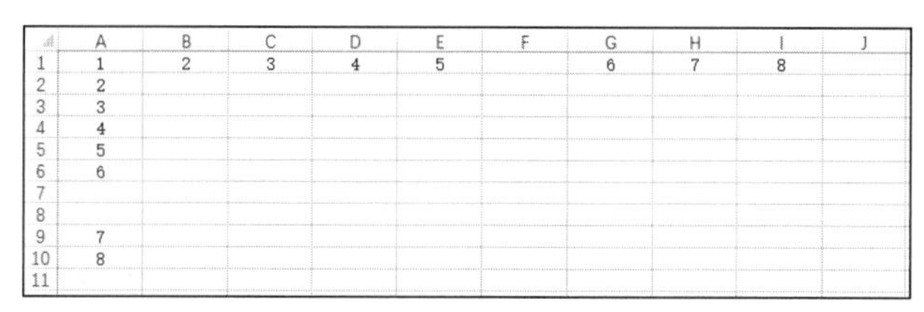

	A	B	C	D	E	F	G	H	I	J
1	1	2	3	4	5		6	7	8	
2	2									
3	3									
4	4									
5	5									
6	6									
7										
8										
9	7									
10	8									
11										

图 4-11　包含数据的单元格区域

将上面代码中的 A1 改成 A6 后继续向下定位，引用的将是 A9 单元格。这是因为 A6 下方的 A7 和 A8 都是空单元格，所以从 A6 向下定位到的是下一个包含数据的单元格，即 A9 单元格。

```
Range("A6").End(xlToRight)
```

与向下定位的方式类似，下面的代码从 A1 单元格开始，向右定位到包含连续数据的最后一个单元格，即 E1 单元格。从 E1 单元格继续向右定位，定位到的将是 G1 单元格。

```
Range("A1").End(xlDown)
```

当希望引用一行或一列中最后一个包含数据的单元格时，如果该行或该列中的数据不是连续的，则使用上面的方法将无法得到准确的结果。由于在 Excel 中很少会将数据存储到工作表中的最后一行或最后一列，所以可以从一行或一列中的最后一个单元格向前定位到下一个包含数据的单元格，该单元格就是该行或该列中最后一个包含数据的单元格。

Excel 工作表的最大行数是 1048576，下面的代码从 A 列中的最后一个单元格 A1048576 开始，向上查找包含数据的单元格，最先找到的单元格就是 A 列中最后一个包含数据的单元格。

```
Range("A1048576").End(xlUp)
```

为了可以自动获取最后一行的行号，而不是在代码中输入固定的数字，可以使用 Worksheet 对象的 Rows 属性，返回一个表示工作表中的所有行的 Range 对象，然后使用 Range 对象的 Count 属性计算所有行的总数，该数字相当于最后一行的行号。

```
Cells(Rows.Count, 1).End(xlUp)
```

4.14　使用 SpecialCells 方法引用特定类型的单元格

使用 Range 对象的 SpecialCells 方法可以引用特定数据类型的单元格，该方法实现的功能与 Excel 中的“定位条件”对话框相同，如图 4-12 所示。

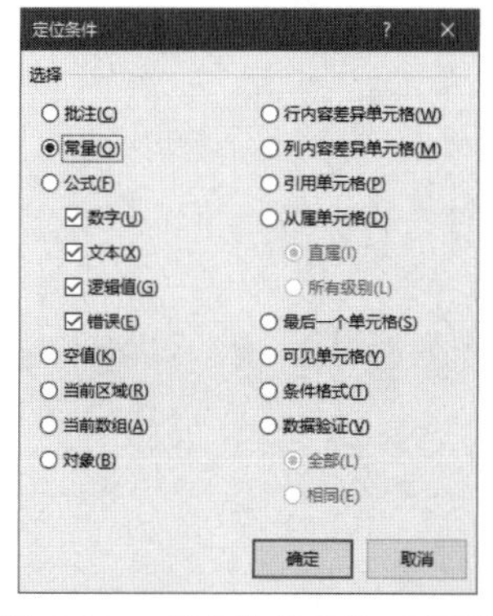

图 4-12　“定位条件”对话框

SpecialCells 方法有两个参数，语法如下：

```
SpecialCells(Type, Value)
```

- Type（必需）：单元格的类型，其值由 XlCellType 常量提供，如表 4-2 所示。
- Value（可选）：该参数只有在将 Type 参数设置为 xlCellTypeConstants 或 xlCellTypeFormulas 时才有效。Value 参数的值由 XlSpecialCellsValue 常量提供，如表 4-3 所示，在代码中可以同时使用该表中的多个值，它们的总和表示希望返回的多个数据类型，例如 1+2+4 表示返回包含数字、文本或逻辑值的单元格。

表 4-2　XlCellType 常量

名　称	值	说　明
xlCellTypeBlanks	4	空单元格
xlCellTypeConstants	2	包含常量的单元格
xlCellTypeFormulas	-4123	包含公式的单元格
xlCellTypeComments	-4144	包含批注的单元格
xlCellTypeVisible	12	所有可见单元格
xlCellTypeLastCell	11	已用区域中的最后一个单元格
xlCellTypeAllFormatConditions	-4172	包含条件格式的单元格
xlCellTypeSameFormatConditions	-4173	包含相同条件格式的单元格
xlCellTypeAllValidation	-4174	包含数据验证的单元格
xlCellTypeSameValidation	-4175	包含相同数据验证的单元格

表 4-3　XlSpecialCellsValue 常量

名　称	值	说　明
xlNumbers	1	数字
xlTextValues	2	文本
xlLogical	4	逻辑值
xlErrors	16	错误值

下面代码在活动工作表的独立数据区域中查找包含数字的单元格，并在立即窗口中显示这些单元格的地址，如图 4-13 所示。

```
Sub 查找包含数字但不包含日期的单元格()
    Dim rng As Range, rngResult As Range
    Set rngResult = Range("A1").CurrentRegion.SpecialCells(xlCellTypeConstants, xlNumbers)
    For Each rng In rngResult
        If Not IsDate(rng) Then
            Debug.Print rng.Address(0, 0)
        End If
    Next rng
End Sub
```

	A	B	C	D
1	名称	单价	数量	生产日期
2	牛奶	2	10	10月5日
3	酸奶	3.5	15	10月5日
4	早餐奶	2.5	5	10月6日
5	核桃奶	3	20	10月7日

立即窗口

B2
C2
B3
C3
B4
C4
B5
C5

图 4-13　在立即窗口中显示匹配的单元格地址

代码解析：由于日期也被认为是数字，为了只匹配纯数字，需要使用 VBA 内置的 IsDate 函数逐一判断找到的每个单元格中的值是否是日期，如果不是日期，则在立即窗口中显示该单元格的地址。

下面的代码在如图 4-13 所示的数据区域中查找有公式返回的错误值，由于该区域中没有错误值而无法找到匹配的单元格，所以将导致运行时错误。为了避免出现运行时错误进入中断模式，在代码中加入了错误处理程序，在没有找到匹配单元格时显示提示信息。

```
Sub 查找错误值()
    Dim rng As Range, rngResult As Range
    Set rng = Range("A1").CurrentRegion
    On Error Resume Next
    Set rngResult = rng.SpecialCells(xlCellTypeFormulas, xlErrors)
    If Err.Number <> 0 Then
        MsgBox "没有找到错误值"
    End If
End Sub
```

4.15　使用 Find 方法查找数据区域中的最后一个单元格

使用 Range 对象的 Find 方法可以在单元格区域中查找符合条件的单元格，其功能与“查找和替换”对话框中的“查找”选项卡相同，如图 4-14 所示。

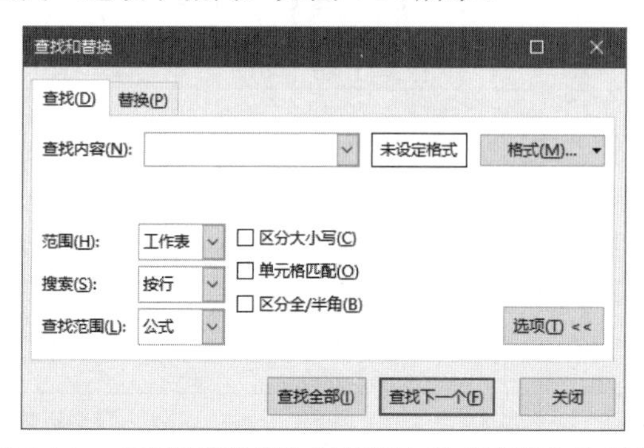

图 4-14　“查找和替换”对话框中的“查找”选项卡

Find 方法的语法如下：

```
Find(What, After, LookIn, LookAt, SearchOrder, SearchDirection, MatchCase, MatchByte, SearchFormat)
```

- What（必需）：要查找的内容，可以使用通配符*或?。
- After（可选）：在查找的区域指定一个单元格，查找数据时，将从该单元格之后开始查找，到达区域结尾后才会查找该单元格。省略该参数时，默认将其指定为区域左上角的单元格。

- LookIn（可选）：查找的内容类型，可以是值、公式或批注，该参数的值由 XlFindLookIn 常量提供，如表 4-4 所示。将该参数设置为 xlFormulas 时，将在组成公式的各个字符中进行查找。
- LookAt（可选）：完全匹配或部分匹配，该参数的值由 XlLookAt 常量提供，如表 4-5 所示。“完全匹配”要求单元格中的内容必须与查找的内容完全一致。“部分匹配”只要求单元格中的部分内容与查找的内容相同即可。
- SearchOrder（可选）：查找顺序，可以按行或按列，该参数的值由 XlSearchOrder 常量提供，如表 4-6 所示。
- SearchDirection（可选）：查找方向，向区域开头或向区域末尾，该参数的值由 XlSearchDirection 常量提供，如表 4-7 所示。
- MatchCase（可选）：是否区分英文字母大小写。如果该参数为 True，则区分英文字母大小写；如果该参数为 False，则不区分英文字母大小写。
- MatchByte（可选）：是否区分全角和半角字符。如果该参数为 True，则区分全角和半角字符；如果该参数为 False，则不区分全角和半角字符。
- SearchFormat（可选）：要查找的格式。

表 4-4　XlFindLookIn 常量

名　称	值	说　明
xlFormulas	-4123	公式
xlComments	-4144	批注
xlValues	-4163	值

表 4-5　XlLookAt 常量

名　称	值	说　明
xlWhole	1	匹配全部搜索文本
xlPart	2	匹配任一部分搜索文本

表 4-6　XlSearchOrder 常量

名　称	值	说　明
xlByRows	1	从第一行开始，一行一行地查找
xlByColumns	2	从第一列开始，一列一列地查找

表 4-7　XlSearchDirection 常量

名　称	值	说　明
xlNext	1	在区域中查找下一个匹配值
xlPrevious	2	在区域中查找上一个匹配值

如果找到了匹配的单元格，则 Find 方法将返回一个表示该单元格的 Range 对象。如果未

找到匹配的单元格，则该方法将返回 Nothing。找到一个匹配单元格后，可以使用 Range 对象的 FindNext 或 FindPrevious 方法，继续以相同条件查找下一个或上一个匹配的单元格。

使用 Range 对象的 SpecialCells 方法可以查找已用区域中的最后一个单元格，该单元格可能只包含格式而没有数据。如图 4-15 所示，E1 单元格中只包含填充色而没有数据，但是 Excel 会认为 A1:E5 单元格区域是已用区域，使用 SpecialCells 方法找到的最后一个单元格是 E5。然而，真正包含数据的最后一个单元格是 D5。

	A	B	C	D	E	F
1	名称	单价	数量	生产日期		
2	牛奶	2	10	10月5日		
3	酸奶	3.5	15	10月5日		
4	早餐奶	2.5	5	10月6日		
5	核桃奶	3	20	10月7日		
6						

图 4-15　查找数据区域中的最后一个单元格

如需找到数据区域中的最后一个单元格，可以使用 Range 对象的 Find 方法。下面的代码查找活动工作表中的数据区域的最后一个单元格并显示其地址。

```
Sub 查找数据区域中的最后一个单元格()
    Dim rng As Range
    Dim lngLastRow As Long, lngLastCol As Long
    Set rng = Cells.Find("*", Range("A1"), xlValues, , xlByRows, xlPrevious)
    lngLastRow = rng.Row
    Set rng = Cells.Find("*", Range("A1"), xlValues, , xlByColumns, xlPrevious)
    lngLastCol = rng.Column
    MsgBox Cells(lngLastRow, lngLastCol).Address(0, 0)
End Sub
```

代码解析：将 SearchDirection 参数设置为 xlPrevious，从 A1 单元格向上绕到工作表的底部开始查找。按照行和按照列查找两次，并获取每次找到的单元格的行号和列号，然后将它们作为 Cells 属性的参数，从而返回数据区域中的最后一个单元格。

使用通配符“*”进行查找时，将 Find 方法的 LookIn 参数设置为 xlFormulas 或 xlValues 具有同等效果。xlFormulas 表示查找公式，它包括用户输入的数据和组成公式的字符；xlValues 表示查找值，它包括用户输入的数据和公式的计算结果。由于通配符“*”表示零个或任意个字符，所以无论设置为 xlFormulas 或 xlValues，只要单元格中包含内容就会与“*”匹配。

4.16　使用 InputBox 方法引用由用户选择的单元格

第 1 章曾经介绍过 VBA 内置的 InputBox 函数，该函数用于创建一个对话框，并以字符串形式返回用户在对话框中输入的内容。Application 对象有一个 InputBox 方法，其功能要比 InputBox 函数更强大。

InputBox 方法的返回值不仅可以是字符串，还可以是数字、逻辑值或 Range 对象。InputBox 方法还会验证用户输入的数据是否符合指定的类型，如果不符合，则将禁止后续操作。使用 VBA 内置的 InputBox 函数时，不输入任何内容而单击“确定”按钮与直接单击“取消”按钮都将返回零长度字符串，导致无法准确判断用户单击的是哪个按钮。而 Application 对象的 InputBox 方法可以很容易判断用户单击的是“确定”按钮还是“取消”按钮。

注意：Application 对象的 InputBox 方法不是全局成员，使用该方法时必须为其添加对 Application 对象的引用。在代码中直接输入 InputBox 而不带 Application 对象引用时，表示使用的是 VBA 内置的 InputBox 函数。

Application 对象的 InputBox 方法有 8 个参数，前 7 个参数与 VBA 内置的 InputBox 函数相同，第 8 个参数 Type 用于设置返回的数据类型，其值如表 4-8 所示。省略该参数时，InputBox 方法将返回 String 数据类型。可以将表 4-8 中的多个值相加后用作 Type 参数的值，以使 InputBox 方法接受并返回多种数据类型。

表 4-8　Type 参数的值

值	数 据 类 型
0	公式
1	数字
2	文本
4	逻辑值
8	单元格引用
16	错误值
64	数值数组

4.16.1　让用户选择要引用的单元格

如果将 InputBox 方法的 Type 参数设置为 8，则用户可以在对话框中输入有效的单元格地址，或者直接在工作表中选择所需的单元格，单击“确定”按钮后，将引用指定的单元格或单元格区域，然后使用 Set 语句将 InputBox 方法返回的 Range 对象赋值给一个对象变量。

下面的代码将用户选择的单元格区域赋值给一个对象变量，然后显示该单元格区域中包含数据的单元格总数，如图 4-16 所示。在代码中加入 On Error Resume Next 语句是为了避免单击“取消”按钮时，使用 Set 语句赋值失败而导致的运行时错误。

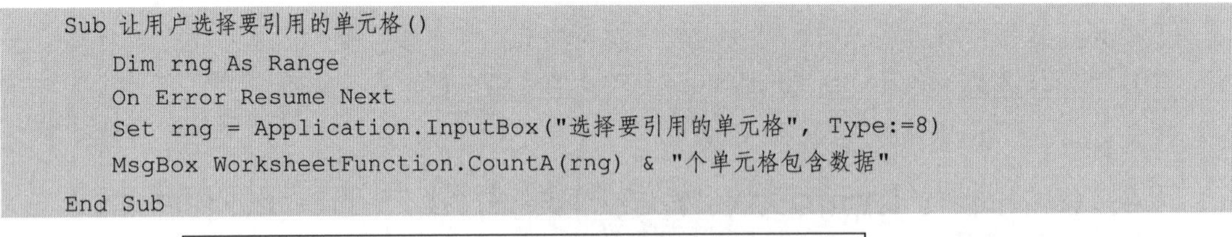

```
Sub 让用户选择要引用的单元格()
    Dim rng As Range
    On Error Resume Next
    Set rng = Application.InputBox("选择要引用的单元格", Type:=8)
    MsgBox WorksheetFunction.CountA(rng) & "个单元格包含数据"
End Sub
```

图 4-16　让用户选择所需的单元格区域并显示包含数据的单元格总数

注意：如果将 InputBox 方法的返回值赋值给一个非对象变量，则该变量存储的将是 Range 对象的值而非 Range 对象本身。

4.16.2　判断是否单击了“取消”按钮

如果在 InputBox 方法创建的对话框中单击“取消”按钮，则该方法将返回 False，这样就可以判断用户是否单击了“取消”按钮。下面的代码是在用户单击“取消”按钮时显示一条信息。

```
Sub 判断是否单击了取消按钮()
    Dim lngNUmber As Long
    lngNUmber = Application.InputBox("输入一个整数", Type:=1)
     If lngNUmber = False Then
        MsgBox "单击了“取消”按钮"
    End If
End Sub
```

如果将 InputBox 方法的返回值赋值给一个 Range 类型的对象变量，则在单击“取消”按钮时将导致运行时错误。如需避免该错误并处理单击“取消”按钮时要执行的操作，可以先忽略所有错误，然后检查对象变量是否是 Nothing，如果是，则说明单击了“取消”按钮。下面的代码在用户单击“取消”按钮时，自动将 A1:B6 单元格区域指定为要引用的默认区域。

```
Sub 判断是否单击了取消按钮2()
    Dim rng As Range
    On Error Resume Next
    Set rng = Application.InputBox("选择一个单元格区域", Type:=8)
    If rng Is Nothing Then
        Set rng = Range("A1:B6")
        MsgBox "单击了“取消”按钮，自动将【" & rng.Address(0, 0) & "】指定为默认区域"
    End If
End Sub
```

第 5 章　处理单元格中的数据

掌握第 4 章介绍的引用单元格的各种方法后，接下来就可以编程处理单元格中的数据了。如果能够熟练引用单元格和单元格区域，则在编程处理单元格中的数据时会觉得游刃有余。本章将介绍通过编写 VBA 代码在单元格中输入数据和公式、设置数据格式，以及编辑数据的方法，其中介绍了 Range 对象的很多属性和方法。本章还将介绍在 VBA 中使用数组和字典提高数据处理效率的方法，最后将介绍通过创建自定义函数来实现 Excel 自身不具备的数据处理功能。

5.1　在单元格中输入数据和公式

Range 对象的 Value 属性用于在单元格中输入数据。Value 是 Range 对象的默认属性，这意味着当在代码中省略 Range 对象的 Value 属性时，默认操作就是在与 Range 对象关联的单元格中输入数据。然而，为 Range 对象显式指定 Value 属性是使代码更易读的好习惯。本节将介绍不同情况下在单元格或单元格区域中输入数据的方法，还将介绍使用 VBA 在单元格中输入公式的方法。

5.1.1　在单个单元格中输入数据

最简单的情况是在单个单元格中输入数据，只需将要输入的数据赋值给 Range 对象的 Value 属性即可。下面的代码是在活动工作表的 A2 单元格中输入数字 168。

```
Range("A2").Value = 168
```

下面的代码是在活动工作表的 A1 单元格中输入“数量”。输入文本时，需要将文本放在一对英文双引号中。

```
Range("A1").Value = "数量"
```

在单元格中输入日期的方法与输入文本相同，可以将日期放在一对英文双引号中，并将其赋值给 Range 对象的 Value 属性。下面的代码是在活动工作表的 B2 单元格中输入“2023/12/6”。

```
Range("B2").Value = "2023/12/6"
```

还可以使用 VBA 内置的 DateSerial 函数输入日期，该函数的 3 个参数分别用于指定日期中的年、月、日。下面的代码是在活动工作表的 B2 单元格中输入的日期是 2023 年 12 月 6 日。

```
Range("B2").Value = DateSerial(2023, 12, 6)
```

如需输入系统日期，可以使用 VBA 内置的 Date 函数。

```
Range("B2").Value = Date
```

5.1.2　在单元格区域中输入数据

如需在一行多列的单元格区域中输入数据，可以使用 Array 函数。下面的代码是在活动工作表的 A1:C1 单元格区域的各个单元格中依次输入“姓名”“性别”和“籍贯”。

```
Range("A1:C1").Value = Array("姓名", "性别", "籍贯")
```

下面的代码是使用 Range 对象的 Resize 属性实现相同的功能。

```
Range("A1").Resize(1, 3).Value = Array("姓名", "性别", "籍贯")
```

如需在一列多行的单元格区域中输入数据，仍然可以使用 Array 函数，不过需要使用 WorksheetFunction 对象的 Transpose 方法将 Array 函数返回的水平数组转换为垂直数组，以便与一列多行的单元格区域保持相同的方向。下面的代码是在活动工作表的 A1:A3 单元格区域中输入“姓名”“性别”和“籍贯”。

```
Range("A1:A3").Value = WorksheetFunction.Transpose(Array("姓名", "性别", "籍贯"))
```

如需在单元格区域中输入有规律可循的数据，可以使用 For Next 语句或 For Each 语句。下面的代码是使用 For Next 语句在活动工作表的 A1:A100 单元格区域中输入数字 1～100。

```
Sub 输入从 1 开始的 100 个连续自然数()
    Dim intIndex As Integer
    For intIndex = 1 To 100
        Range("A" & intIndex).Value = intIndex
    Next intIndex
End Sub
```

下面的代码实现相同的功能，但是使用 Cells 属性代替 Range 属性来引用单元格。

```
Sub 输入从 1 开始的 100 个连续自然数 2()
    Dim intIndex As Integer
    For intIndex = 1 To 100
        Cells(intIndex, 1).Value = intIndex
    Next intIndex
End Sub
```

下面的代码是使用 For Each 语句实现相同的功能，此处使用每个单元格的行号表示 1～100 个数字。

```
Sub 输入从 1 开始的 100 个连续自然数 3()
    Dim rng As Range
    For Each rng In Range("A1:A100")
        rng.Value = rng.Row
    Next rng
End Sub
```

第 4 章介绍的九九乘法表是一个在多行多列的单元格区域中输入数据的典型示例。使用两组嵌套的 For Next 语句分别控制行和列的循环。

```
Sub 九九乘法表()
    Dim intRow As Integer, intCol As Integer
    For intRow = 1 To 9
        For intCol = 1 To 9
            Cells(intRow, intCol).Value = intRow * intCol
        Next intCol
    Next intRow
```

```
End Sub
```

如果希望从 A 列的第一行开始，每隔一行输入一个连续的编号，从 1 开始一直输入到 100，则可以使用下面的代码。

```
Sub 隔行输入从 1 开始的 100 个连续编号()
    Dim intNumber As Integer, intRowOffset As Integer
    For intNumber = 1 To 100
        Range("A1").Offset(intRowOffset).Value = intNumber
        intRowOffset = intRowOffset + 2
    Next intNumber
End Sub
```

代码解析：intNumber 变量表示要输入的 1 ~ 100 个编号，intRowOffset 变量表示输入编号的两个单元格之间的行偏移量。由于要输入 100 个编号，所以需要执行 100 次循环，使用 intNumber 变量作为循环计数器，从 1 开始，每次递增到下一个编号。由于为 intRowOffset 变量赋值前其初始值是 0，将其设置为 Offset 属性的第一个参数表示不执行偏移操作，所以 For Next 语句中的第一次循环将在 A1 单元格中输入 1。然后将 intRowOffset 变量的值加 2，在进行第 2 次循环时，从 A1 单元格向下偏移 2 行，到达 A3 单元格，此时 intNumber 变量的值从 1 变成 2，即在 A3 单元格中输入 2。后续操作以此类推，每次循环都会将 intRowOffset 的当前值加 2，并从上一个输入编号的单元格向下偏移 2 行。

下面的代码也可以实现相同的功能，但是不如第一种方法更容易理解。该方法是判断单元格的行号是否是奇数，如果是，则在该单元格中输入从 1 开始的编号。每次输入编号前，需要检查存储编号的变量的值是否大于 100，如果是，则退出 For Each 循环，表示已经输入好了 100 个编号；如果不是，则继续输入下一个编号。

```
Sub 隔行输入从 1 开始的 100 个连续编号 2()
    Dim intNumber As Integer, rng As Range
    For Each rng In Columns(1).Cells
        If rng.Row Mod 2 = 1 Then
            intNumber = intNumber + 1
            If intNumber > 100 Then Exit For
            rng.Value = intNumber
        End If
    Next rng
End Sub
```

5.1.3 在多个不相邻的单元格区域中输入数据

如需在多个不相邻的单元格区域中输入数据，可以先使用 Application 对象的 Union 方法引用这些单元格区域，然后使用 Range 对象的 Areas 属性返回包含这些区域的 Areas 集合，再使用 For Each 语句逐一处理该集合中的每一个单元格区域。

下面的代码在 A1:A10、C1:C10 和 E1:E10 三个单元格区域中都输入从 1 开始的连续编号，如图 5-1 所示。

```
Sub 在 3 个单元格区域中都输入从 1 开始的 10 个编号()
    Dim rngUnion As Range, rngs As Range, rng As Range
    Set rngUnion = Union(Range("A1:A10"), Range("C1:C10"), Range("E1:E10"))
    For Each rngs In rngUnion.Areas
        For Each rng In rngs
```

```
            rng.Value = rng.Row
        Next rng
    Next rngs
End Sub
```

	A	B	C	D	E
1	1		1		1
2	2		2		2
3	3		3		3
4	4		4		4
5	5		5		5
6	6		6		6
7	7		7		7
8	8		8		8
9	9		9		9
10	10		10		10

图 5-1　在 3 个单元格区域中都输入从 1 开始的连续编号

如果希望 3 个单元格区域中的编号是连续的，则可以使用下面的代码，效果如图 5-2 所示。

```
Sub 在3个单元格区域中输入连续的编号()
    Dim rngUnion As Range, rngs As Range
    Dim rng As Range, intNumber As Integer
    Set rngUnion = Union(Range("A1:A10"), Range("C1:C10"), Range("E1:E10"))
    For Each rngs In rngUnion.Areas
        For Each rng In rngs
            intNumber = intNumber + 1
            rng.Value = intNumber
        Next rng
    Next rngs
End Sub
```

	A	B	C	D	E
1	1		11		21
2	2		12		22
3	3		13		23
4	4		14		24
5	5		15		25
6	6		16		26
7	7		17		27
8	8		18		28
9	9		19		29
10	10		20		30

图 5-2　在 3 个单元格区域中输入连续的编号

为了缩短代码的长度，可以使用 Range 属性代替 Union 方法来引用多个单元格区域。即使用下面的语句：

```
Range("A1:A10, C1:C10,E1:E10")
```

代替下面的语句：

```
Union(Range("A1:A10"), Range("C1:C10"), Range("E1:E10"))
```

其他语句不变。

5.1.4　根据一列中的值在同行的另一列中输入数据

如图 5-3 所示，如果希望根据 B 列的销售额在 C 列填入员工的业绩评定，则可以使用下面的代码。评定标准：销售额大于或等于 5000，评为“优秀”；销售额大于或等于 2000，评为“一般”；销售额低于 2000，评为“不达标”。

	A	B	C
1	姓名	销售额	业绩评定
2	柯信	6500	优秀
3	汪周	3200	一般
4	赵维范	1600	不达标
5	向如涵	5800	优秀
6	凌紫易	2500	一般
7	井恩谨	1100	不达标

图 5-3　评定员工业绩

```
Sub 评定员工业绩()
    Dim rngs As Range, rng As Range
    Set rngs = Range("B2").Resize(Range("A1").CurrentRegion.Rows.Count - 1, 1)
    For Each rng In rngs
        Select Case rng.Value
            Case Is >= 5000: rng.Offset(0, 1).Value = "优秀"
            Case Is >= 2000: rng.Offset(0, 1).Value = "一般"
            Case Else: rng.Offset(0, 1).Value = "不达标"
        End Select
    Next rng
End Sub
```

代码解析：首先需要获取对 B 列所有包含销售额的单元格的引用。方法有很多种，本例的方法是，以第一个销售额所在的 B2 单元格为起点，向下扩大单元格区域，直到最后一个包含销售额的单元格为止。该区域的行数由当前数据区域的总行数减 1 得到。当前数据区域的总行数由 Range("A1").CurrentRegion.Rows.Count 得到，然后在 For Each 语句中逐一检查每个销售额，使用 Select Case 语句根据销售额的值在其同行向右偏移一列的单元格中输入业绩评定结果。

5.1.5　在一列中输入某月每一天的日期

由于 VBA 内置的 DateSerial 函数分别处理日期中的年、月、日，所以可以使用变量表示灵活处理该函数中的年、月、日。下面的代码是在 A 列中输入 2023 年 8 月每一天的日期。

```
Sub 输入8月每一天的日期()
    Dim intRowOffset As Integer, intDay As Integer
    For intDay = 1 To 31
        Range("A1").Offset(intRowOffset).Value = DateSerial(2023, 8, intDay)
        intRowOffset = intRowOffset + 1
    Next intDay
End Sub
```

5.1.6　使用 Value 属性或 Formula 属性输入公式

如需在单元格中输入公式，可以使用 Range 对象的 Value 属性或 Formula 属性。下面的两行代码都可以在活动工作表的 E2 单元格中输入一个计算 B2 单元格和 C2 单元格乘积的公式。输入后将在 E2 单元格中显示计算结果，公式显示在该单元格的编辑栏中，如图 5-4 所示。

```
Range("E2").Value = "=B2*C2"
Range("E2").Formula = "=B2*C2"
```

E2　　=B2*C2

	A	B	C	D	E
1	名称	单价	数量	生产日期	支付金额
2	牛奶	2	10	10月5日	20
3	酸奶	3.5	15	10月5日	
4	早餐奶	2.5	5	10月6日	
5	核桃奶	3	20	10月7日	

图 5-4　在单元格中输入公式

如需将 E2 单元格中的公式填充到其下方的 3 个单元格中，可以使用 Range 对象的 FillDown 方法，该方法会将单元格区域中的第一个单元格中的公式向下填充到该区域中的其他单元格。下面的代码将 E2 单元格中的公式填充到 E3、E4 和 E5 三个单元格中，如图 5-5 所示。

```
Range("E2:E5").FillDown
```

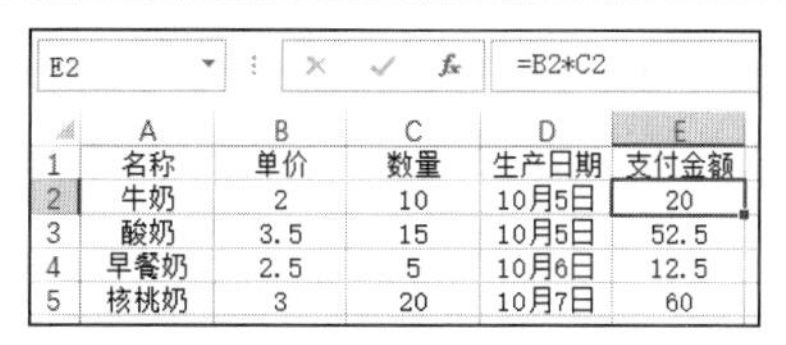

E2　=B2*C2

	A	B	C	D	E
1	名称	单价	数量	生产日期	支付金额
2	牛奶	2	10	10月5日	20
3	酸奶	3.5	15	10月5日	52.5
4	早餐奶	2.5	5	10月6日	12.5
5	核桃奶	3	20	10月7日	60

图 5-5　向下填充公式

如果是新输入的公式，则可以直接将公式一次性输入到单元格区域中，Excel 会自动调整每个公式中的单元格地址，从而得到正确的计算结果。下面的代码在 E2:E5 单元格区域中输入同一个公式。

```
Range("E2:E5").Formula = "=B2*C2"
```

Value 属性和 Formula 属性的主要区别在于它们的返回值。对于一个包含公式的单元格，使用 Value 属性将返回该单元格中的公式的计算结果，使用 Formula 属性将以文本的形式返回该单元格中的公式。

下面的代码显示使用 Value 属性返回的 E2 单元格中的公式的计算结果，如图 5-6 所示。

```
MsgBox Range("E2").Value
```

下面的代码显示使用 Formula 属性返回的 E2 单元格中的公式的文本，如图 5-6 所示。

```
MsgBox Range("E2").Formula
```

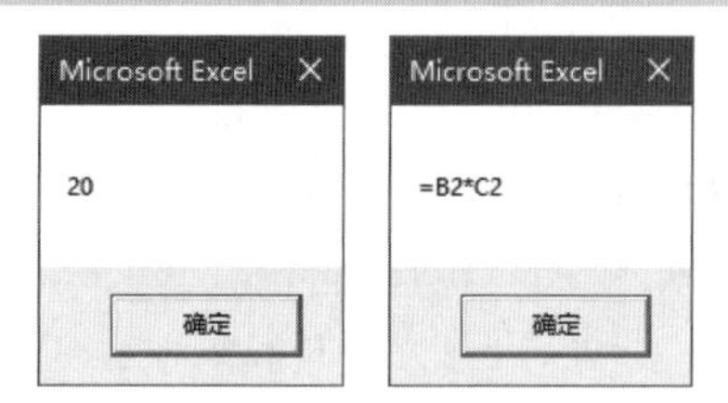

图 5-6　Value 属性（左）和 Formula 属性（右）的返回值

5.1.7　使用 FormulaArray 属性输入数组公式

如需在单元格中输入数组公式，可以使用 Range 对象的 FormulaArray 属性。下面的代码是在 B7 单元格中输入一个用于计算所有商品总金额的数组公式，Excel 会自动在公式的两侧添加大括号，如图 5-7 所示。

```
Range("B7").FormulaArray = "=SUM(B2:B5*C2:C5)"
```

B7　{=SUM(B2:B5*C2:C5)}

	A	B	C	D	E	F
1	名称	单价	数量	生产日期	支付金额	
2	牛奶	2	10	10月5日	20	
3	酸奶	3.5	15	10月5日	52.5	
4	早餐奶	2.5	5	10月6日	12.5	
5	核桃奶	3	20	10月7日	60	
6						
7	支付总额	145				

图 5-7　输入数组公式

提示：使用 FormulaArray 属性返回的数组公式文本不包含大括号。

5.2 设置数据格式

Range 对象提供的很多属性都可以为单元格中的数据设置格式，本节将介绍几种最常见的格式，包括字体格式、对齐方式、填充格式，最后还将介绍清除数据格式的方式。

5.2.1 设置字体格式

使用 Font 对象可以设置单元格的字体格式，Range 对象的 Font 属性将返回 Font 对象。下面的代码将活动单元格的字体设置为“宋体”。

```
ActiveCell.Font.Name = "宋体"
```

当需要设置一系列字体格式时，可以使用 With 语句简化代码的输入量。下面的代码将活动单元格的字体设置为“宋体”，将字号设置为“16”，将字体颜色设置为“红色”，并将字体加粗。

```
Sub 设置一系列字体格式()
    With ActiveCell.Font
        .Name = "宋体"
        .Size = 16
        .Color = vbRed
        .Bold = True
    End With
End Sub
```

5.2.2 设置对齐方式

单元格中的内容分为水平对齐和垂直对齐两种方式，只有将单元格的高度调整到足够大时，才会看到垂直对齐的效果。Range 对象的 HorizontalAlignment 属性用于设置水平对齐方式，该属性的值由 XlHAlign 常量提供，如表 5-1 所示。Range 对象的 VerticalAlignment 属性用于设置垂直对齐方式。该属性的值由 XlVAlign 常量提供，如表 5-2 所示。

表 5-1　XlHAlign 常量

名　称	值	说　明
xlHAlignGeneral	1	按照数据类型对齐
xlHAlignFill	5	填充对齐
xlHAlignCenterAcrossSelection	7	跨列居中
xlHAlignCenter	-4108	居中对齐
xlHAlignDistributed	-4117	分散对齐
xlHAlignJustify	-4130	两端对齐
xlHAlignLeft	-4131	左对齐
xlHAlignRight	-4152	右对齐

表 5-2　XlVAlign 常量

名　称	值	说　明
xlVAlignBottom	-4107	底部对齐
xlVAlignCenter	-4108	居中对齐
xlVAlignDistributed	-4117	分散对齐
xlVAlignJustify	-4130	两端对齐
xlVAlignTop	-4160	顶部对齐

下面的代码是将活动工作表中的 A1:C1 单元格区域中的数据在水平方向和垂直方向上都居中对齐。

```
Range("A1:C1").HorizontalAlignment = xlHAlignCenter
Range("A1:C1").VerticalAlignment = xlVAlignCenter
```

5.2.3　设置填充格式

使用 Interior 对象可以设置单元格的填充色，Range 对象的 Interior 属性将返回 Interior 对象。下面的代码将活动单元格的填充色设置为黄色。

```
ActiveCell.Interior.Color = vbYellow
```

可以使用 VBA 内置的 RBG 函数为 Color 属性设置颜色，下面的代码使用 RGB 函数为活动单元格设置黄色填充色。

```
ActiveCell.Interior.Color = RGB(255, 255, 0)
```

如需为单元格的填充色设置一种随机颜色，可以使用 VBA 内置的 Rnd 函数产生 3 个随机数，然后将其设置为 RGB 函数的参数。

```
Sub 设置随机填充色()
    Dim intR As Integer, intG As Integer, intB As Integer
    intR = Int(256 * Rnd)
    intG = Int(256 * Rnd)
    intB = Int(256 * Rnd)
    ActiveCell.Interior.Color = RGB(intR, intG, intB)
End Sub
```

下面的代码是将活动工作表中的 A1:C6 单元格区域的单元格的填充色从黄色改为红色。

```
Sub 更改填充色()
    Dim rng As Range
    For Each rng In Range("A1:C6")
        If rng.Interior.Color = vbYellow Then
            rng.Interior.Color = vbRed
        End If
    Next rng
End Sub
```

下面的代码是清除活动工作表中的 A1:C6 单元格区域中的填充色。

```
ActiveCell.Interior.ColorIndex = xlColorIndexNone
```

5.3 编辑单元格中的数据

使用 Range 对象的很多方法可以编辑单元格中的数据，包括复制、选择性粘贴、替换和删除等，本节将介绍这些常用的编辑操作。

5.3.1 使用 PasteSpecial 方法执行选择性粘贴

默认情况下，当复制并粘贴数据时，会将数据及其具有的格式一起粘贴到目标单元格中。有时可能只想粘贴数据的格式，或将公式粘贴为固定不变的值，使用 Excel 中的“选择性粘贴”对话框可以实现不同的粘贴需求，如图 5-8 所示。

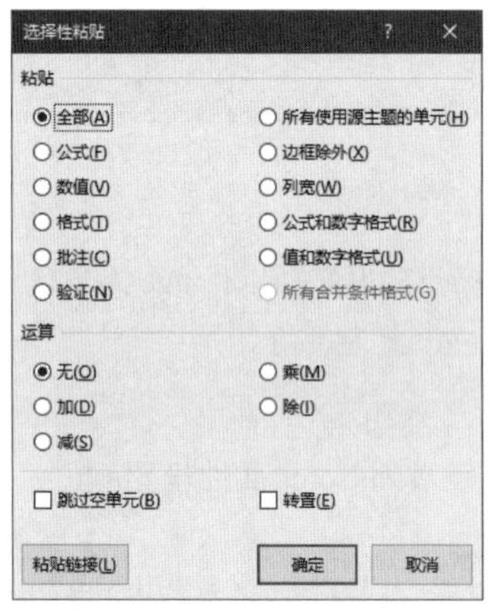

图 5-8 “选择性粘贴”对话框

在 VBA 中可以使用 Range 对象的 PasteSpecial 方法实现“选择性粘贴”对话框中的功能。PasteSpecial 方法有 4 个参数，语法如下：

```
PasteSpecial(Paste, Operation, SkipBlanks, Transpose)
```

- Paste（可选）：粘贴方式，该参数的值由 XlPasteType 常量提供，如表 5-3 所示。
- Operation（可选）：粘贴时与目标单元格中的数据执行的运算类型，该参数的值由 XlPasteSpecialOperation 常量提供，如表 5-4 所示。
- SkipBlanks（可选）：是否将源数据中的空白单元格粘贴到目标单元格。如果该参数为 True，则不粘贴空白单元格；如果该参数为 False，则粘贴空白单元格。默认值是 False。
- Transpose（可选）：粘贴时是否转置行列位置。如果该参数为 True，则转置行列位置；如果该参数为 False，则不转置行列位置。默认值是 False。

表 5-3 XlPasteType 常量

名　称	值	说　明
xlPasteValidation	6	粘贴有效性
xlPasteAllExceptBorders	7	粘贴除了边框之外的所有内容
xlPasteColumnWidths	8	粘贴复制的列宽
xlPasteFormulasAndNumberFormats	11	粘贴公式和数字格式
xlPasteValuesAndNumberFormats	12	粘贴值和数字格式

续表

名　称	值	说　明
xlPasteAllUsingSourceTheme	13	使用源主题粘贴全部内容
xlPasteAllMergingConditionalFormats	14	将粘贴所有内容，并且将合并条件格式
xlPasteAll	-4104	粘贴全部内容
xlPasteFormats	-4122	粘贴源数据的格式
xlPasteFormulas	-4123	粘贴公式
xlPasteComments	-4144	粘贴批注
xlPasteValues	-4163	粘贴值

表 5-4　XlPasteSpecialOperation 常量

名　称	值	说　明
xlPasteSpecialOperationAdd	2	复制的数据将添加到目标单元格中的值
xlPasteSpecialOperationSubtract	3	复制的数据将从目标单元格中的值中减去
xlPasteSpecialOperationMultiply	4	复制的数据会将目标单元格中的值相乘
xlPasteSpecialOperationDivide	5	复制的数据将除以目标单元格中的值
xlPasteSpecialOperationNone	-4142	粘贴操作中不执行任何计算

下面的代码是将数据区域中的所有公式转换为值。

```
Sub 将所有公式转换为值()
    Dim rngFormula As Range, rng As Range
    Application.ScreenUpdating = False
    On Error Resume Next
    Set rngFormula = ActiveSheet.UsedRange.SpecialCells(xlCellTypeFormulas)
    For Each rng In rngFormula
        rng.Copy
        rng.PasteSpecial xlPasteValues
    Next rng
    Application.CutCopyMode = False
End Sub
```

代码解析：由于无法同时复制多个不相邻的单元格，所以需要使用 For Each 语句逐一处理每一个包含公式的单元格。为了加快程序的运行速度，可以将 Application 对象的 ScreenUpdating 属性设置为 False，关闭屏幕刷新。为了避免操作完成后，复制单元格的虚线框停留在单元格中，需要将 Application 对象的 CutCopyMode 属性设置为 False。

5.3.2　使用 Replace 方法替换多个单元格中的数据

使用 Range 对象的 Replace 方法可以替换单元格区域中符合条件的单元格的内容，其功能与“查找和替换”对话框中的“替换”选项卡相同，如图 5-9 所示。

Replace 方法的语法如下：

```
Replace(What, Replacement, LookAt, SearchOrder, MatchCase, MatchByte, SearchFormat, ReplaceFormat)
```

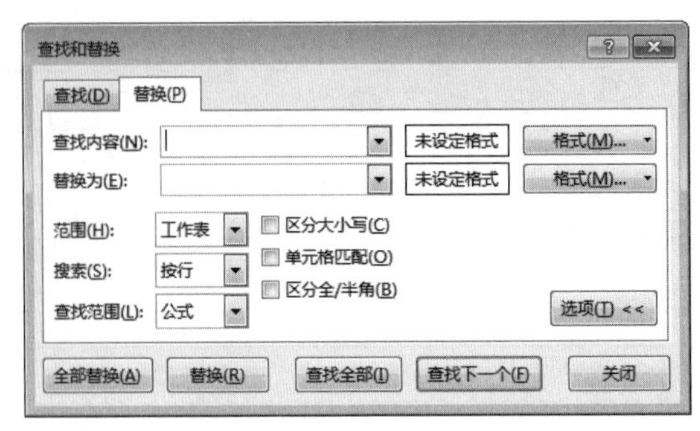

图 5-9 “查找和替换”对话框中的“替换”选项卡

Replace 方法的大多数参数的功能与 Find 方法相同，下面是不同的几个参数：

- Replacement（必需）：替换后的内容。
- ReplaceFormat（可选）：替换后的格式。

Replace 方法返回一个 Boolean 类型的值，表示是否替换成功。

如图 5-10 所示，下面的代码是将活动工作表中的 C 列数量中的 50 改成 60。将 LookAt 参数设置为 xlWhole，以便严格匹配单元格中的内容，即只会修改 C4 和 C5 单元格中的内容。

```
Columns("C").Replace 50, 60, xlWhole
```

如果将 LookAt 参数设置为 xlPart，则会将 C3 单元格中的 150 改成 160，因为 50 与 150 的后两位相匹配，所以就会对其执行替换操作。

	A	B	C	D
1	名称	单价	数量	生产日期
2	牛奶	2	80	10月5日
3	酸奶	3.5	150	10月5日
4	早餐奶	2.5	50	10月6日
5	核桃奶	3	50	10月7日

图 5-10 替换数据

如需将活动工作表中的 D 列日期中的“10 月 5 日”改为“10 月 3 日”，下面的代码不会成功完成该操作，因为 D 列中的数据是日期类型而非普通文本。

```
Columns("D").Replace "10 月 5 日", "10 月 3 日", xlWhole
```

如需成功修改 D 列中的日期，需要使用 VBA 内置的 DateValue 函数构建替换前、后的两个日期，然后将其设置为 Replace 方法的 What 和 Replacement 参数。

```
Columns("D").Replace DateValue("10 月 5 日"), DateValue("10 月 3 日"), xlWhole
```

也可以将包含要替换的日期的单元格设置为 Replace 方法的 What 参数，代码如下：

```
Columns("D").Replace Range("D2"), DateValue("10 月 3 日"), xlWhole
```

5.3.3 删除数据

如需删除单元格中的数据和公式，可以使用 Range 对象的 ClearContents 方法。下面的代码是删除活动工作表中的 A1:C6 单元格区域的所有数据和公式，但是会保留为该单元格区域设置的格式。

```
Range("A1:C6").ClearContents
```

如需同时删除数据、公式和格式，可以使用 Range 对象的 Clear 方法。

```
Range("A1:C6").Clear
```

如果只想删除单元格的格式，而保留其中的数据和公式，则可以使用 Range 对象的 ClearFormats 方法。

```
Range("A1:C6").ClearFormats
```

5.3.4　删除数据区域中的所有日期

由于日期的本质是数字，所以在数据区域中同时包含数字和日期的情况下，如果只想删除其中的日期，则不能直接使用 Clear 或 ClearContents 方法，这样会删除包括日期在内的所有数据，而是需要使用 VBA 内置的 IsDate 函数判断每一个数据是否是日期，如果是日期，则将其删除。

下面的代码是使用 Range 对象的 SpecialCells 方法获取活动工作表中的所有包含数字的单元格，然后检查其中的每个单元格，如果包含日期，则将其删除。

```
Sub 删除数据区域中的所有日期()
    Dim rng As Range, rngs As Range
    On Error Resume Next
    Set rngs = Cells.SpecialCells(xlCellTypeConstants, xlNumbers)
    If Not rngs Is Nothing Then
        For Each rng In rngs
            If IsDate(rng) Then
                rng.ClearContents
            End If
        Next rng
    End If
End Sub
```

5.3.5　删除数据区域中的所有空行

当需要删除数据区域中的所有空行时，应该从数据区域的底部自下而上进行删除。如果从数据区域的顶部自上而下进行删除，由于每次删除行时，位于其下方的行的行号会发生变化，所以很可能会导致错误的结果。下面的代码是删除活动工作表中已用区域的所有空行。

```
Sub 删除数据区域中的所有空行()
    Dim lngLastRow As Long, lngRow As Long
    lngLastRow = ActiveSheet.UsedRange.Rows.Count
    For lngRow = lngLastRow To 1 Step -1
        If WorksheetFunction.CountA(Rows(lngRow).Cells) = 0 Then
            Rows(lngRow).Delete
        End If
    Next lngRow
End Sub
```

5.4　使用数组提高数据处理效率

数组是一种特殊的变量，普通变量只能存储一个值，而在一个数组中可以存储多个值，并可以使用 For Next 语句或 For Each 语句快速处理数组中的每一个值。数组中的每一个值称为数组元素，它们在数组中都有一个索引号，通过索引号可以引用特定的数组元素，这种方式类似于使用索引号从 Workbooks 集合或 Worksheets 集合中引用特定的工作簿或工作表。本节将介绍创建和使用数组的相关技术，并介绍使用数组在单元格区域中读取和写入数据的方法。

5.4.1 创建索引号从 0 开始的数组

由于数组是一种特殊的变量，所以创建数组的第一步就是先声明它，方法与声明普通变量类似，可以使用 Dim、Static、Private 或 Public 关键字。与声明普通变量的区别是，在声明数组时，需要在数组名称的右侧添加一对小括号，并在其中输入一个数字，该数字指明数组的元素个数。

下面的代码声明一个名为 Names 的数组，虽然右侧括号中的数字是 2，但是该数组包含 3 个元素，这是因为数组的索引号默认从 0 开始。

```
Dim Names(2)
```

数组也具有和普通变量一样的数据类型，下面的代码将上面的 Names 数组声明为 String 类型。

```
Dim Names(2) As String
```

为数组赋值时，需要单独为数组中的每一个元素赋值。使用索引号从数组中引用不同的元素，然后使用等号为每个数组元素赋值。下面的代码是将 3 个名称赋值给 Names 数组中的 3 个元素。

```
Sub 为数组赋值()
    Dim Names(2) As String
    Names(0) = "北京"
    Names(1) = "天津"
    Names(2) = "上海"
End Sub
```

与为数组赋值的方法类似，当使用数组中的值时，也需要以数组名+索引号的形式引用特定的数组元素。下面的代码将在对话框中显示 Names 数组中第二个元素的值。

```
MsgBox Names(2)
```

5.4.2 创建索引号从 1 开始的数组

在 VBA 中，数组中的第一个元素的索引号默认为 0，导致数组包含的元素个数比声明数组时指定的数字大 1。如果希望数组中第一个元素的索引号从 1 开始，则可以使用以下两种方法：

- 在模块顶部的声明部分输入 Option Base 1 语句，该模块中的任意过程中的数组的起始索引号都会从 1 开始。
- 声明数组时，使用 To 关键字设置数组的起始索引号和终止索引号。

下面的代码使用 To 关键字声明一个包含 3 个元素的数组，该数组的起始索引号是 1，终止索引号是 3。

```
Dim Names(1 To 3) As String
```

5.4.3 确定数组的下限和上限

数组的下限是指数组中第一个元素的索引号，数组的上限是指数组中最后一个元素的索引号。使用 VBA 内置的 Lbound 函数和 Ubound 函数可以获取数组的下限和上限。然后将其指定为 For Next 语句中的计数器的起始值和终止值，以便使用该语句处理数组中的每一个元素。

下面的代码是计算数组包含的元素个数。

```
Sub 计算数据包含的元素个数()
    Dim Names(2) As String, intCount As Integer
    intCount = UBound(Names) - LBound(Names) + 1
    MsgBox "Names 数组包含" & intCount & "个元素"
End Sub
```

下面的代码使用 For Next 语句为 Names 数组中的每一个元素赋值，每个元素的值等于计数器的当前值与 100 的乘积，最后在对话框中显示所有数组元素的值，如图 5-11 所示。

```
Sub 自动为数组中的所有元素赋值()
    Dim Names(2) As String, intIndex As Integer
    Dim strMsg As String
    For intIndex = LBound(Names) To UBound(Names)
        Names(intIndex) = intIndex * 100
        strMsg = strMsg & Names(intIndex) & vbCrLf
    Next intIndex
    MsgBox strMsg
End Sub
```

图 5-11　显示所有数组元素的值

5.4.4　使用 Array 函数创建数组

使用 VBA 内置的 Array 函数可以创建一个 Variant 类型的数组，并自动完成数组元素的赋值。下面的代码与 5.4.1 小节中的示例类似，但是此处只需两行代码即可完成数组的创建和赋值。

```
Dim Names As Variant
Names = Array("北京", "天津", "上海")
```

使用 Array 函数创建的数组的下限默认为 0，使用 Option Base 1 语句可使其下限变为 1。如果使用 VBA.Array 的形式创建数组，则该数组的下限始终是 0，不会受 Option Base 1 语句的影响。

5.4.5　创建二维数组

前面介绍的都是一维数组，它只有一个维度，可以将其看作存储在一行中的数据。如需处理行、列两个方向上的数据，可以创建二维数组。声明二维数组时，需要在数组名称右侧的括号中添加两个数字，第一个数字表示数组第一维的上限，第二个数字表示数组第二维的上限，使用逗号分隔两个数字。声明一维数组的方法同样适用于二维数组。

下面的两行代码声明的都是一个 3 行 6 列的二维数组，该数组包含 3×6=18 个元素，两个数组的区别是具有不同的下限。

```
Dim Names(2, 5) As String
Dim Names(1 To 3, 1 To 6) As String
```

使用 Lbound 函数和 Ubound 函数可以检测二维数组中每一维的下限和上限。下面的代码检测并显示 Names(2, 5)数组中第一维和第二维的下限和上限，如图 5-12 所示。

```
Sub 检测二维数组的下限和上限()
    Dim Names(2, 5) As String
    Dim strFD As String, strSD As String
    strFD = "第一维的下限和上限是: " & LBound(Names, 1) & "和" & UBound(Names, 1)
    strSD = "第二维的下限和上限是: " & LBound(Names, 2) & "和" & UBound(Names, 2)
    MsgBox strFD & vbCrLf & strSD
End Sub
```

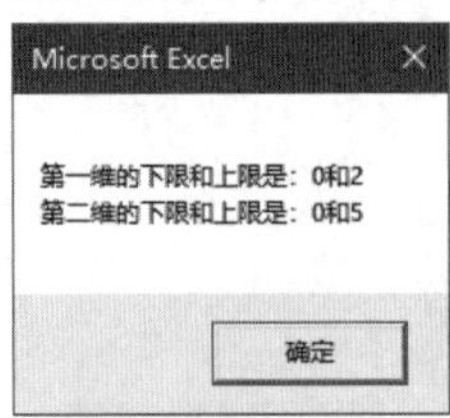

图 5-12　检测二维数组的下限和上限

为二维数组中的元素赋值或引用二维数组中的元素时，需要为每个数组元素提供两个索引号。下面的代码将从 A 开始的 18 个连续的英文字母赋值给包含 18 个元素的 Names 二维数组。

```
Sub 为二维数组赋值()
    Dim Names(1 To 3, 1 To 6) As String, intIndex As Integer
    Dim intRow As Integer, intCol As Integer
    intIndex = 65
    For intRow = LBound(Names, 1) To UBound(Names, 1)
        For intCol = LBound(Names, 2) To UBound(Names, 2)
            Names(intRow, intCol) = Chr(intIndex)
            intIndex = intIndex + 1
        Next intCol
    Next intRow
End Sub
```

代码解析：Chr 是一个 VBA 的内置函数，用于将字符编码转换为相应的字符，本例使用该函数将字符编码转换为从 A 开始的大写英文字母。大写字母 A 的编码是 65，所以声明一个变量，将其初始值设置为 65，然后在 For Next 循环中持续为该变量加 1，从而得到连续的大写字母。

5.4.6　创建动态数组

动态数组是在创建数组时不指定数组包含的元素个数，在程序运行过程中指定数组包含的元素个数。声明动态数组时，不需要在数组名称右侧的括号中输入数字，保留一对空括号即可。下面的代码声明一个名为 Names 的动态数组。

```
Dim Names() As String
```

在后面的代码中使用 ReDim 语句设置动态数组的维度数，以及每个维度的下限和上限。下面的代码将 Names 动态数组指定为包含 3 个元素的一维数组，其下限是 1，上限是 3。

```
ReDim Names(1 To 3)
```

由于在程序运行前，无法获悉在 Excel 中打开的工作簿总数，所以需要创建一个动态数组，通过在程序运行时获取打开的工作簿总数，然后使用该值重新定义数组的大小。下面的代码将当前打开的所有工作簿的名称存储在 Names 动态数组中。

```
Sub 使用动态数组存储所有打开工作簿的名称()
    Dim Names() As String, intIndex As Integer, wkb As Workbook
    ReDim Names(1 To Workbooks.Count)
    For Each wkb In Workbooks
        intIndex = intIndex + 1
        Names(intIndex) = wkb.Name
    Next wkb
End Sub
```

注意：在程序中可以多次使用 ReDim 语句调整数组的大小，但是会删除数组中现有的值。如需保留数组中的值，可以在 ReDim 语句的右侧添加 Preserve 关键字。在二维数组中使用 Preserve 关键字时，只能调整第二维的大小，且不能改变数组的维数。

5.4.7　使用数组在单元格区域中读取和写入数据

前面曾经多次在 For Each 语句使用一个 Range 类型的对象变量来处理单元格区域中的每一个单元格，使用这种方式处理数据的效率并不是最高的，尤其在处理大范围单元格区域时，程序的运行速度会显著变慢。

为了提高程序的运行效率，可以将单元格区域中的所有数据赋值给一个数组，此时会创建一个二维数组，数组的第一维代表单元格区域中的行，数组的第二维代表单元格区域中的列。使用只有一行或一列的单元格区域创建的数组也是二维数组。对数组中的数据处理完成后，再将数组中的所有数据一次性写入单元格区域，这种方式比直接处理单元格区域快得多。

将单元格区域中的所有数据赋值给一个数组时，该数组必须是 Variant 类型。下面的代码是将 B2:C5 单元格区域中的数据赋值给 varData 变量。

```
Dim varData As Variant
varData = Range("B2:C5").Value
```

无论在模块顶部的声明部分中是否包含 Option Base 1 语句，将单元格区域中的数据赋值给 Variant 类型的变量时，创建的二维数组中的第一维和第二维的下限始终都是 1。

如图 5-13 所示的数据在前面的示例中出现过，但是此处将使用数组来处理这些数据，计算每个商品的金额，并填入 E2:E5 单元格区域。

	A	B	C	D	E
1	名称	单价	数量	生产日期	支付金额
2	牛奶	2	10	10月5日	
3	酸奶	3.5	15	10月5日	
4	早餐奶	2.5	5	10月6日	
5	核桃奶	3	20	10月7日	

图 5-13　使用数组处理单元格区域中的数据

代码如下：

```
Sub 使用数组处理单元格区域中的数据()
    Dim varData As Variant, intRow As Integer
    Dim varDataResult() As Variant
    varData = Range("B2:C5").Value
    ReDim varDataResult(1 To UBound(varData, 1))
    For intRow = 1 To UBound(varData, 1)
        varDataResult(intRow) = varData(intRow, 1) * varData(intRow, 2)
    Next intRow
    Range("E2").Resize(UBound(varDataResult)).Value = WorksheetFunction.Transpose
(varDataResult)
End Sub
```

代码解析：声明了 3 个变量，varData 变量用于存储 B2:C5 单元格区域中的数据，intRow 变量用作 For Next 语句中的计数器，用于表示 B2:C5 单元格区域中的每一行，varDataResult 是一个动态数组，用于存储每一行中的两列数据的乘积。将 B2:C5 单元格区域中的数据赋值给 varData 变量后，使用 ReDim 语句将动态数组的下限设置为 1，将上限设置为 varData 数组第一维的上限，即 B2:C5 单元格区域的总行数。接下来在 For Next 语句中处理 varData 数组中的每一行数据，将每一行中的第一列和第二列数据相乘，并将乘积赋值给 varDataResult 数组中的每一个元素，元素的索引号由 intRow 变量确定。最后以 E2 单元格为起点，使用 Resize 属性根据 varDataResult 数组的上限来确定写入数据的单元格区域需要多少行，然后将 varDataResult 数组中的数据赋值给该单元格区域。由于 varDataResult 是一个一维数组，而写入数据的单元格区域是在一列的方向上，所以需要将水平方向的一维数组转换为垂直方向。

5.5 使用字典提高数据处理效率

字典与数组类似，也可以存储多个值，但是它比数组具有更多的优点。数组只是一个变量，而字典是一个对象。与前面介绍过的其他对象类似，字典对象也有自己的属性和方法，为处理数据提供方便。本节将介绍创建和使用字典对象处理数据的方法。

5.5.1 创建字典对象

在 VBA 中不能直接使用字典，需要先加载字典对象所属的类型库，在 VBE 窗口中单击菜单栏中的“工具”|“引用”命令，打开“引用”对话框，勾选“Microsoft Scripting Runtime”复选框，然后单击“确定”按钮，如图 5-14 所示。

完成上述操作后，可以在对象浏览器中选择 Scripting 库，然后在下方选择 Dictionary，右侧将显示字典对象的属性和方法，如图 5-15 所示。

现在可以在 VBA 中使用字典了。与使用其他对象类似，首先需要创建一个类型为 Dictionary 的对象变量，然后使用 Set 语句和 New 关键字将一个 Dictionary 对象赋值给该对象变量，代码如下：

```
Dim dic As Dictionary
Set dic = New Dictionary
```

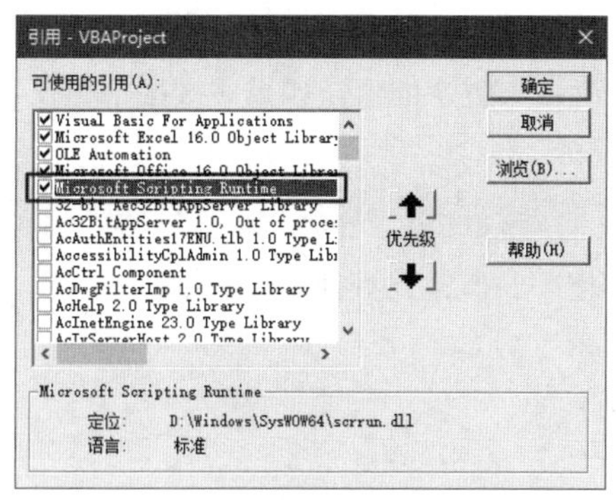

图 5-14　加载字典对象所属的类型库

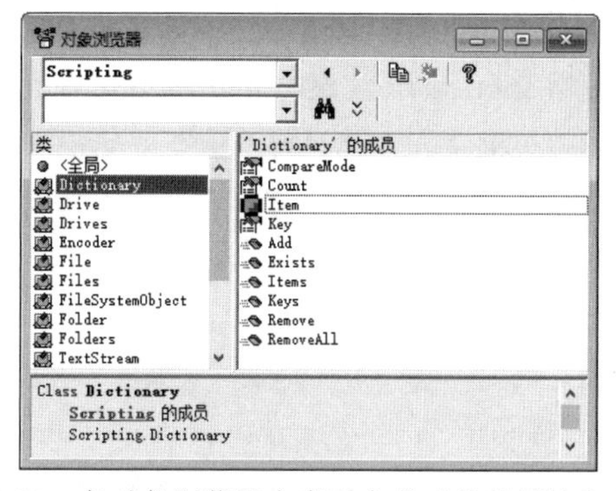

图 5-15　在对象浏览器中查看字典对象的属性和方法

也可以使用下面的一行代码代替上面的两行代码，在声明变量的同时为其赋值。

```
Dim dic As New Dictionary
```

提示：上面介绍的方法称为前期绑定，还有一种无须预先加载类型库而在 VBA 中直接创建 Dictionary 对象的方法，这种技术被称为后期绑定。使用后期绑定技术创建 Dictionary 对象需要使用 VBA 内置的 CreateObject 函数，此时需要声明一个 Object 类型的对象变量，然后使用 Set 语句将 Dictionary 对象赋值给该对象变量，双引号中的 Scripting 表示 Dictionary 对象所属的类型库的名称。前期绑定和后期绑定的更多内容将在第 11 章进行详细介绍。

```
Dim dic As Object
Set dic = CreateObject("Scripting.Dictionary")
```

接下来就可以使用 Dictionary 对象的属性和方法处理数据了。

5.5.2　在字典中添加数据

在字典中可以包含一项或多项数据，每项数据由关键字和值两部分组成，关键字和值是关联在一起的，这样可以通过关键字找到与其对应的值。在字典中添加数据有两种方法。

1. 使用 Add 方法

使用 Dictionary 对象的 Add 方法可以添加数据，Add 方法的语法如下：

```
Add(Key Item)
```

- Key（必需）：一项数据中的关键字。
- Item（必需）：一项数据中的值。

下面的代码在字典中添加两项数据，第一项数据的关键字是“牛奶”，与该关键字关联的值是 2。第二项数据的关键字是“酸奶”，与该关键字关联的值是 3.5。两项数据表示的都是商品的名称和单价。

```
Dim dic As New Dictionary
dic.Add "牛奶", 2
dic.Add "酸奶", 3.5
```

注意：由于字典中的所有数据的关键字都是唯一的，不能出现重复的关键字，所以在使用 Add 方法添加数据时，如果正在添加的关键字与字典中现有的关键字相同，则将导致运行时错误。

2. 使用 Item 属性

使用 Dictionary 对象的 Item 属性可以设置或返回特定关键字的值。如果关键字不存在，则会使用该关键字和为其设置的值在字典中添加一项新数据。

```
Dictionary.Item(Key)=Item
```

下面的代码与前面使用 Add 方法添加数据的效果相同，但是此处使用的是 Item 属性。

```
Dim dic As New Dictionary
dic.Item("牛奶") = 2
dic.Item("酸奶") = 3.5
```

由于 Item 是 Dictionary 对象的默认属性，所以可以省略 Item 属性，代码如下：

```
dic("牛奶") = 2
dic("酸奶") = 3.5
```

5.5.3 删除字典中的数据

如需删除字典中的一项数据，可以使用 Dictionary 对象的 Remove 方法。只需为该方法提供要删除的数据中的关键字，即可将该项数据删除。下面的代码是删除关键字为“酸奶”的数据。

```
dic.Remove "酸奶"
```

如果关键字不存在，则会出现运行时错误。为了避免错误，应该在删除前使用 Dictionary 对象的 Exists 方法检查特定的关键字是否存在。下面的代码是在删除以“酸奶”为关键字的数据之前，先检查该关键字是否存在，如果存在则将其删除，否则显示一条信息。

```
Sub 删除数据前检查关键字是否存在()
    Dim dic As New Dictionary, strKey As String
    strKey = "酸奶"
    If dic.Exists(strKey) Then
        dic.Remove strKey
    Else
        MsgBox "不存在【" & strKey & "】关键字"
    End If
End Sub
```

如需删除字典中的所有数据，可以使用 Dictionary 对象的 RemoveAll 方法。即使字典不包含任何数据，执行该方法也不会出现运行时错误。

```
dic.RemoveAll
```

5.5.4 获取字典中的所有关键字和值

使用 Dictionary 对象的 Keys 方法可以获取字典中所有数据的关键字，使用 Dictionary 对象的 Items 方法可以获取字典中所有数据的值。这两个方法返回的都是一个下限始终为 0 的 Variant 类型的一维数组。

下面的代码先向字典中添加 3 项数据，然后将字典中的所有关键字写入以 A1 单元格为起点的一列中，将字典中的所有值写入以 B1 单元格为起点的一列中，如图 5-16 所示。

```
Sub 获取所有关键字和值()
    Dim dic As New Dictionary
    dic.Add "牛奶", 2
```

```
    dic.Add "酸奶", 3.5
    dic.Add "早餐奶", 2.5
    Range("A1").Resize(dic.Count, 1).Value = WorksheetFunction.Transpose(dic.Keys)
    Range("B1").Resize(dic.Count, 1).Value = WorksheetFunction.Transpose(dic.Items)
End Sub
```

	A	B
1	牛奶	2
2	酸奶	3.5
3	早餐奶	2.5

图 5-16　获取字典中的所有关键字和值

代码解析： dic 是一个声明为 Dictionary 类型的对象变量，dic.Count 获取字典中的值的数量，其设置为 Resize 属性的第一个参数，以便确定输入关键字和值时所需的行数。由于 Dictionary 对象的 Keys 方法和 Items 方法返回的都是行方向上的一维数组，为了将它们的值输入到列中，需要使用 Transpose 方法将行转换为列。

5.5.5　使用字典提取数据区域中的不重复数据

字典和数组有很多类似之处，但是在访问数据方面比数组更有优势，最显著的优点是可以在字典中存储不重复的关键字，这样就可以在 Excel 中使用字典从数据区域中提取不重复的数据。

如图 5-17 所示，A 列中的最后 3 行数据与前几行数据有重复，下面的代码使用字典从 A1:B8 单元格区域中提取不重复数据，并将提取后的数据写入以 D1 单元格为起点的单元格区域中。

```
Sub 提取数据区域中的不重复数据()
    Dim dic As New Dictionary, varData As Variant, intRow As Integer
    varData = Range("A1:B8").Value
    For intRow = 1 To UBound(varData)
        If Not dic.Exists(varData(intRow, 1)) Then
            dic.Add varData(intRow, 1), varData(intRow, 2)
        End If
    Next intRow
    Range("D1").Resize(dic.Count, 1).Value = WorksheetFunction.Transpose(dic.Keys)
    Range("E1").Resize(dic.Count, 1).Value = WorksheetFunction.Transpose(dic.Items)
End Sub
```

	A	B	C	D	E
1	名称	单价		名称	单价
2	牛奶	2		牛奶	2
3	酸奶	3.5		酸奶	3.5
4	早餐奶	2.5		早餐奶	2.5
5	核桃奶	3		核桃奶	3
6	牛奶	2			
7	酸奶	3.5			
8	牛奶	2			
9					

图 5-17　提取数据区域中的不重复数据

5.6　创建自定义函数以增强数据处理能力

本节将介绍通过创建自定义函数来增强处理单元格中数据的能力，它们实现的是 Excel 内置的工作表函数不具备的功能，或者需要编写复杂的公式才能实现的功能。本节创建的自定义函数的工作方式类似于 Excel 内置的工作表函数，都以公式的形式输入到单元格中。

5.6.1 创建自定义函数的注意事项

为了与 Excel 内置的工作表函数的英文名称统一，用户创建的自定义函数也应该使用英文名称。每个自定义函数都是一个 Function 过程，Function 过程可以没有参数，类似于 Excel 内置的 NOW 函数，也可以有一个或多个参数，类似于 Excel 内置的 SUM 函数。参数分为必需和可选两类。

如需创建带有参数的 Function 过程，需要在 Function 过程名称右侧的小括号中指定参数的名称和数据类型，参数的语法如下：

```
[Optional] [ByVal | ByRef] [ParamArray] varname[( )] [As type] [= defaultvalue]
```

- Optional（可选）：将参数指定为可选参数。如果将一个参数指定为可选参数，则位于该参数后面的其他参数都需要使用 Optional 关键字指定为可选参数。如果使用函数时省略可选参数的值，则将使用由 defaultvalue 定义的默认值。使用 VBA 内置的 IsMissing 函数可以判断是否省略了可选参数。
- ByVal 和 ByRef（可选）：使用 ByVal 关键字将按值传递参数，使用 ByRef 关键字将按地址传递参数，默认按地址传递参数。
- ParamArray（可选）：将参数指定为不限数量的可选参数。使用 ParamArray 关键字指定的参数必须是 Function 过程的最后一个参数，且该参数的数据类型必须是 Variant。在一个 Function 过程中，Optional 和 ParamArray 两个关键字只能使用其中之一。
- varname（可选）：参数的名称。
- type（可选）：参数的数据类型，与变量的数据类型相同。
- defaultvalue（可选）：为使用 Optional 关键字指定的可选参数设置默认值。

Excel 内置的某些工作表函数具有易失性，这种特性是指对工作表中的任意单元格执行计算或编辑时，将使公式中的函数自动重新计算。在用户创建的 Function 过程中可以使用 Application 对象的 Volatile 方法实现易失性功能。Volatile 方法有一个参数，该参数为 True 表示启用易失性功能，该参数为 False 表示禁用易失性功能，省略该参数时默认为 True。

```
Application.Volatile True
```

5.6.2 为自定义函数添加帮助信息

在“插入函数”对话框中选择一个 Excel 内置的工作表函数时，在下方会显示该函数的语法格式和功能的帮助信息，如图 5-18 所示。用户也可以为创建的自定义函数添加帮助信息，以及将自定义函数添加到特定的函数类别中。

Application 对象的 MacroOptions 方法用于为自定义函数创建帮助信息并设置其所属的函数类别，MacroOptions 方法的语法如下：

```
    MacroOptions(Macro, Description, HasMenu, MenuText, HasShortcutKey, ShortcutKey,
Category, StatusBar, HelpContextID, HelpFile, ArgumentDescriptions)
```

MacroOptions 方法有多个参数，最常用的是以下几个参数。

- Macro：设置帮助信息的自定义函数的名称。

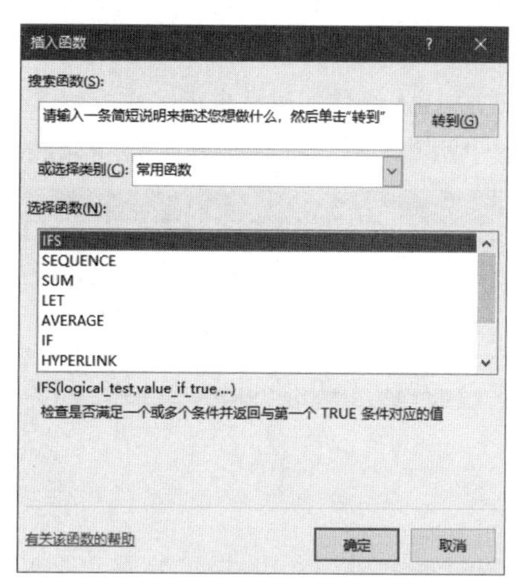

图 5-18　Excel 内置的工作表函数的帮助信息

- Description：函数功能的简要说明。
- Category：将自定义函数添加到的函数类别的名称或编号，可以是 Excel 内置的函数类别，也可以是新增的类别。Excel 内置的函数类别的名称及其编号如表 5-5 所示，某些类别不会显示在“插入函数”对话框中。
- ArgumentDescriptions：参数的简要说明，该说明信息存储在一个 Variant 类型的数组中，可以使用 Array 函数设置该参数的值。

表 5-5　Excel 内置的函数类别

类别名称	类别编号	类别名称	类别编号
全部	0	命令	10
财务	1	自定义	11
日期与时间	2	宏控件	12
数字与三角函数	3	DDE/外部	13
统计	4	用户定义	14
查找与引用	5	工程	15
数据库	6	多维数据集	16
文本	7	兼容性	17
逻辑	8	Web	18
信息	9		

下面的代码为名为 MyFunction 的自定义函数设置帮助信息，由于没有设置 Category 参数，所以该函数默认位于“用户定义”类别中。

```
Sub 为自定义函数添加帮助信息()
    Dim strDes As String, varArg As Variant
    strDes = "这是一个自定义函数"
    varArg = Array("要计算的一个或多个单元格", "计算类型")
    Application.MacroOptions macro:="MyFunction", Description:=strDes, ArgumentDescriptions:
=varArg
End Sub
```

上面的 Sub 过程只需运行一次，即使关闭 Excel 再重新打开，为 MyFunction 自定义函数设置的帮助信息始终都会显示在 “插入函数”对话框的“用户定义”类别中，如图 5-19 所示。单击“确定”按钮，在打开的“函数参数”对话框中会显示参数的说明信息，如图 5-20 所示。

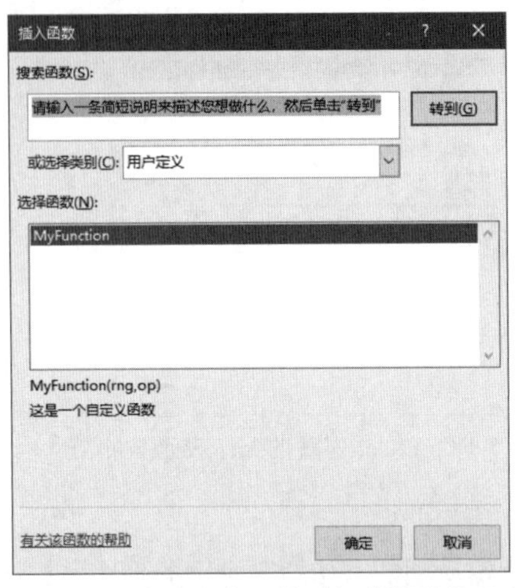

图 5-19　为自定义函数添加的帮助信息

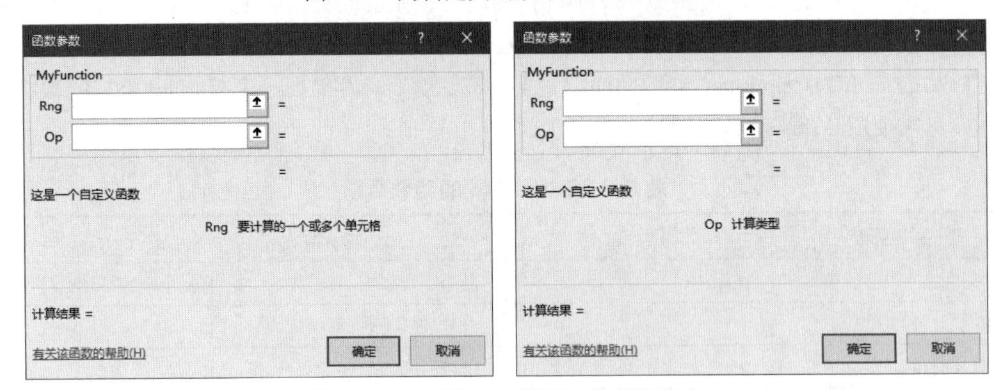

图 5-20　为函数的参数添加的帮助信息

5.6.3　将数据按照字符倒序排列

下面的代码是创建名为 URevChar 的自定义函数，用于将用户输入的数据或单元格中的数据按照字符倒序排列，如图 5-21 所示。URevChar 的函数只有一个参数，表示要倒序排列的数据。

```
Function URevChar(varData) As String
    Dim intIndex As Integer, strChar As String
    If TypeName(varData) = "Range" Then
        strChar = varData.Value
    Else
        strChar = varData
    End If
    For intIndex = 1 To Len(strChar)
        URevChar = Mid(strChar, intIndex, 1) & URevChar
    Next intIndex
End Function
```

B1　=URevChar(A1)

	A	B	C	D	E
1	123	321		cba321	
2	1234	4321			
3	12345	54321			
4	abd	dba			
5	abcd	dcba			
6	abcde	edcba			

D1　=URevChar("123abc")

	A	B	C	D	E	F
1	123	321		cba321		
2	1234	4321				
3	12345	54321				
4	abd	dba				
5	abcd	dcba				
6	abcde	edcba				

图 5-21　倒序排列单元格中的内容

代码解析：由于本例中的函数支持用户输入的数据或者单元格中的数据，所以需要判断用户为函数指定的 varData 参数是否是单元格，如果是单元格，则通过 Range 对象的 Value 属性获取单元格中的数据，并将其赋值给在函数内部声明的 strChar 变量；如果不是单元格，则说明是用户手动输入的数据，此时将 varData 参数直接赋值给 strChar 变量。然后在 For Next 语句中逐个提取 strChar 变量中保存的数据，并以反方向写入到 UrevChar 函数名中，这样该函数返回的就是按照倒序排列的数据。

提示：为了便于区分自定义函数和 Excel 内置函数，可以在自定义函数名称的开头添加大写字母 U。

5.6.4　提取文本中的多段数字

下面的代码是创建名为 USplitNumbers 的自定义函数，用于将混合在文本中的多段数字分别提取到多个单元格中，使用该函数时，需要选择一行中的多个单元格，输入公式后按 Ctrl+Shift+Enter 组合键，以数组公式的方式完成输入，如图 5-22 所示。USplitNumbers 函数只有一个参数，表示包含分段数字的单元格。

```
Function USplitNumbers(rng As Range)
    Dim strText As String, intPos As Integer
    Dim Numbers() As Integer, intIndex As Integer
    Dim x As Variant
    strText = rng.Value
    For intPos = 1 To Len(strText)
        If Not IsNumeric(Mid(strText, intPos, 1)) Then
            strText = Replace(strText, Mid(strText, intPos, 1), "*")
        End If
    Next intPos
    For Each x In Split(strText, "*")
        If IsNumeric(x) Then
            intIndex = intIndex + 1
            ReDim Preserve Numbers(1 To intIndex)
            Numbers(intIndex) = x
        End If
    Next x
    USplitNumbers = Numbers
End Function
```

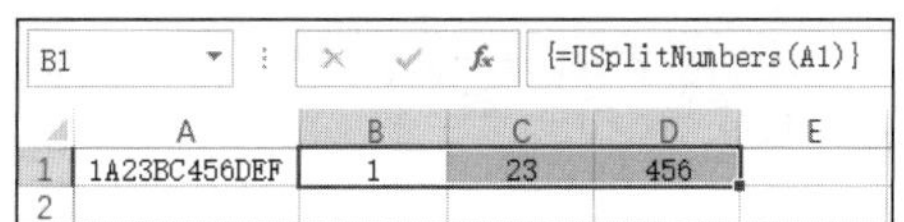

图 5-22　提取文本中的多段数字

代码解析：首先将 USplitNumbers 函数的 rng 参数表示的单元格中的值赋值给 strText 变量，

然后在 For Next 语句中逐个检查 strText 变量中的每一个字符。如果当前字符不是数字，则使用星号“*”替换该字符，并将替换后的整个字符串赋值给 strText 变量，以对其进行更新，这样后续就会在新的字符串中查找下一个字符，并继续将非数字字符替换为“*”。全部完成后，得到的是由数字和“*”组成的文本，本例为 1*23**456***。然后使用 Split 函数将该文本以“*”符号拆分为多个部分，得到的将是一个数组。使用 For Each 语句在该数组中检查每一个元素是否是数字，如果是，则重新定义 Numbers 动态数组的下限和上限，将下限始终都设置为 1，而上限是当前已确定是数字的数组元素的数量，该数量由 intIndex 变量控制。然后将当前是数字的数组元素赋值给动态数组中的当前元素，元素的索引号就是 intIndex 变量的值。将所有是数字的数组元素赋值到 Numbers 动态数组中之后，退出 For Each 语句，并将该动态数组赋值给函数的名称。

5.6.5 根据单元格填充色对数据求和

下面的代码是创建名为 USumByColor 的自定义函数，用于根据指定单元格中的填充色，对单元格区域中具有相同填充色的单元格中的值进行求和，如图 5-23 所示。USumByColor 函数有两个参数，rngColor 参数表示用作填充色参照基准的单元格，rngSum 参数表示要求和的单元格区域。

```
Function USumByColor(rngColor As Range, rngSum As Range)
    Dim rngCell As Range
    For Each rngCell In rngSum
        If rngCell.Interior.Color = rngColor.Interior.Color Then
            USumByColor = USumByColor + rngCell.Value
        End If
    Next rngCell
End Function
```

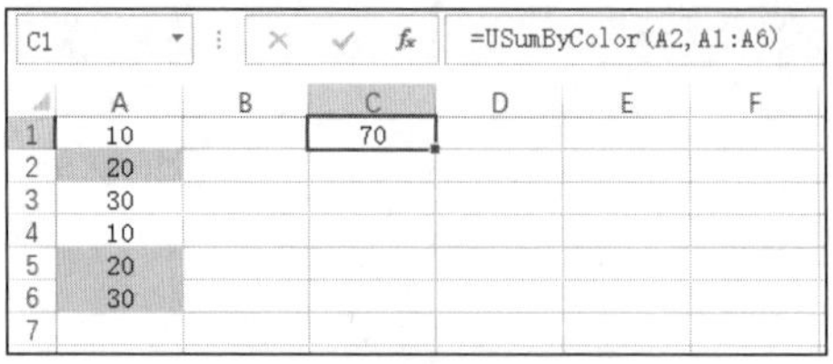

C1 =USumByColor(A2,A1:A6)

	A	B	C	D	E	F
1	10		70			
2	20					
3	30					
4	10					
5	20					
6	30					
7						

图 5-23　根据单元格填充色对数据求和

代码解析：在 Function 过程中声明一个 Range 类型的对象变量，使用它在由 rngSum 参数指定的单元格区域中逐个检查每一个单元格的填充色，如果与由 rngColor 参数指定的单元格的填充色相同，则对单元格的值进行累加。最后得到的就是与 rngColor 参数指定的单元格的填充色相同的所有单元格中的值的总和。本例假设单元格区域中的值都是数字，如果存在文本，则可以在代码中使用 IsNumeric 函数判断值是否是数字，然后再执行累加操作。

5.6.6 统计数据区域中不重复值的数量

下面的代码是创建名为 UUniqueCount 的自定义函数，用于统计单元格区域中不重复值的数量，如图 5-24 所示。UUniqueCount 函数只有一个参数，表示要统计不重复值数量的单元格区域。

```
Function UUniqueCount(rngs As Range)
    Dim rng As Range, dic As Object
    Set dic = CreateObject("Scripting.Dictionary")
    For Each rng In rngs
        If Not dic.Exists(rng.Value) And Not IsEmpty(rng.Value) Then
            dic.Add rng.Value, rng.Value
        End If
    Next rng
    UUniqueCount = dic.Count
End Function
```

D1　=UUniqueCount(A1:B6)

	A	B	C	D	E	F
1	牛奶	牛奶		3		
2	酸奶	酸奶				
3	早餐奶	早餐奶				
4	牛奶	牛奶				
5	酸奶	酸奶				
6	早餐奶	早餐奶				
7						

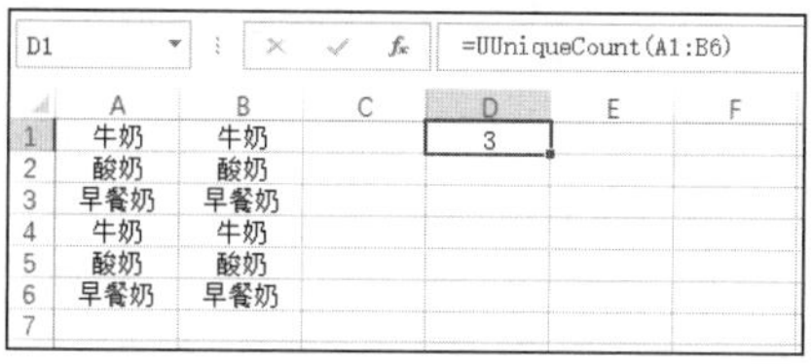

图 5-24　统计数据区域中不重复值的数量

代码解析：本例使用后期绑定技术创建 Dictionary 对象，然后检查指定单元格区域中的每一个单元格，如果字典中不存在与当前单元格中的值相同的关键字，并且单元格不为空，则将该值作为关键字添加到字典中。检查完所有单元格后，将字典中包含数据的数量赋值给函数名称，得到的就是不重复值的数量。如果不使用 IsEmpty 函数判断单元格是否为空，则最后计算出的不重复值会多 1。

5.6.7　提取数据区域中的不重复值

只需对 5.6.6 小节中的代码稍加改动，即可实现提取不重复值的功能，将函数名称改为 UgetUniqueValues，并修改最后为函数名赋值的代码，将原来的 UUniqueCount = dic.Count 改为下面的代码：

```
UGetUniqueValues = WorksheetFunction.Transpose(dic.Keys)
```

本例的完整代码如下，使用 UgetUniqueValues 函数提取不重复值的效果如图 5-25 所示，需要按 Ctrl+Enter+Shift 组合键，以数组公式的形式完成输入。

```
Function UGetUniqueValues(rngs As Range)
    Dim rng As Range, dic As Object
    Set dic = CreateObject("Scripting.Dictionary")
    For Each rng In rngs
        If Not dic.Exists(rng.Value) And Not IsEmpty(rng.Value) Then
            dic.Add rng.Value, rng.Value
        End If
    Next rng
    UGetUniqueValues = WorksheetFunction.Transpose(dic.Keys)
End Function
```

D1　{=UGetUniqueValues(A1:B6)}

	A	B	C	D	E	F
1	牛奶	牛奶		牛奶		
2	酸奶	酸奶		酸奶		
3	早餐奶	早餐奶		早餐奶		
4	牛奶	牛奶				
5	酸奶	酸奶				
6	早餐奶	早餐奶				
7						

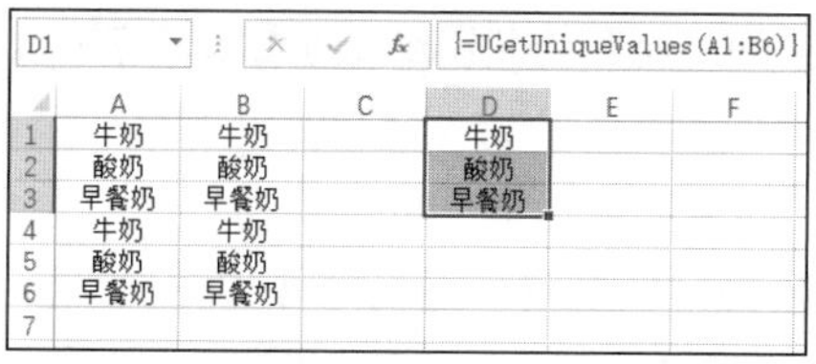

图 5-25　提取数据区域中的不重复值

5.6.8 在一行或一列中输入指定起始值和终止值的连续编号

下面的代码是创建名为 UInputNumbers 的自定义函数，用于在选中的单元格区域中自动填充连续编号，其中的起始编号和终止编号由用户指定，并可以指定将连续编号填充在一行或一列中，如图 5-26 所示。

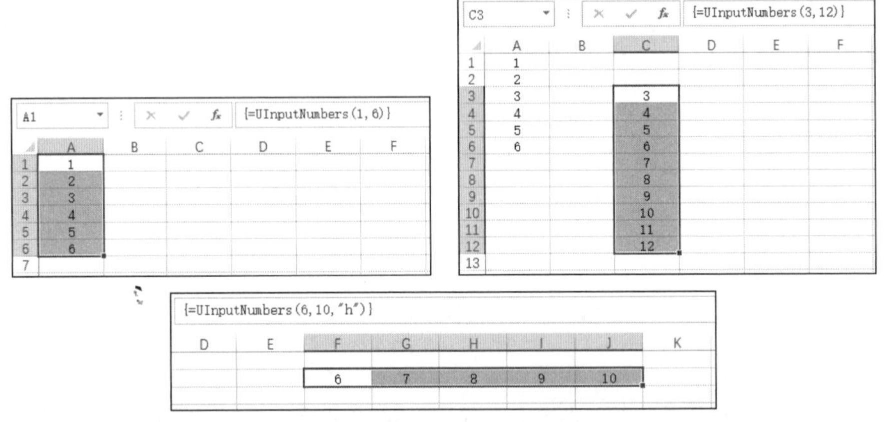

图 5-26 在一行或一列中输入指定起始值和终止值的连续编号

UInputNumbers 函数有 3 个参数，第一个参数用于指定起始编号，第二个参数用于指定终止编号，第三个参数是一个可选参数，用于指定编号的填充方向，输入 H 表示填充在一行，输入 V 表示填充在一列，省略该参数将默认填充在一列中。如果输入 H 和 V 之外的字符，则 UinputNumbers 将返回“第三个参数只能输入 H 或 V”的文本信息。

```
Function UInputNumbers(intStart As Integer, intEnd As Integer, Optional HV As String = "V")
    Dim Numbers() As Integer, intIndex As Integer, intNumbersCount As Integer
    intNumbersCount = intEnd - intStart + 1
    ReDim Numbers(1 To intNumbersCount)
    For intIndex = 1 To intNumbersCount
        Numbers(intIndex) = intStart
        intStart = intStart + 1
    Next intIndex
    Select Case LCase(HV)
        Case "h"
            UInputNumbers = Numbers
        Case "v"
            UInputNumbers = WorksheetFunction.Transpose(Numbers)
        Case Else
            UInputNumbers = "第三个参数只能输入 H 或 V"
    End Select
End Function
```

代码解析：首先使用由用户指定的 intStart 和 intEnd 两个参数计算出连续编号包含的数字个数，然后定义动态数组，将该值设置为动态数组的上限，将 1 设置为动态数组的下限。在 For Next 循环中将从起始编号开始的各个编号依次赋值给动态数组中的每个元素。接着检查用户为第三个参数输入的是哪个值，如果输入的是 H，则将动态数组中的所有值赋值给函数名；如果输入的是 V，则需要使用 Transpose 函数将动态数组转换成水平方向后再赋值给函数名；如果输入的是其他字符，则将“第三个参数只能输入 H 或 V”赋值给函数名。

第 6 章　处理图形对象

Excel 对象模型中的 Shapes 集合和 Shape 对象专门用于处理工作簿中的图片、形状、文本框、艺术字等图形对象。由于处理这些对象的方法基本相同或相似，所以本章使用术语“图形对象”统一描述这些对象。本章将介绍使用 Shapes 集合和 Shape 对象编程处理图形对象的方法。

6.1　从 Shapes 或 ShapeRange 集合中引用图形对象

使用 Worksheet 对象的 Shapes 属性可以返回 Shapes 集合，该集合由特定工作表中的所有图形对象组成，其中的每一个图形对象都是一个 Shape 对象。工作簿中的每个工作表都有自己的 Shapes 集合。

与引用工作簿或工作表的方法类似，可以使用图形对象的名称或索引号从 Shapes 集合中引用特定的图形对象。如需获悉一个图形对象的名称，可以选择该图形对象，其名称将显示在名称框中，例如“图片 1”，名称中的汉字和数字之间有一个空格，如图 6-1 所示。

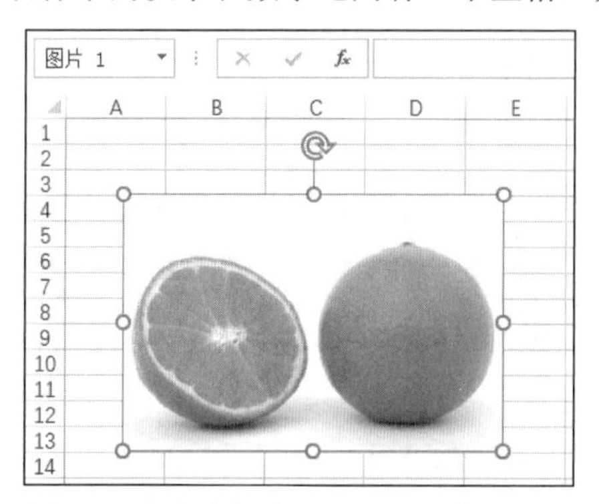

图 6-1　在名称框中显示图形对象的名称

如需在 VBA 中引用图 6-1 中的图片，可以使用下面任意一行代码。

```
ActiveSheet.Shapes("图片 1")
ActiveSheet.Shapes("Picture 1")
```

如果该图片是第一个添加到活动工作表中的图形对象，则其索引号是 1，此时可以使用索引号引用该图片。

```
ActiveSheet.Shapes(1)
```

如需引用多个图形对象，可以使用 Shapes 集合的 Range 属性，该属性返回 ShapeRange 集合，该集合由指定范围内的所有图形对象组成。下面的代码是引用活动工作表中索引号为 1 和 3 的两个图形对象。

```
ActiveSheet.Shapes.Range(Array(1, 3))
```

下面的代码是引用活动工作表中名为“图片 1”和“矩形 2”的两个图形对象。

```
ActiveSheet.Shapes.Range(Array("图片 1", "矩形 2"))
```

下面的代码是引用当前选中的所有图形对象。

```
Selection.ShapeRange
```

下面的代码是引用当前选中的所有图形对象中的第 1 个图形对象。

```
Selection.ShapeRange(1)
```

如需选择一个工作表中的所有图形对象，可以使用 Shapes 集合的 SelectAll 方法。下面的代码是选择活动工作表中的所有图形对象。

```
ActiveSheet.Shapes.SelectAll
```

6.2 获取和设置图形对象的基本信息

本节将介绍获取和设置图形对象的基本信息的方法，包括图形对象的名称、索引号、类型和位置，掌握这些信息可以更精准地处理图形对象，避免程序出错。

6.2.1 使用 Name 属性获取和设置图形对象的名称

在工作表中添加的每一个图形对象都有一个默认名称，除了可以通过名称框查看图形对象的名称之外，还可以在 VBA 中使用 Shape 对象的 Name 属性获取图形对象的名称。下面的代码是返回活动工作表中的第一个图形对象的名称。

```
ActiveSheet.Shapes(1).Name
```

下面的代码是返回所有选中的图形对象中的第一个图形对象的名称。

```
Selection.ShapeRange(1).Name
```

如果为 Name 属性赋值，则可以修改图形对象的名称。下面的代码将活动工作表中的第一个图形对象的名称修改为“橙子”。

```
ActiveSheet.Shapes(1).Name = "橙子"
```

6.2.2 使用 ZOrderPosition 属性获取图形对象的索引号

虽然可以在名称框中查看图形对象的名称，但是无法看到其索引号。在 VBA 中可以使用 Shape 对象的 ZOrderPosition 属性获取图形对象的索引号。下面的代码将活动工作表中的所有图形对象的名称和索引号记录到一个新添加的工作表的 A、B 两列中，如图 6-2 所示。

```
Sub 获取所有图形对象的名称和索引号()
    Dim intRow As Integer, shp As Shape
    Dim wks As Worksheet, wksNew As Worksheet
    Set wks = ActiveSheet
    If wks.Shapes.Count > 0 Then
        Set wksNew = Worksheets.Add
        For Each shp In wks.Shapes
            wksNew.Range("A1").Offset(intRow).Value = shp.Name
            wksNew.Range("B1").Offset(intRow).Value = shp.ZOrderPosition
```

```
            intRow = intRow + 1
        Next shp
    Else
        MsgBox "活动工作表中没有图形对象"
    End If
End Sub
```

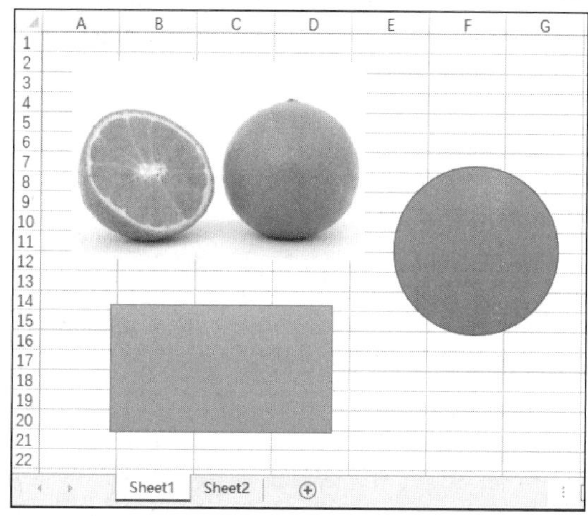

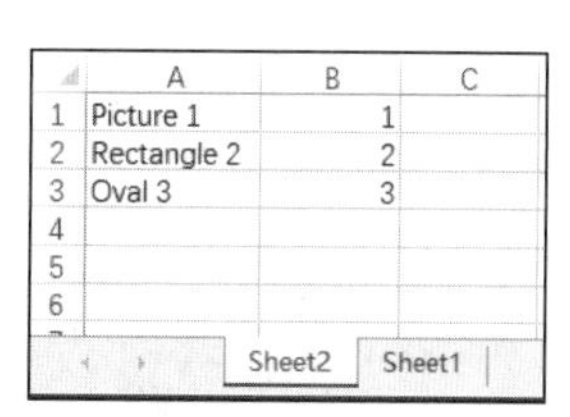

图 6-2　记录活动工作表中的所有图形对象的名称和索引号

代码解析：首先使用 Shapes 集合的 Count 属性判断活动工作表中的图形对象的总数是否大于 0，如果是，则说明活动工作表中有图形对象，开始处理进程；如果不是，则说明活动工作表中没有图形对象，直接退出程序。由于要处理的图形对象位于活动工作表，而记录名称和索引号的工作表是一个新添加的工作表，添加后该工作表会变成活动工作表，之前包含图形对象的工作表将不再是活动工作表。为了明确区分这两个工作表，所以使用两个对象变量分别引用前后两个不同的活动工作表。在 For Each 语句，逐一处理活动工作表中的每个图形对象，将第一个图形对象的名称和索引号分别输入到新添加的工作表中的 A1 和 B1 单元格。后续的图形对象的名称和索引号依次添加到 A1 和 B1 单元格下面的连续单元格中，使用 Range 对象的 Offset 属性可以每次向下偏移一行，以获得连续的单元格，每次向下的偏移量由 intRow 变量控制。

6.2.3　使用 Type 属性获取图形对象的类型

如需处理特定类型的图形对象，可以在开始处理前先使用 Shape 对象的 Type 属性判断图形对象的类型，该属性的值由 MsoShapeType 常量提供，如表 6-1 所示，其中列出了常见的图形对象的类型。

表 6-1　MsoShapeType 常量

名　称	值	说　明
msoAutoShape	1	自选图形
msoChart	3	图表
msoComment	4	批注
msoGroup	6	组合图形
msoEmbeddedOLEObject	7	嵌入的 OLE 对象

续表

名　称	值	说　明
msoFormControl	8	窗体控件
msoLine	9	线条
msoLinkedOLEObject	10	链接的 OLE 对象
msoPicture	13	图片
msoTextBox	17	文本框
msoIgxGraphic	24	SmartArt

下面的代码返回活动工作表中第 1 个图形对象的类型。

```
ActiveSheet.Shapes(1).Type
```

由于 Type 属性返回的是数字值而非常量值，如果不熟悉它们之间的对应关系，则无法快速从 Type 属性的返回值判断图形对象的类型。为了解决这个问题，可以创建一个名为 sGetShapeType 的自定义函数，该函数有一个 shp 参数，表示需要判断类型的图形对象。

```
Function sGetShapeType(shp As Shape) As String
    Select Case shp.Type
        Case 1: sGetShapeType = "自选图形"
        Case 3: sGetShapeType = "图表"
        Case 6: sGetShapeType = "组合图形"
        Case 8: sGetShapeType = "窗体控件"
        Case 9: sGetShapeType = "线条"
        Case 13: sGetShapeType = "图片"
        Case 17: sGetShapeType = "文本框"
    End Select
End Function
```

创建好自定义函数后，可以使用该函数检查特定的图形对象，并返回表示该图形对象类型的文本。下面的代码是返回选中的图形对象的类型，如图 6-3 所示。

```
sGetShapeType(Selection.ShapeRange(1))
```

图 6-3　以文本形式显示图形对象的类型

6.2.4　使用 Left 和 Top 属性获取和设置图形对象的位置

使用 Shape 对象的 Left 属性可以返回或设置图形对象的左边缘与工作表 A 列左边缘之间的距离，使用 Shape 对象的 Top 属性可以返回或设置图形对象的上边缘与工作表第一行上边缘之间的距离。

如需将图形对象的左上角与某个单元格的左上角对齐，可以将该单元格的 Left 属性和 Top

属性的值分别赋值给图形对象的 Left 属性和 Top 属性。下面的代码将活动工作表中的第一个图形对象的左上角对齐到 B3 单元格的左上角，如图 6-4 所示。

```
ActiveSheet.Shapes(1).Left = Range("B3").Left
ActiveSheet.Shapes(1).Top = Range("B3").Top
```

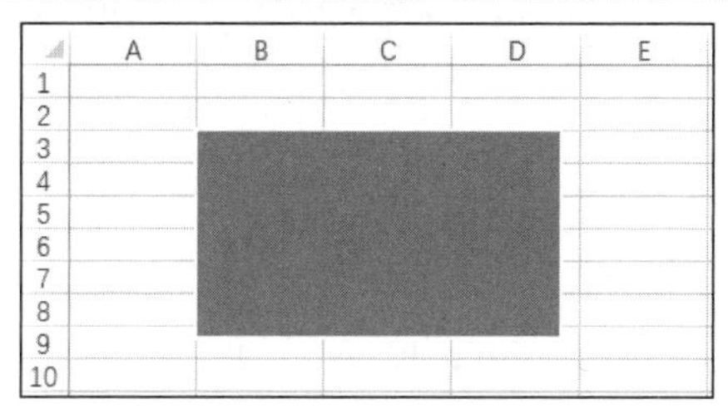

图 6-4　将图形对象的左上角对齐到 B3 单元格的左上角

如需精确指定图形对象左上角的位置，可以为 Shape 对象的 Left 属性和 Top 属性各设置一个值，这两个属性的值以磅为单位。如果希望设置时使用厘米作为单位，则需要使用 Application 对象的 CentimetersToPoints 方法，将输入的厘米值转换为磅值。

下面的代码是将活动工作表中的第一个图形对象的左边缘与 A 列左边缘的间距设置为 2 厘米，将其上边缘与工作表第一行上边缘的间距设置为 3 厘米。

```
ActiveSheet.Shapes(1).Left = Application.CentimetersToPoints(2)
ActiveSheet.Shapes(1).Top = Application.CentimetersToPoints(3)
```

6.2.5　使用 TopLeftCell 和 BottomRightCell 属性获取图形对象的位置

使用 Shape 对象的 TopLeftCell 属性可以判断图形对象的左上角位于哪个单元格中，使用 Shape 对象的 BottomRightCell 属性可以判断图形对象的右下角位于哪个单元格中。这两个属性都是只读的，这意味着只能通过它们返回信息，而不能改变它们的值。下面的代码是返回活动工作表中的第一个图形对象的左上角和右下角所在的单元格地址。

```
ActiveSheet.Shapes(1).TopLeftCell.Address
ActiveSheet.Shapes(1).BottomRightCell.Address
```

运行上面的代码返回的是绝对引用的单元格地址。如需返回相对引用的单元格地址，可以将 Address 属性的前两个参数都设置为 0。

```
ActiveSheet.Shapes(1).TopLeftCell.Address(0, 0)
ActiveSheet.Shapes(1).BottomRightCell.Address(0, 0)
```

6.3　插入和删除图形对象

无论在工作表中插入哪种类型的图形对象，在 VBA 中都需要使用 Shapes 集合的特定方法来完成操作，Shapes 集合为插入每一种类型的图形对象都提供了一个特定的方法。本节以自选图形和图片为例，介绍使用 VBA 代码插入、选择和删除图形对象的方法。

6.3.1　使用 AddShape 方法插入自选图形

自选图形是在功能区的“插入”选项卡中单击“形状”按钮后打开的列表中的形状。如需使用 VBA 在工作表中插入自选图形，可以使用 Shapes 集合的 AddShape 方法，AddShape 方法的语法如下：

```
AddShape(Type, Left, Top, Width, Height)
```

- Type（必需）：自选图形的类型，该参数的值由 MsoAutoShapeType 常量提供，一些常用的自选图形的常量值如表 6-2 所示。
- Left（必需）：自选图形的左边缘与工作表 A 列左边缘的间距，以磅为单位。
- Top（必需）：自选图形的上边缘与工作表第一行上边缘的间距，以磅为单位。
- Width（必需）：自选图形的宽度，以磅为单位。
- Height（必需）：自选图形的高度，以磅为单位。

表 6-2　MsoAutoShapeType 常量

名　称	值	说　明
msoShapeRectangle	1	矩形
msoShapeParallelogram	2	平行四边形
msoShapeTrapezoid	3	梯形
msoShapeDiamond	4	菱形
msoShapeRoundedRectangle	5	圆角矩形
msoShapeIsoscelesTriangle	7	等腰三角形
msoShapeRightTriangle	8	直角三角形
msoShapeOval	9	椭圆形
msoShapeCan	13	圆柱形
msoShapeCross	11	十字形
msoShapeCube	14	立方体
msoShapeRightArrow	33	右箭头
msoShapeLeftArrow	34	左箭头
msoShapeUpArrow	35	上箭头
msoShapeDownArrow	36	下箭头

下面的代码是在活动工作表中插入一个矩形，该形状的左上角与 B2 单元格的左上角对齐，该形状的宽度是 6 厘米，高度是 3 厘米，如图 6-5 所示。选择插入后的矩形，可以在功能区的“形状格式”选项卡中看到其中显示的尺寸与在代码中设置的尺寸是相同的，如图 6-6 所示。

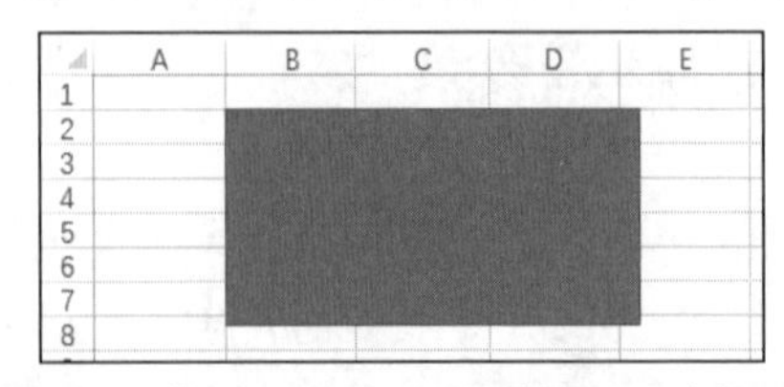

图 6-5　使用 AddShape 方法插入一个矩形

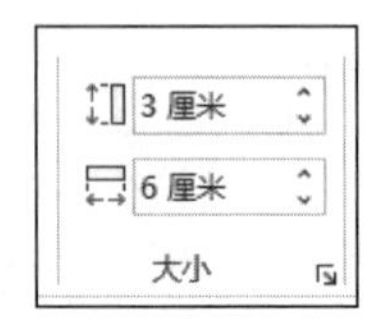

图 6-6　在功能区中查看矩形的尺寸

```
Sub 插入矩形()
    Dim sngLeft As Single, sngTop As Single
    Dim sngWidth As Single, sngHeight As Single
```

```
        sngLeft = Range("B2").Left
        sngTop = Range("B2").Top
        sngWidth = Application.CentimetersToPoints(6)
        sngHeight = Application.CentimetersToPoints(3)
        ActiveSheet.Shapes.AddShape  msoShapeRectangle,  sngLeft,  sngTop,  sngWidth,
sngHeight
    End Sub
```

如果希望插入的矩形的尺寸与一个单元格区域等大且两者的边界完全对齐，则可以将插入的矩形的宽度和高度分别设置为该单元格区域的宽度和高度。下面的代码是在活动工作表中插入一个矩形，该矩形与 B2:D8 单元格区域等大且边界对齐，如图 6-7 所示。

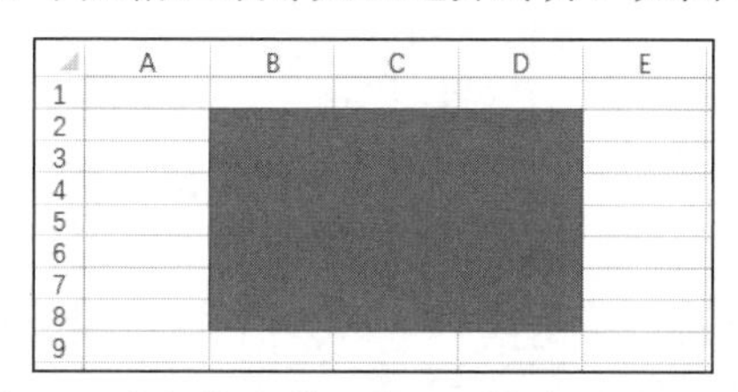

图 6-7　插入一个与指定单元格区域等大且边界对齐的矩形

```
    Sub 插入与单元格区域等大且边界对齐的矩形()
        Dim sngLeft As Single, sngTop As Single
        Dim sngWidth As Single, sngHeight As Single
        sngLeft = Range("B2").Left
        sngTop = Range("B2").Top
        sngWidth = Range("B2:D8").Width
        sngHeight = Range("B2:D8").Height
        ActiveSheet.Shapes.AddShape  msoShapeRectangle,  sngLeft,  sngTop,  sngWidth,
sngHeight
    End Sub
```

6.3.2　使用 AddPicture 方法插入图片

在 VBA 中可以使用 Shapes 集合的 AddPicture 方法插入计算机中的图片文件，AddPicture 方法的语法如下：

```
    AddPicture(Filename, LinkToFile, SaveWithDocument, Left, Top, Width, Height)
```

- Filename（必需）：图片文件的完整路径。
- LinkToFile（必需）：该参数为 True 将以链接的形式插入图片，该参数为 False 将以嵌入的形式插入图片。
- SaveWithDocument（必需）：是否将插入的图片与工作簿一起保存。如果以嵌入的形式插入图片，则必须将该参数设置为 True。
- Left（必需）：图片的左边缘与工作表 A 列左边缘的间距，以磅为单位。
- Top（必需）：图片的上边缘与工作表第一行上边缘的间距，以磅为单位。
- Width（必需）：图片的宽度，以磅为单位。
- Height（必需）：图片的高度，以磅为单位。

提示： Shapes 方法还有一个 AddPicture2 方法，该方法的前 7 个参数与 AddPicture 方法相同，该方法新增的第 8 个参数表示是否对图片进行压缩。

下面的代码将 E 盘“测试数据”文件夹中名为“天空.jpg”的图片插入到活动工作表中，

将该图片放置在 B2:D8 单元格区域中，图片的尺寸与该区域的大小相同且边界对齐。如果该文件夹中没有该图片或者该路径无效，则会显示一条提示信息并退出程序。

```
Sub 插入图片()
    Dim strFileName As String
    Dim sngLeft As Single, sngTop As Single
    Dim sngWidth As Single, sngHeight As Single
    strFileName = "E:\测试数据\天空.jpg"
    If Dir(strFileName) = "" Then
        MsgBox "文件名或路径有误"
        Exit Sub
    End If
    sngLeft = Range("B2").Left
    sngTop = Range("B2").Top
    sngWidth = Range("B2:D8").Width
    sngHeight = Range("B2:D8").Height
    ActiveSheet.Shapes.AddPicture strFileName, False, True, sngLeft, sngTop, sngWidth,
sngHeight
End Sub
```

下面的代码是在活动工作表中一次性插入 3 张图片，每张图片都与 B、C、D 三列宽度的总和等宽且占据 6 行，图片的边界与单元格区域的边界对齐，相邻的两张图片之间相隔两行，第一张图片的左上角与 B2 单元格的左上角对齐，如图 6-8 所示。

图 6-8　一次性隔行插入多张图片

```
Sub 一次性插入多张图片()
    Dim strFullName As String, avarName As Variant
    Dim intIndex As Integer, rng As Range
    avarName = Array("天空 1.jpg", "天空 2.jpg", "天空 3.jpg")
    Set rng = Range("B2:D7")
    For intIndex = LBound(avarName) To UBound(avarName)
        strFullName = "E:\测试数据\" & avarName(intIndex)
        If Dir(strFullName) <> "" Then
            ActiveSheet.Shapes.AddPicture strFullName, False, True, rng.Left, rng.Top,
rng.Width, rng.Height
            Set rng = rng.Offset(rng.Rows.Count + 2)
        End If
    Next intIndex
```

```
End Sub
```

代码解析：首先使用 Array 函数将 3 张图片的名称创建为一个数组，然后在 For Next 语句中逐个从该数组中获取一个名称，并与指定的路径组成图片文件的完整路径。使用 Dir 判断该完整路径是否有效，如果有效，则使用 AddPicture 方法以 B2 单元格为左上角位置插入第一张图片，将该图片的宽度设置为 B2:D7 单元格区域中所有列的宽度总和，将该案图片的高度设置为 B2:D7 单元格区域中所有行的高度总和。然后将表示第一张图片所在区域的 B2:D7 向下偏移，为了使两张图片之间相隔两行，向下偏移的量应该是区域的总行数+2。完成上述操作后，继续获取数组中的第二个图片名称，并将其插入到偏移后的下一个单元格区域中，直到插入所有图片为止。

6.3.3　选择特定类型的图形对象

使用 Shapes 集合的 SelectAll 方法可以选择特定工作表中的所有图形对象。然而，有时可能只想选择特定类型的图形对象并对其执行操作，此时可以使用 Shapes 集合的 Range 属性创建一个 ShapeRange 集合，其中包含所需类型的图形对象。下面的代码只选择活动工作表中的所有自选图形，而不会选择其他类型的图形对象，如图 6-9 所示。

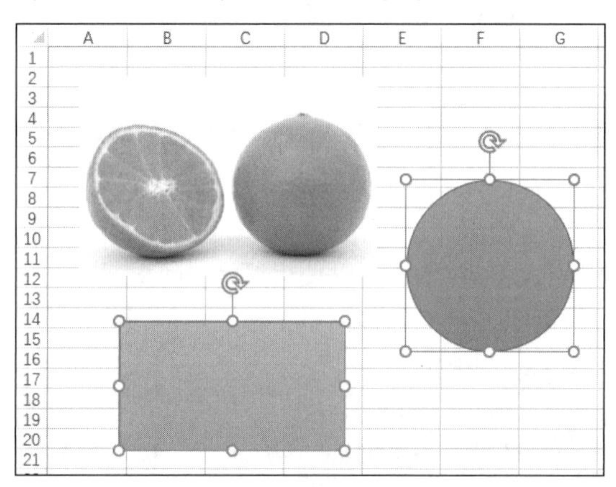

图 6-9　选择所有自选图形

```
Sub 选择所有自选图形()
    Dim shp As Shape, intShapeCount As Integer
    Dim astrShapeNames() As String
    For Each shp In ActiveSheet.Shapes
        If shp.Type = msoAutoShape Then
            intShapeCount = intShapeCount + 1
            ReDim Preserve astrShapeNames(1 To intShapeCount)
            astrShapeNames(intShapeCount) = shp.Name
        End If
    Next shp
    If intShapeCount > 0 Then
        ActiveSheet.Shapes.Range(astrShapeNames).Select
    Else
        MsgBox "活动工作表中没有自选图形"
    End If
End Sub
```

代码解析：由于最开始无法确定活动工作表中包含的自选图形的数量，所以需要声明一个动态数组，每找到一个自选图形，会重新定义该动态数组的大小，并将找到的自选图形的名称存储到该数组中。使用 intShapeCount 变量记录自选图形的数量，最后需要判断该变量的值是否大于 0，如果是，说明至少存在一个自选图形，此时将存储自选图形名称的数组作为 Shapes 集合的 Range 属性的参数，返回包含所有自选图形的 ShapeRange 集合，然后使用 Select 方法选择所有自选图形。

实际上，使用 Shape 对象的 Select 方法也可以同时选择多个形状，而且代码更简洁，与选择多个工作表创建工作表组类似，需要将 Select 方法的 Replace 参数设置为 False。下面的代码是选择活动工作表中的所有自选图形。

```
Sub 选择所有自选图形2()
    Dim shp As Shape
    For Each shp In ActiveSheet.Shapes
        If shp.Type = msoAutoShape Then
            shp.Select False
        End If
    Next shp
End Sub
```

6.3.4 使用 Delete 方法删除工作表中的图形对象

如需删除工作表中的所有图形对象，可以先使用 Shapes 集合的 SelectAll 方法选择工作表中的所有图形对象，然后使用 ShapeRange 集合的 Delete 方法删除选中的图形对象。

```
ActiveSheet.Shapes.SelectAll
Selection.ShapeRange.Delete
```

如需删除工作簿中的所有图形对象，可以使用 For Each 语句逐个处理每个工作表中的图形对象。下面的代码是删除活动工作簿中的每一个工作表中的所有图形对象。

```
Sub 删除活动工作簿中的所有图形对象()
    Dim wks As Worksheet, wksOld As Worksheet
    Set wksOld = ActiveSheet
    For Each wks In Worksheets
        wks.Activate
        wks.Shapes.SelectAll
        Selection.ShapeRange.Delete
    Next wks
    wksOld.Activate
End Sub
```

代码解析：由于 Selection 是针对活动工作表的，所以每次需要激活当前正在处理的工作表，否则使用 Selection 会出现运行时错误。为了恢复最初处于活动状态的工作表，开始操作前，将最初的活动工作表赋值给一个对象变量，完成操作后，再使用 Activate 方法激活该工作表。

如需删除特定类型的图形对象，可以使用 Shape 对象的 Type 属性判断图形对象的类型，如果符合指定的类型，则将其删除。下面的代码是删除活动工作表中的所有图片。

```
Sub 删除活动工作表中的所有图片()
    Dim shp As Shape
    For Each shp In ActiveSheet.Shapes
        If shp.Type = msoPicture Then
            shp.Delete
```

```
        End If
    Next shp
End Sub
```

6.4　设置图形对象的填充格式

在 VBA 中可以使用 FillFormat 对象为图形对象设置填充格式，使用 Shape 对象的 Fill 属性可以返回 FillFormat 对象。对于自选图形和图片来说，填充格式只适用于前者。本节将介绍为自选图形设置不同填充格式的方法。

6.4.1　为自选图形设置纯色填充

如需为自选图形设置纯色填充，可以使用 FillFormat 对象的 ForeColor 属性返回 ColorFormat 对象，然后为该对象的 RGB 属性设置颜色值。使用 VBA 内置的 RGB 函数可以获取所需的颜色值，该函数有 3 个参数，表示颜色中的红、绿、蓝 3 个颜色分量，每个颜色分量的取值范围是 0～255，如表 6-3 所示。

表 6-3　常用颜色的 RGB 值

名　称	红 色 分 量	绿 色 分 量	蓝 色 分 量
黑色	0	0	0
白色	255	255	255
红色	255	0	0
绿色	0	255	0
蓝色	0	0	255
黄色	255	255	0
粉色	255	0	255
青色	0	255	255

下面的代码将活动工作表中的所有自选图形的填充色设置为红色。如果其中的某些自选图形已经设置为渐变填充，则需要使用 FillFormat 对象的 Solid 方法将填充方式改为纯色填充，然后才能使用 ColorFormat 对象的 RGB 属性设置填充色。

```
Sub 为自选图形设置纯色填充()
    Dim shp As Shape
    For Each shp In ActiveSheet.Shapes
        If shp.Type = msoAutoShape Then
            shp.Fill.Solid
            shp.Fill.ForeColor.RGB = RGB(255, 0, 0)
        End If
    Next shp
End Sub
```

提示： 可以使用 VBA 内置常量 vbRed 代替 RGB 函数生成的红色值。

可以对具有特定填充色的自选图形执行所需的操作。下面的代码是将红色填充的自选图形的填充色改为蓝色，其他自选图形的填充色保持不变。

```
Sub 修改自选图形的填充色()
    Dim shp As Shape
    For Each shp In ActiveSheet.Shapes
        If shp.Type = msoAutoShape Then
            If shp.Fill.ForeColor.RGB = vbRed Then
                shp.Fill.ForeColor.RGB = vbBlue
            End If
        End If
    Next shp
End Sub
```

6.4.2 为自选图形设置渐变填充

在 VBA 中可以使用 FillFormat 对象的 OneColorGradient 方法和 TwoColorGradient 方法为自选图形设置渐变填充，前者设置单色渐变，后者设置双色渐变。OneColorGradient 方法和 TwoColorGradient 方法的第一个参数用于设置渐变填充的样式，该参数的值由 MsoGradientStyle 常量提供，如表 6-4 所示。

表 6-4 MsoGradientStyle 常量

名 称	值	说 明
msoGradientHorizontal	1	水平经过图形的渐变
msoGradientVertical	2	垂直向下填充图形的渐变
msoGradientDiagonalUp	3	从一个底角到另一侧顶角的对角渐变
msoGradientDiagonalDown	4	从一个顶角到另一侧底角的对角渐变
msoGradientFromCorner	5	从一个角到其他三个角的渐变
msoGradientFromTitle	6	从标题向外的渐变
msoGradientFromCenter	7	从中心到各个角的渐变
msoGradientMixed	-2	渐变是混和的

使用 OneColorGradient 方法设置单色渐变时，需要先指定渐变样式，然后为 ColorFormat 对象的 RGB 属性设置颜色值。使用 TwoColorGradient 方法设置双色渐变与 OneColorGradient 方法类似，唯一区别是需要同时为 ForeColor 属性和 BackColor 属性设置颜色值。下面的代码是为活动工作表中所有选中的自选图形中的第一个自选图形设置由红色和蓝色组成的双色渐变填充。

```
Sub 设置双色渐变填充()
    Dim shp As Shape
    For Each shp In ActiveSheet.Shapes
        If shp.Type = msoAutoShape Then
            shp.Select False
        End If
    Next shp
    With Selection.ShapeRange(1)
        .Fill.TwoColorGradient msoGradientHorizontal, 1
        .Fill.BackColor.RGB = vbRed
        .Fill.ForeColor.RGB = vbBlue
    End With
End Sub
```

6.4.3　为自选图形设置图片填充

如需使用图片填充自选图形，可以使用 FillFormat 对象的 UserPicture 方法。该方法只有一个参数，表示用于填充的图片文件的完整路径。下面的代码是为活动工作表中的所有自选图形设置图片填充，如图 6-10 所示。

图 6-10　为自选图形设置图片填充

```
Sub 设置图片填充()
    Dim shp As Shape
    For Each shp In ActiveSheet.Shapes
        If shp.Type = msoAutoShape Then
            shp.Select False
        End If
    Next shp
    Dim strFullName As String
    strFullName = "E:\测试数据\天空.jpg"
    Selection.ShapeRange.Fill.UserPicture strFullName
End Sub
```

6.5　设置图形对象的边框格式

在 VBA 中可以使用 LineFormat 对象为图形对象设置边框格式，使用 Shape 对象的 Line 属性可以返回 LineFormat 对象。对于自选图形和图片来说，两者都可以设置边框格式。边框格式主要包括边框的线型、颜色和粗细，设置方法如下。

- 线型：使用 LineFormat 对象的 DashStyle 属性设置边框的线型，该属性的值由 MsoLineDashStyle 常量提供，如表 6-5 所示。
- 颜色：使用 LineFormat 对象的 ForeColor 属性返回 ColorFormat 对象，然后使用该对象的 RGB 属性设置边框的颜色。
- 粗细：使用 LineFormat 对象的 Weight 属性设置边框的粗细，以磅为单位。

表 6-5　MsoLineDashStyle 常量

名　称	值	说　明
msoLineSolid	1	边框是实线

续表

名　称	值	说　明
msoLineSquareDot	2	边框由方点构成
msoLineRoundDot	3	边框由圆点构成
msoLineDash	4	边框是短画线
msoLineDashDot	5	边框是点画线
msoLineDashDotDot	6	边框是点点画线
msoLineLongDash	7	边框是长画线
msoLineLongDashDot	8	边框是长点画线

下面的代码是将活动工作表中的所有图形对象的边框的线型设置为短画线，将边框的颜色设置为红色，将边框的粗细设置为 6 磅。

```
Sub 设置图形对象的边框格式()
    With Selection.ShapeRange
        .Line.DashStyle = msoLineDash
        .Line.ForeColor.RGB = RGB(255, 0, 0)
        .Line.Weight = 6
    End With
End Sub
```

第 7 章　事件编程

到目前为止，编写的 VBA 代码都组织在不同的 Sub 过程或 Function 过程中，用户需要手动运行或调用这些过程，才能执行相应的操作。在 VBA 中还有一类称为“事件”的过程，它们是对象特有的过程。当用户对对象执行操作时，会自动触发相应的事件过程。只需事先在事件过程中编写 VBA 代码，即可在触发事件过程时自动运行其中的代码，响应用户操作并自动运行代码是事件过程与其他过程最大的区别。本章将介绍在 VBA 中编写事件过程所需了解的知识，以及编程处理 Excel 中的工作簿事件和工作表事件的方法。

7.1　事件编程基础

在开始编程处理 Excel 对象的事件过程之前，需要先了解事件编程的基本知识和操作方法，包括 Excel 中的事件类型和触发顺序、事件代码的存储位置和编写方法，以及启用和禁用事件。

7.1.1　Excel 支持的事件类型和触发顺序

Excel 对象模型中的 Application 对象、Workbook 对象、Worksheet 对象和 Chart 对象都有各自的事件过程，位于工作表中的嵌入式图表也有其事件过程。此外，在 VBA 工程中添加的用户窗体及其中的控件都有相应的事件过程。

- 应用程序事件：Application 对象的应用程序事件可以监视在 Excel 应用程序运行期间发生的操作，该类事件对打开的任意一个工作簿都有效。无法直接使用应用程序事件，需要先在类模块和标准模块中编写少量代码，然后才能使用该类事件。
- 工作簿事件：每个 Workbook 对象都有与其关联的工作簿事件，每个工作簿的工作簿事件只对该工作簿有效。对工作簿执行操作时将触发工作簿事件，例如新建或打开工作簿时。对工作簿中的任意一个工作表执行操作时也会触发工作簿事件，例如激活工作簿中的任意一个工作表时。
- 工作表事件：每个 Worksheet 对象都有与其关联的工作表事件，每个工作表的工作表事件只对该工作表有效，在工作表中执行操作时将触发工作表事件，例如选择或编辑单元格时。
- 图表工作表事件：Chart 对象的图表工作表事件只对特定图表工作表有效。
- 嵌入式图表事件：嵌入式图表事件只作用于特定嵌入式图表的操作。与应用程序事件类似，默认无法使用嵌入式图表事件，需要在类模块和标准模块中编写少量代码后才能使用嵌入式图表事件。
- 用户窗体和控件事件：用户窗体事件和控件事件只对特定的用户窗体和控件有效。

在 Excel 中执行某个操作时，可能会自动触发多个事件。例如，在工作簿中添加新的工作表时，将依次触发以下几个工作簿事件：

- 先触发 NewSheet 事件：添加工作表时将触发 NewSheet 事件。
- 然后触发 SheetDeactivate 事件：由于添加一个新的工作表会自动使其成为活动工作表，原来的活动工作表将失去焦点，所以添加工作表后会触发 SheetDeactivate 事件。
- 最后触发 SheetActivate 事件：由于添加的新工作表会自动成为活动工作表，所以在前两个事件之后会接着触发 SheetActivate 事件。

当不同对象拥有同一种事件时，将遵循从低到高的顺序触发事件。例如，Application 对象、Workbook 对象和 Worksheet 对象都有 SelectionChange 事件，如果为这 3 个事件过程编写了代码，则在特定的工作表中选择不同的单元格时，会先触发该工作表的 SelectionChange 事件，然后触发该工作表所属工作簿的 SelectionChange 事件，最后触发 Excel 应用程序的 SelectionChange 事件。

7.1.2 为事件编写代码

为事件编写代码之前，首先需要了解事件的存储位置，不同对象的事件存储在不同的位置。

- 应用程序事件和嵌入式图表事件存储在用户创建的类模块中。
- 工作簿事件存储在 ThisWorkbook 模块中。
- 工作表事件存储在 Sheet1、Sheet2、Sheet3 等模块中。
- 图表工作表事件存储在 Chart1、Chart2、Chart3 等模块中。
- 用户窗体事件和控件事件存储在用户窗体模块中。

为事件编写代码时，需要将代码输入到相应的事件过程中。无论哪个对象，事件过程都具有以下固定格式。

```
Private Sub 对象名_事件名(参数)

End Sub
```

下面是工作簿的 NewSheet 事件过程和工作表的 Change 事件过程的基本结构。

```
Private Sub Workbook_NewSheet(ByVal Sh As Object)

End Sub

Private Sub Worksheet_Change(ByVal Target As Range)

End Sub
```

为事件过程编写代码时，需要打开该事件过程所属的模块的代码窗口，然后在代码窗口顶部左侧的下拉列表中选择对象名，在右侧下拉列表中选择事件名，事件过程的基本结构会被自动添加到代码窗口中，用户只需在其中编写所需的代码，如图 7-1 所示。

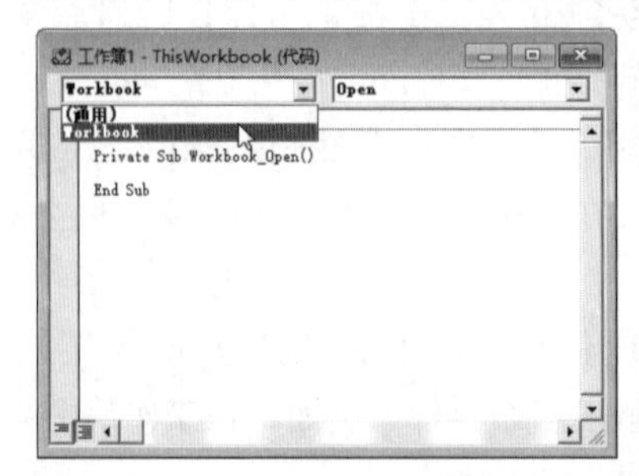

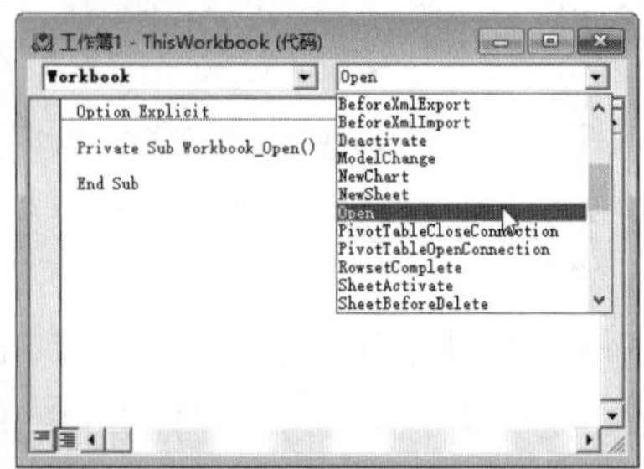

图 7-1 选择事件过程的对象名和事件名

7.1.3 启用和禁用事件

每个事件默认是处于启用状态的，只要在事件过程中编写了代码，当触发事件时，就会自动执行该事件过程中的代码。虽然这种自动响应机制为代码的执行提供了便利条件，但是有时可能需要临时禁用事件。

例如，如果在工作表的 Change 事件过程中包含修改单元格的代码，则在触发 Change 事件时会执行其中的代码，由于代码会对单元格执行修改操作，则会再次触发 Change 事件，使这一过程变成无限循环，最终可能会导致 Excel 应用程序无影响。

解决这种问题的方法是在执行修改单元格的代码之前先禁用 Change 事件，在执行完这部分代码之后再重新启用 Change 事件。使用 Application 对象的 EnableEvents 属性可以启用或禁用事件，禁用事件时将该属性设置为 False，启用事件时将该属性设置为 True。

```
Application.EnableEvents = False
Application.EnableEvents = True
```

7.2 工作簿的 Open 事件

打开一个工作簿时将触发该工作簿的 Workbook_Open 事件过程，该事件过程主要有以下用途：

- 显示欢迎信息。
- 验证用户名并分配操作权限。
- 配置工作簿的界面环境。
- 激活特定的工作表和单元格。

7.2.1 打开工作簿时显示欢迎信息

下面的代码位于工作簿的 ThisWorkbook 模块中，每次打开该工作簿时，都会显示“您好，今天是”+与当前系统日期对应的星期几，如图 7-2 所示。

```
Private Sub Workbook_Open()
    MsgBox "您好，今天是" & WeekdayName(Weekday(Date, 2))
End Sub
```

图 7-2　显示欢迎信息

7.2.2 打开工作簿时验证用户名

下面的代码位于工作簿的 ThisWorkbook 模块中，每次打开该工作簿时，会检查 Excel 中的用户名是否是“admin”，如果不是，则立即关闭该工作簿。

```
Private Sub Workbook_Open()
```

```
    If LCase(Application.UserName) <> "admin" Then
        MsgBox "用户名不正确，没有操作权限"
        ThisWorkbook.Close False
    End If
End Sub
```

如果为 Excel 设置的用户名不是本例中的 admin（大小写均可），则在每次打开该工作簿时，在显示一条信息后会立即将其关闭。如需修改本例工作簿中的代码，可以在显示提示信息时按 Ctrl+Break 组合键进入中断模式。

7.2.3 打开工作簿时创建鼠标快捷菜单

下面的代码是位于工作簿的 ThisWorkbook 模块中，每次打开该工作簿时，会调用名为“创建自定义快捷菜单”的 Sub 过程创建鼠标快捷菜单，该 Sub 过程位于该工作簿的标准模块中。

```
Private Sub Workbook_Open()
    Call 创建鼠标快捷菜单
End Sub

Sub 创建鼠标快捷菜单()
    创建鼠标快捷菜单的 VBA 代码
End Sub
```

提示：在 VBA 中创建鼠标快捷菜单的方法将在第 12 章进行介绍。

7.3 工作簿和工作表的 Activate 事件

工作簿和工作表都有 Activate 事件，激活一个工作簿时将触发该工作簿的 Workbook_Activate 事件过程，打开工作簿时也会触发该事件过程。激活特定的工作表时将触发该工作表的 Worksheet_Activate 事件过程。

7.3.1 激活工作簿时设置其显示方式

下面的代码位于工作簿的 ThisWorkbook 模块中，每次激活该工作簿时，都将该工作簿的窗口最大化显示，并隐藏水平滚动条和垂直滚动条。

```
Private Sub Workbook_Activate()
    With ThisWorkbook.Windows(1)
        .WindowState = xlMaximized
        .DisplayHorizontalScrollBar = False
        .DisplayVerticalScrollBar = False
    End With
End Sub
```

7.3.2 激活工作表时显示其中已使用的单元格范围

下面的代码位于工作簿的 Sheet1 模块中，每次激活 Sheet1 工作表时，都会显示该工作表中已经使用的单元格范围的地址。

```
Private Sub Worksheet_Activate()
    Dim rng As Range
    Set rng = Worksheets("Sheet1").Cells.SpecialCells(xlCellTypeLastCell)
```

```
    MsgBox "已使用的单元格范围是：" & Range("A1", rng).Address(0, 0)
End Sub
```

提示：由于 Worksheet_Activate 事件过程中的代码处理的是该过程所属的 Sheet1 模块所关联的 Sheet1 工作表，为了简化代码并在修改工作表名称时始终使引用的工作表有效，可以使用 Me 关键字代替 Worksheets("Sheet1")，即将代码改为以下形式。

```
Private Sub Worksheet_Activate()
    Dim rng As Range
    Set rng = Me.Cells.SpecialCells(xlCellTypeLastCell)
    MsgBox "已使用的单元格范围是：" & Range("A1", rng).Address(0, 0)
End Sub
```

提示：在 Excel VBA 中，Me 关键字除了可以引用与 Sheet1、Sheet2 等模块关联的工作表之外，还可以引用与 ThisWorkbook 模块关联的工作簿，以及用户窗体和用户创建的类。

7.4　工作簿和工作表的 Deactivate 事件

执行以下几种操作时将触发工作簿的 Workbook_Deactivate 事件过程：

- 打开或激活另一个工作簿。
- 最小化工作簿窗口。
- 关闭工作簿。

工作表也有 Deactivate 事件，其过程名是 Worksheet_Deactive，该事件只在特定工作表失去焦点时才会触发。

7.4.1　在工作簿失去焦点时恢复原始的显示方式

下面的代码位于工作簿的 ThisWorkbook 模块中，当该工作簿失去焦点时，会将该工作簿的窗口最小化显示，并恢复水平滚动条和垂直滚动条的正常显示。

```
Private Sub Workbook_Deactivate()
    With ThisWorkbook.Windows(1)
        .WindowState = xlMinimized
        .DisplayHorizontalScrollBar = True
        .DisplayVerticalScrollBar = True
    End With
End Sub
```

7.4.2　在工作表失去焦点时显示提示信息

下面的代码位于工作簿的 Sheet1 模块中，当 Sheet1 工作表失去焦点时，将显示“Sheet 工作表已失去焦点”的提示信息。

```
Private Sub Worksheet_Deactivate()
    MsgBox Worksheets("Sheet1").Name & "工作表已失去焦点"
End Sub
```

7.5　工作簿的 BeforeClose 事件

关闭工作簿时，将触发该工作簿的 Workbook_BeforeClose 事件过程。使用该事件过程可以在真正关闭工作簿之前执行所需的操作，常见的有以下几种：

- 可以预先指定保存或不保存工作簿的修改，以便直接关闭工作簿，而不会显示保存提示对话框。
- 使用自定义对话框代替默认的保存提示对话框。
- 删除在打开工作簿时加载的菜单和快捷菜单。

Workbook_BeforeClose 事件过程有一个 Cancel 参数，如果将该参数设置为 True，则不会关闭工作簿。

7.5.1 不显示保存提示而直接保存并关闭工作簿

下面的代码是位于工作簿的 ThisWorkbook 模块中，关闭工作簿时，直接保存该工作簿的最新修改，然后将其关闭，不会显示保存提示对话框。

```
Private Sub Workbook_BeforeClose(Cancel As Boolean)
    If Not ThisWorkbook.Saved Then
        ThisWorkbook.Save
    End If
End Sub
```

同理，如不显示保存提示而直接关闭工作簿且放弃所有未保存的修改，可以使用下面的代码。

```
Private Sub Workbook_BeforeClose(Cancel As Boolean)
    ThisWorkbook.Saved = True
End Sub
```

7.5.2 使用自定义对话框代替默认的保存提示对话框

用户可以在 Workbook_BeforeClose 事件过程中创建一个自定义对话框，用于指定关闭工作簿时执行哪些操作。下面的代码是位于工作簿的 ThisWorkbook 模块中，使用 VBA 内置的 MsgBox 函数创建一个对话框，其中显示“是”“否”和“取消”3 个按钮，如图 7-3 所示。单击“是”按钮将保存并关闭工作簿；单击“否”按钮将不保存并关闭工作簿；单击“取消”按钮将返回工作簿窗口而不会关闭工作簿，并退出 VBA 程序，这种处理方式可以避免在默认的保存提示对话框中单击“取消”按钮后执行意外的操作，例如未关闭工作簿却删除了已加载的菜单和快捷菜单。

```
Private Sub Workbook_BeforeClose(Cancel As Boolean)
    Dim strMsg As String, intAns As Integer
    If Not ThisWorkbook.Saved Then
        strMsg = "是否保存对【" & ThisWorkbook.Name & "】的更改？"
        intAns = MsgBox(strMsg, vbQuestion + vbYesNoCancel)
        Select Case intAns
            Case vbYes: ThisWorkbook.Save
            Case vbNo: ThisWorkbook.Saved = True
            Case vbCancel
                Cancel = True
                Exit Sub
        End Select
    End If
End Sub
```

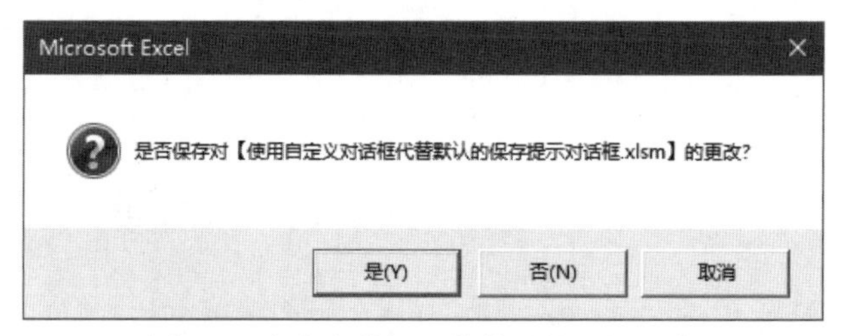

图 7-3　自定义关闭工作簿时执行的操作

7.6　工作簿的 BeforeSave 事件

保存或另存工作簿时将触发该工作簿的 Workbook_BeforeSave 事件过程，该事件过程有 SaveAsUI 和 Cancel 两个参数。SaveAsUI 参数表示触发 Workbook_BeforeSave 事件过程时是否显示了“另存为”对话框，如果显示该对话框，则 SaveAsUI 参数返回 True；如果未显示该对话框，则 SaveAsUI 参数返回 False。Cancel 参数决定是否保存工作簿，该参数默认为 False，表示保存工作簿。如果将该参数设置为 True，则不保存工作簿。

7.6.1　禁止保存工作簿

下面的代码是位于工作簿的 ThisWorkbook 模块中，如果对现有而非新建的工作簿执行“保存”命令，则 SaveAsUI 参数将返回 False，表示用户正在保存而非另存工作簿，此时将 Cancel 参数设置为 True，将禁止真正保存工作簿。

```
Private Sub Workbook_BeforeSave(ByVal SaveAsUI As Boolean, Cancel As Boolean)
    If Not SaveAsUI Then Cancel = True
End Sub
```

7.6.2　禁止另存工作簿

下面的代码是位于工作簿的 ThisWorkbook 模块中，如果对工作簿执行“另存为”命令，无论该工作簿是现有的还是新建的，SaveAsUI 参数都将返回 True，此时将 Cancel 参数设置为 True，则不会显示“另存为”对话框，禁止以其他名称或路径保存工作簿。

```
Private Sub Workbook_BeforeSave(ByVal SaveAsUI As Boolean, Cancel As Boolean)
    If SaveAsUI Then Cancel = True
End Sub
```

7.6.3　禁止保存和另存工作簿

下面的代码是位于工作簿的 ThisWorkbook 模块中，通过将 Cancel 参数的值设置为 True，从而完全禁止保存和另存工作簿的操作。为了避免在关闭未保存的工作簿时弹出是否保存的确认对话框，可以在工作簿的 BeforeClose 事件过程中将 Workbook 对象的 Saved 属性设置为 True。

```
Private Sub Workbook_BeforeSave(ByVal SaveAsUI As Boolean, Cancel As Boolean)
    Cancel = True
End Sub

Private Sub Workbook_BeforeClose(Cancel As Boolean)
```

```
    ThisWorkbook.Saved = True
End Sub
```

7.7 工作簿的 BeforePrint 事件

打印工作簿时将触发 Workbook_BeforePrint 事件过程，该事件过程只有一个 Cancel 参数，默认值 False 表示正常打印，将其设置为 True 表示取消打印。

7.7.1 确定是否真正开始打印

下面的代码是位于工作簿的 ThisWorkbook 模块中，当用户执行“打印”命令时，将显示如图 7-4 所示的对话框，如果单击“取消”按钮，则取消打印操作。

```
Private Sub Workbook_BeforePrint(Cancel As Boolean)
    If MsgBox("确定开始打印吗？", vbOKCancel) = vbCancel Then
        Cancel = True
    End If
End Sub
```

图 7-4　将 Cancel 设置为 True 将取消打印操作

7.7.2 打印前检查数据是否填写完整

下面的代码是位于工作簿的 ThisWorkbook 模块中，打印前先检查 A1:B10 单元格区域中的数据是否填写完整，如果存在空白项，则禁止打印，如图 7-5 所示。

```
Private Sub Workbook_BeforePrint(Cancel As Boolean)
    Dim rng As Range
    Set rng = Range("A1").CurrentRegion
    If WorksheetFunction.CountA(rng) <> rng.Count Then
        MsgBox "数据填写不完整，无法打印"
        Cancel = True
    End If
End Sub
```

	A	B	C	D	E
1	编号	名称			
2	1	啤酒			
3	2	白酒			
4	3	红酒			
5		饮用水			
6	5	纯净水			
7	6	矿泉水			
8	7	可乐			
9	8				
10	9	芬达			
11					

Microsoft Excel
数据填写不完整，无法打印
确定

图 7-5　打印前检查数据是否填写完整

可能希望在发现空白项时，将空白项的位置告知用户，此时可以使用下面的代码，运行效果如图 7-6 所示。

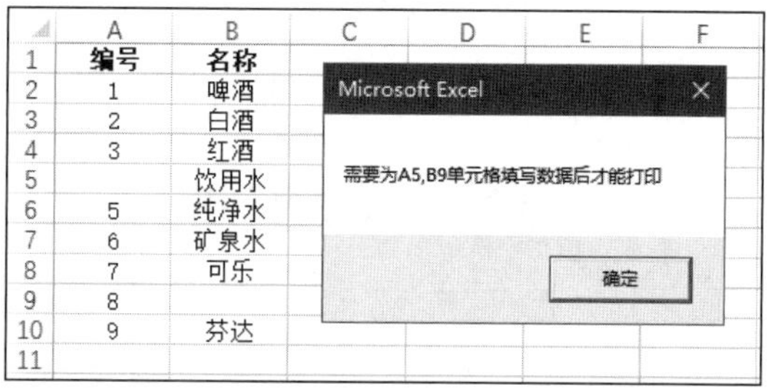

	A	B
1	编号	名称
2	1	啤酒
3	2	白酒
4	3	红酒
5		饮用水
6	5	纯净水
7	6	矿泉水
8	7	可乐
9	8	
10	9	芬达
11		

Microsoft Excel

需要为A5,B9单元格填写数据后才能打印

确定

图 7-6　检查数据是否填写完整并将空白项的位置告知用户

```
Private Sub Workbook_BeforePrint(Cancel As Boolean)
    Dim rng As Range, rngBlank As Range, strMsg As String
    For Each rng In Range("A1").CurrentRegion
        If IsEmpty(rng) Then
            If rngBlank Is Nothing Then
                Set rngBlank = rng
            Else
                Set rngBlank = Union(rngBlank, rng)
            End If
        End If
    Next rng
    If Not rngBlank Is Nothing Then
        MsgBox "需要为" & rngBlank.Address(0, 0) & "单元格填写数据后才能打印"
        Cancel = True
    End If
End Sub
```

代码解析：在 For Each 语句中使用 VBA 内置的 IsEmpty 函数检查包含 A1 单元格的连续数据区域中的每一个单元格是否是空白，每次找到一个空白单元格时，将该单元格添加到 rngBlank 变量中，该变量用于合并找到的所有空白单元格。由于在找到第一个空白单元格之前，rngBlank 变量是空的，所以将第一个空白单元格直接赋值给 rngBlank 变量。从找到的第二个空白单元格开始，使用 Application 对象的 Union 方法将每次找到的空白单元格与 rngBlank 变量中现有的空白单元格合并在一起。检查完数据区域中的所有单元格后，判断 rngBlank 变量是否包含空白单元格，如果包含空白单元格，则在对话框中显示这些空白单元格的地址，并将 Workbook_BeforePrint 事件过程中的 Cancel 参数设置为 True，禁止打印。

7.8　工作簿的 SheetActivate 事件

在工作簿中激活任意一个工作表时将会触发该工作簿的 Workbook_SheetActivate 事件过程。该事件过程有一个 Sh 参数，表示激活的工作表。

7.8.1　显示激活的工作表的名称和类型

下面的代码位于工作簿的 ThisWorkbook 模块中，每次激活该工作簿中的任意一个工作表时，都会显示该工作表的名称和类型，如图 7-7 所示。

```
Private Sub Workbook_SheetActivate(ByVal Sh As Object)
    Dim strMsg As String
    strMsg = "激活的工作表的名称是: " & Sh.Name
    strMsg = strMsg & vbCrLf & "激活的工作表的类型是: " & TypeName(Sh)
    MsgBox strMsg
End Sub
```

图 7-7　显示激活的工作表的名称和类型

7.8.2　检查激活的工作表是否为空并询问用户是否将其删除

下面的代码是位于工作簿的 ThisWorkbook 模块中，在该工作簿中激活一个工作表时，如果其中不包含任何数据，则询问用户是否将其删除，单击“是”按钮将删除该工作表，如图 7-8 所示。

```
Private Sub Workbook_SheetActivate(ByVal Sh As Object)
    If TypeName(Sh) = "Worksheet" Then
        If WorksheetFunction.CountA(Sh.Cells) = 0 Then
            If MsgBox("是否删除空的活动工作表? ", vbQuestion + vbYesNo) = vbYes Then
                Application.DisplayAlerts = False
                Sh.Delete
                Application.DisplayAlerts = True
            End If
        End If
    End If
End Sub
```

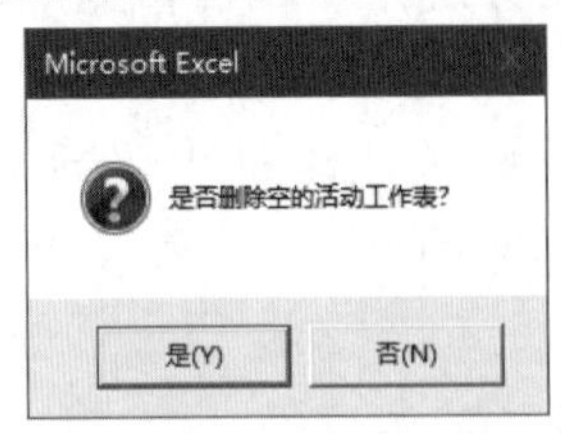

图 7-8　显示激活的工作表中的数据区域的地址

代码解析：每次激活一个工作表时，先判断该工作表的类型。如果是 Worksheet，则使用 CountA 函数判断该工作表是否包含数据，如果不包含任何数据，则显示一个对话框，询问用户是否删除该工作表并提供“是”和“否”两个按钮。如果单击“是”按钮，则将删除该工作表。为了不显示删除工作表时的提示信息，将 Application 对象的 DisplayAlerts 属性设置为 False，删除后再将其设置为 True。

7.9　工作簿的 SheetDeactivate 事件

工作簿的 SheetDeactivate 事件与 6.4 节介绍的工作表的 Deactivate 事件类似，唯一区别是本节中的 SheetDeactivate 事件可以作用于工作簿中的任意一个工作表，而 6.4 节中的 Deactivate 事件只能作用于特定工作表。

在工作簿中激活一个工作表时，之前的活动工作表将失去焦点并触发 Workbook_SheetDeactivate 事件过程，该事件过程中的 Sh 参数表示失去焦点的工作表。下面的代码是位于工作簿的 ThisWorkbook 模块中，每次在该工作簿中激活一个工作表时，将显示刚失去焦点的工作表的名称和类型。

```
Private Sub Workbook_SheetDeactivate(ByVal Sh As Object)
    Dim strMsg As String
    strMsg = "失去焦点的工作表的名称是: " & Sh.Name
    strMsg = strMsg & vbCrLf & "失去焦点的工作表的类型是: " & TypeName(Sh)
    MsgBox strMsg
End Sub
```

7.10　工作簿的 NewSheet 事件

在工作簿中添加新的工作表时，将触发该工作簿的 Workbook_NewSheet 事件过程，该事件过程中的 Sh 参数表示刚添加的工作表。

7.10.1　添加工作表时显示该工作表的类型和工作表总数

下面的代码是位于工作簿的 ThisWorkbook 模块中，每次在该工作簿中添加新的工作表时，都会显示该工作表的类型和工作簿中的工作表总数，如图 7-9 所示。

```
Private Sub Workbook_NewSheet(ByVal Sh As Object)
    Dim strMsg As String
    strMsg = "添加的工作表的类型是: " & TypeName(Sh)
    strMsg = strMsg & vbCrLf & "工作簿中共有" & Sheets.Count & "个工作表"
    MsgBox strMsg
End Sub
```

图 7-9　添加工作表时显示该工作表的类型和工作表总数

7.10.2　添加工作表时自动以月份命名

下面的代码是位于工作簿的 ThisWorkbook 模块中，每次在该工作簿中添加新的工作表时，都会自动以月份为新工作表命名，例如“1 月”“2 月”“3 月”。如果工作簿中已经存在名为

“1 月”的工作表，则添加的新工作表的名称需要设置为“2 月”，即检查现有工作表名称中的最大月份，然后将新工作表的月份设置为现有最大月份+1。

```
Private Sub Workbook_NewSheet(ByVal Sh As Object)
    Dim intMonth As Integer
    If TypeName(Sh) = "Worksheet" Then
        intMonth = 1
        On Error GoTo ErrTrap
        Sh.Name = intMonth & "月"
        Exit Sub
    End If
ErrTrap:
    intMonth = intMonth + 1
    Resume
End Sub
```

代码解析： 由于一个工作簿中的工作表不能同名，所以可以先将新添加的工作表的名称设置为“1 月”，月份中的数字使用一个变量表示，以便可以动态增加编号值。如果已经存在名为“1 月”的工作表，则会出现运行时错误。此时将进入由 ErrTrap 标记的错误处理程序。由于名为“1 月”的工作表已经存在，所以将表示月份数字的变量加 1，然后将工作表命名为下个月份。如果仍然出现运行时错误，则继续增加月份值，直到不出现运行时错误或者已经添加了 1～12 个月的工作表为止。

7.11 工作簿的 SheetChange 事件

在工作簿中编辑任意一个工作表中的单元格时，将触发该工作簿的 Workbook_SheetChange 事件过程。该事件过程有两个参数，Sh 参数表示编辑的单元格所属的工作表，Target 参数表示编辑的单元格。下面几种操作都会触发 Worksheet_Change 事件过程：

- 输入或修改单元格中的数据。
- 复制并粘贴数据。
- 按 Delete 键。
- 清除单元格的格式。

下面的代码位于工作簿的 ThisWorkbook 模块中，无论编辑该工作簿中的哪个工作表的单元格，都会在状态栏中显示该单元格地址及其所属的工作表名称，如图 7-10 所示。

```
Private Sub Workbook_SheetChange(ByVal Sh As Object, ByVal Target As Range)
    Dim strMsg As String
    strMsg = "刚编辑过的单元格是" & Target.Address(0, 0)
    strMsg = strMsg & "，该单元格所属的工作表是" & Sh.Name
    Application.StatusBar = strMsg
End Sub
```

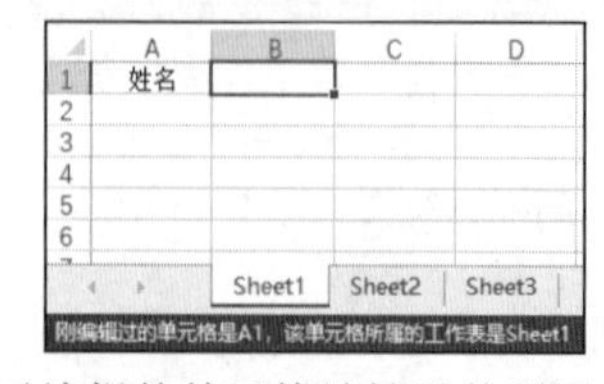

图 7-10　显示编辑的单元格地址及其所属的工作表名称

7.12　工作簿的 SheetSelectionChange 事件

在工作簿中的任意一个工作表中选择不同的单元格时，将触发该工作簿的 Workbook_SheetSelectionChange 事件过程。该事件过程有两个参数，Sh 参数表示选择的单元格所属的工作表，Target 参数表示选择的单元格。

7.12.1　动态显示选区地址及其中的空白单元格的数量

下面的代码是位于工作簿的 ThisWorkbook 模块中，每次在该工作簿中选择一个不同的单元格或单元格区域时，将显示选区的地址及其中包含的空白单元格的数量，如图 7-11 所示。

```
Private Sub Workbook_SheetSelectionChange(ByVal Sh As Object, ByVal Target As Range)
    Dim strMsg As String
    strMsg = "选取地址: " & Target.Address(0, 0)
    strMsg = strMsg & vbCrLf & "选区中的空白单元格的数量: "
    strMsg = strMsg & Target.Count - WorksheetFunction.CountA(Target)
    MsgBox strMsg
End Sub
```

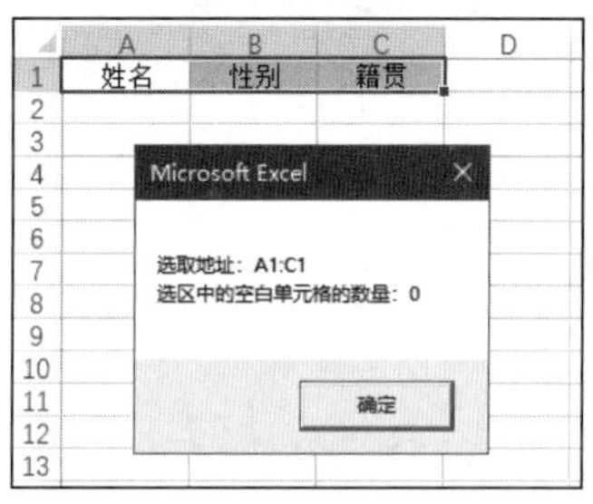

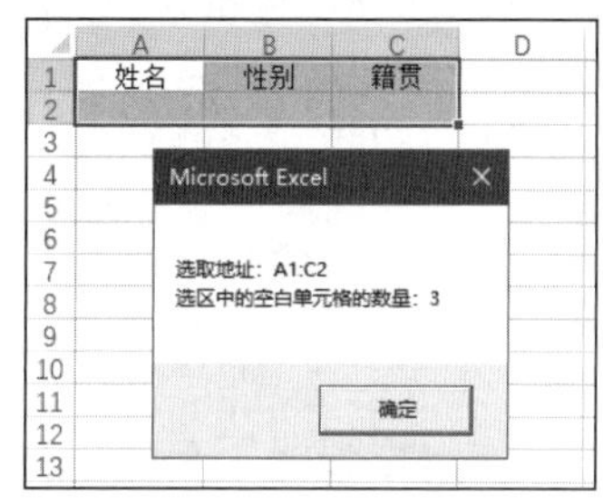

图 7-11　动态显示选区地址及其中的空白单元格的数量

7.12.2　自动高亮显示选区所在的整行和整列

下面的代码是位于工作簿的 ThisWorkbook 模块中，在该工作簿的任意一个工作表中每次选择不同的单元格或单元格区域时，会自动以黄色高亮显示选区所在的整行和整列，如图 7-12 所示。

```
Private Sub Workbook_SheetSelectionChange(ByVal Sh As Object, ByVal Target As Range)
    Cells.Interior.ColorIndex = xlColorIndexNone
    Target.EntireColumn.Interior.Color = vbYellow
    Target.EntireRow.Interior.Color = vbYellow
End Sub
```

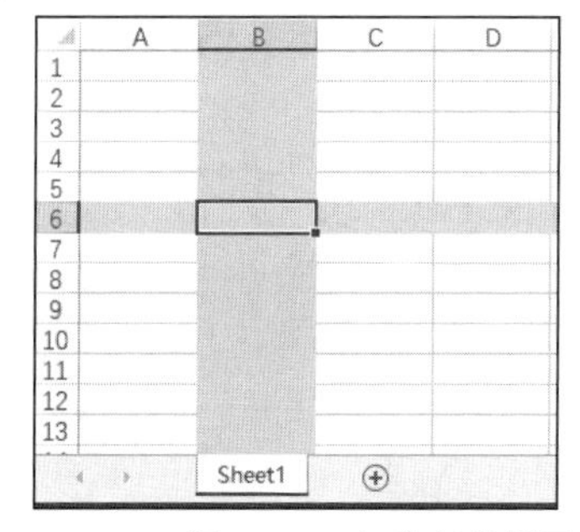

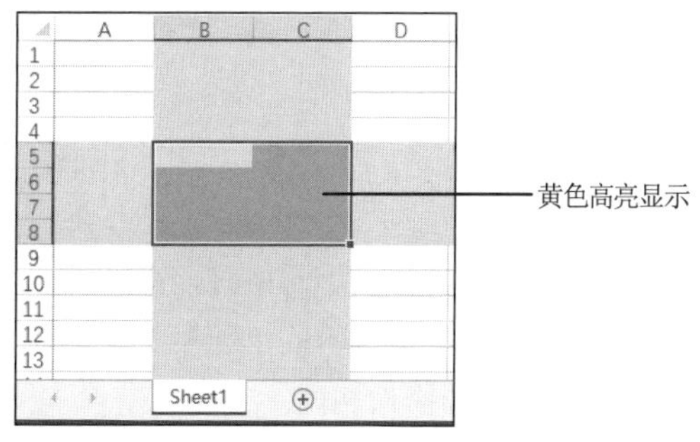

图 7-12　自动高亮显示选区所在的整行和整列

提示：Workbook_SheetSelectionChange 事件过程中的第一行代码用于清除工作表中现有的单元格填充色，从而避免选择不同单元格时的填充色堆叠在一起。

7.13 工作簿的 SheetBeforeRightClick 事件

在工作簿中的任意一个工作表中右击单元格时，将触发该工作簿的 Workbook_SheetBeforeRightClick 事件过程。该事件过程有 3 个参数，Sh 参数表示右击的单元格所属的工作表，Target 参数表示右击的单元格，Cancel 参数表示是否禁止右击单元格时弹出快捷菜单。

下面的代码是位于工作簿的 ThisWorkbook 模块中，在该工作簿的任意一个工作表中右击单元格时，将弹出用户自定义的快捷菜单，假设创建该快捷菜单的 Sub 过程的名称是 AddShortCutMenu。

```
    Private Sub Workbook_SheetBeforeRightClick(ByVal Sh As Object, ByVal Target As Range,
Cancel As Boolean)
        On Error Resume Next
        CommandBars("创建自定义快捷菜单").ShowPopup
        Cancel = True
        If Err.Number <> 0 Then
            MsgBox "无法显示自定义快捷菜单"
            Exit Sub
        End If
    End Sub
```

7.14 工作簿的 SheetBeforeDoubleClick 事件

在工作簿中的任意一个工作表中双击单元格时，将触发该工作簿的 Workbook_SheetBeforeDoubleClick 事件过程。该事件过程有 3 个参数，Sh 参数表示双击的单元格所属的工作表，Target 参数表示双击的单元格，Cancel 参数表示是否取消双击单元格时默认执行的操作。

下面的代码位于工作簿的 ThisWorkbook 模块中，在该工作簿中的任意一个工作表中双击单元格时，将自动删除该单元格中的内容和格式。

```
    Private Sub Workbook_SheetBeforeDoubleClick(ByVal Sh As Object, ByVal Target As Range,
Cancel As Boolean)
        Target.Clear
        Cancel = True
    End Sub
```

7.15 工作表的 Change 事件

在工作表中编辑任意单元格时，将触发该工作表的 Worksheet_Change 事件过程。该事件过程只有一个参数，表示编辑的单元格。可以触发工作表的 Change 事件的操作与触发工作簿的 SheetChange 事件的操作相同。

如果 Worksheet_Change 事件过程中的代码包含编辑单元格的操作，为了避免陷入无限循环，应该在执行这部分代码之前，先禁用 Worksheet_Change 事件过程，完成编辑单元格的操作后再启用该事件过程。

```
Application.EnableEvents = False
编辑单元格的代码
Application.EnableEvents = True
```

7.16　工作表的 SelectionChange 事件

在工作表中选择不同的单元格时，将触发该工作表的 Worksheet_SelectionChange 事件过程。该事件过程只有一个参数，表示选择的单元格。

工作表的 Worksheet_SelectionChange 事件过程的功能与工作簿的 Workbook_SheetSelectionChange 事件过程类似，只不过前者只作用于特定工作表，而后者作用于工作簿中的任意工作表。

7.17　工作表的 BeforeRightClick 事件

在工作表中右击单元格时，将触发该工作表的 Worksheet_BeforeRightClick 事件过程。该事件过程有两个参数，Target 参数表示右击的单元格，Cancel 参数表示是否禁止右击单元格时弹出快捷菜单。

工作表的 Worksheet_BeforeRightClick 事件过程的功能与工作簿的 Workbook_SheetBeforeRightClick 事件过程类似，只不过前者只作用于特定工作表，而后者作用于工作簿中的任意工作表。

7.18　工作表的 BeforeDoubleClick 事件

在工作表中双击单元格时，将触发该工作表的 Worksheet_BeforeDoubleClick 事件过程。该事件过程有两个参数，Target 参数表示双击的单元格，Cancel 参数表示是否取消双击单元格时默认执行的操作。

工作表的 Worksheet_BeforeDoubleClick 事件过程的功能与工作簿的 Workbook_SheetBeforeDoubleClick 事件过程类似，只不过前者只作用于特定工作表，而后者作用于工作簿中的任意工作表。

第 8 章　使用对话框和用户窗体

前几章介绍了一些可在 VBA 中使用的对话框，包括使用 InputBox 函数和 MsgBox 函数创建的对话框，以及使用 Application 对象的 InputBox 方法创建的对话框。实际上，Application 对象的其他一些方法还可以创建用于打开文件或保存文件的对话框，而使用 Office 对象模型中的 FileDialog 对象可以创建适用性更强的对话框，并可进行更多的控制。本章将介绍使用 Application 对象和 FileDialog 对象创建的对话框，以及由用户手动创建的对话框，后者在 VBA 中称为用户窗体。

8.1　使用 Application 对象创建对话框

除了使用 Application 对象的 InputBox 方法创建用于输入信息的对话框之外，还可以使用该对象的 GetOpenFilename 和 GetSaveAsFilename 两个方法创建对话框。GetOpenFilename 方法用于创建“打开”对话框，GetSaveAsFilename 方法用于创建“另存为”对话框，这两个对话框与在 Excel 中执行“打开”和“另存为”两个命令时打开的对话框相同。

8.1.1　使用 GetOpenFilename 方法创建“打开”对话框

与执行“打开”命令时显示的“打开”对话框的功能有所不同，在 VBA 中使用 Application 对象的 GetOpenFilename 方法创建的“打开”对话框只记录用户选择的文件的完整路径，而不会真正打开任何文件。如果用户在“打开”对话框中单击“取消”按钮，GetOpenFilename 方法将返回 False。GetOpenFilename 方法的语法如下：

```
GetOpenFilename(FileFilter, FilterIndex, Title, ButtonText, MultiSelect)
```

- FileFilter（可选）：设置在对话框中显示的文件类型，每一种文件类型由文本筛选字符串和 MS-DOS 通配符组成，它们之间以逗号分隔。如需显示多个文件类型，各个文件类型之间也使用逗号分隔。如需为一个文件类型设置多个 MS-DOS 通配符，则需要使用分号分隔它们。省略 FileFilter 参数时默认为“All Files(*.*),*.*”，即显示所有文件类型。例如“Excel 文件(*.xlsx; *.xlsm),*.xlsx; *.xlsm”。
- FilterIndex（可选）：默认文件筛选条件的索引号，取值范围为 1 到由 FileFilter 参数指定的筛选条件的总数。如果省略该参数，或该参数的值大于筛选条件总数，则该参数的值为 1，即使用 FileFilter 参数中指定的第一个文件筛选条件。
- Title（可选）：设置对话框的标题，默认为“打开”。
- ButtonText（可选）：仅用于 Macintosh 计算机。
- MultiSelect（可选）：选择一个或多个文件，该参数为 True 表示可以选择多个文件，该参数为 False 表示只能选择一个文件，默认为 False。当该参数为 True 时，无论选择一个或多个文件，GetOpenFilename 方法都会返回一个数组。

使用 GetOpenFilename 方法的优点是，用户可以自由选择要打开的工作簿，而不是将某个工作簿的完整路径预先写入 VBA 程序中。下面的代码为“打开”对话框设置了两种文件类型，一种是扩展名为.xlsx 或.xlsm 的 Excel 文件，另一种是扩展名为.txt 的文本文件。打开“打开”对话框时，可以在右下角的下拉列表中选择要显示的文件类型，如图 8-1 所示。选择一个文件并单击“打开”按钮，将显示该文件的完整路径，如图 8-2 所示。

```
Sub 在打开对话框中选择一个文件()
    Dim strFilter As String, strTitle As String, varFileName
    strFilter = "Excel 文件(*.xlsx;*.xlsm),*.xlsx;*.xlsm,文本文件(*.txt),*.txt"
    strTitle = "选择一个文件"
    varFileName = Application.GetOpenFilename(strFilter, , strTitle)
    If varFileName <> False Then
        MsgBox "选择的文件是: " & varFileName
    End If
End Sub
```

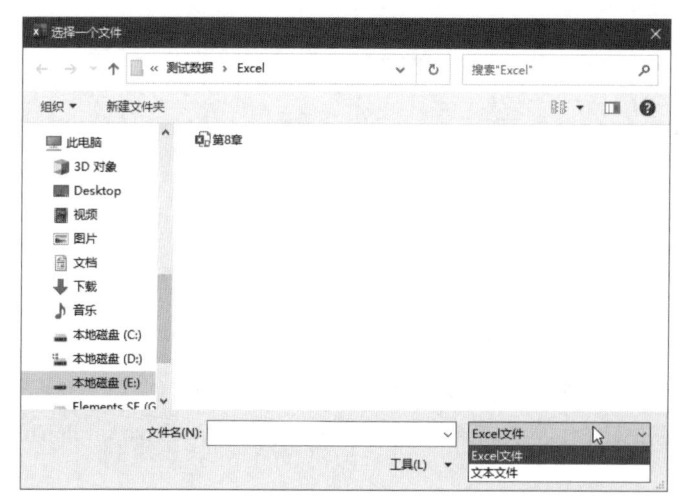

图 8-1　使用 GetOpenFilename 方法创建的对话框

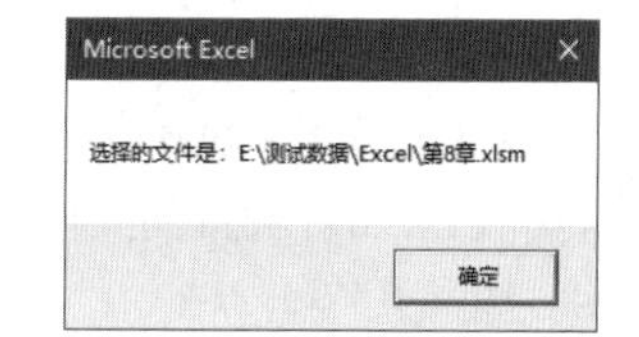

图 8-2　显示所选文件的完整路径

如需在 Excel 中真正打开在“打开”对话框中选择的文件，可以将 GetOpenFilename 方法返回的文件完整路径指定为 Workbooks 集合的 Open 方法的 FileName 参数。下面的代码将在 Excel 中打开上面选择的文件。

```
Workbooks.Open varFileName
```

如需在“打开”对话框中选择多个文件，可以将 GetOpenFilename 方法的 MultiSelect 参数设置为 True。下面的代码以数组的方式处理用户在“打开”对话框中选择的多个文件，并在立即窗口中显示这些文件的完整路径，如图 8-3 所示。为了在单击“取消”按钮时退出程序，需要使用 VBA 内置的 IsArray 函数检查 GetOpenFilename 方法的返回值是否是数组，如果不是，则说明单击了“取消”按钮，此时使用 Exit Sub 语句退出程序。

```
Sub 在打开对话框中选择多个文件()
    Dim strFilter As String, strTitle As String, varFileName
    Dim intIndex As Integer
```

```
    strFilter = "Excel 文件(*.xlsx;*.xlsm),*.xlsx;*.xlsm,文本文件(*.txt),*.txt"
    strTitle = "选择多个文件"
    varFileName = Application.GetOpenFilename(strFilter, , strTitle, , True)
    If Not IsArray(varFileName) Then Exit Sub
    For intIndex = LBound(varFileName) To UBound(varFileName)
        Debug.Print varFileName(intIndex)
    Next intIndex
End Sub
```

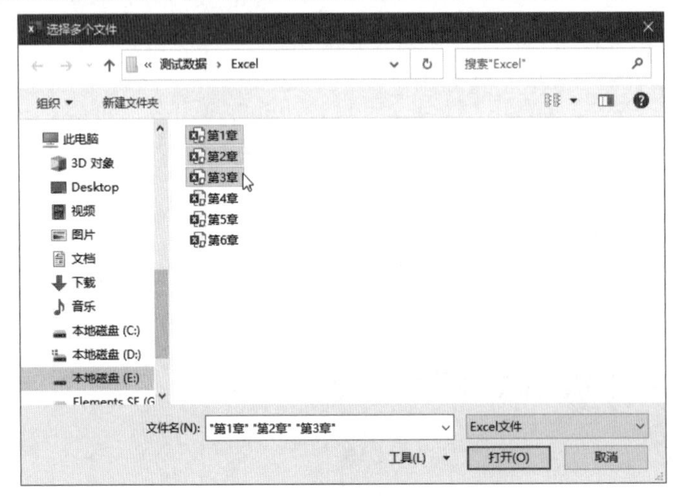
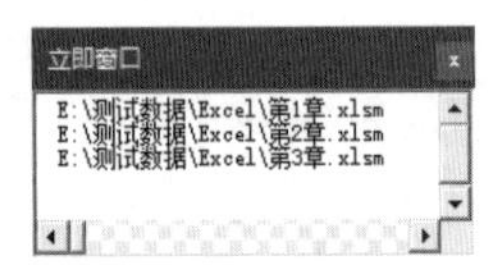

图 8-3　同时选择多个文件

提示：如需在 Excel 中真正打开选择的多个文件，需要将 Workbooks.Open 语句放置在 For Next 语句内部。

8.1.2　使用 GetSaveAsFilename 方法创建“另存为”对话框

与 GetOpenFilename 方法的处理方式类似，使用 GetSaveAsFilename 方法将创建“另存为”对话框并记录用户设置的文件名和存储路径，但是不会真正保存任何文件。GetSaveAsFilename 方法的语法如下：

```
Application.GetSaveAsFilename(InitialFilename, FileFilter, FilterIndex, Title, ButtonText)
```

GetSaveAsFilename 方法的参数与 GetOpenFilename 方法基本相同，两种方法都有 5 个参数，但是 GetSaveAsFilename 方法没有 MultiSelect 参数，取而代之的是 InitialFilename 参数。该参数表示保存文件时的文件名，省略该参数时默认为活动工作簿的名称。

下面的代码将打开“另存为”对话框，默认的保存名称是当前活动工作簿的名称，用户可以修改保存的文件名，并设置保存位置，如图 8-4 所示。单击“保存”按钮，将显示保存文件的完整路径，如图 8-5 所示。

```
Sub 在另存为对话框中设置保存选项()
    Dim strFilter As String, strTitle As String, varFileName
    strFilter = "Excel 文件(*.xlsx;*.xlsm),*.xlsx;*.xlsm,文本文件(*.txt),*.txt"
    strTitle = "设置文件名和保存位置"
    varFileName = Application.GetSaveAsFilename(, strFilter, , strTitle)
    If varFileName <> False Then
        MsgBox "保存文件的完整路径是：" & varFileName
```

```
    End If
End Sub
```

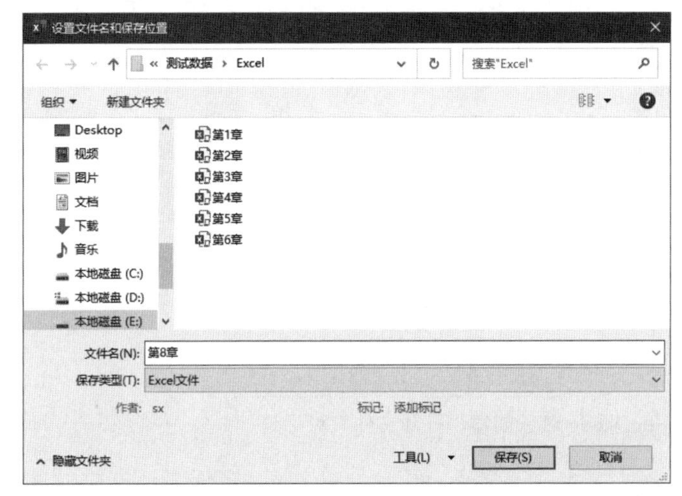

图 8-4　使用 GetSaveAsFilename 方法创建的对话框

图 8-5　显示保存文件的完整路径

8.2　使用 FileDialog 对象创建对话框

FileDialog 是 Office 对象模型中的对象，使用该对象可以实现比 Application 对象的 GetOpenFilename 和 GetSaveAsFilename 两个方法更强大的功能，使用 FileDialog 对象创建的对话框不仅用于选择文件和文件夹，还可以真正打开和保存文件。通过对 FileDialog 对象的属性和方法进行编程，可以灵活控制对话框中的选项和处理文件的方式。

8.2.1　显示不同类型的对话框

在 Excel 中可以使用 Application 对象的 FileDialog 属性返回 FileDialog 对象，FileDialog 属性有一个参数，用于指定对话框的类型，其值由 msoFileDialogType 常量提供，如表 8-1 所示。

表 8-1　msoFileDialogType 常量

名　称	值	说　明
msoFileDialogOpen	1	“打开文件”对话框
msoFileDialogSaveAs	2	“保存文件”对话框
msoFileDialogFilePicker	3	“文件选取器”对话框
msoFileDialogFolderPicker	4	“文件夹选取器”对话框

FileDialog 对象的 Show 方法用于显示指定类型的对话框。下面的代码将 Application 对象的 FileDialog 属性的参数设置为 msoFileDialogOpen，所以打开的是“打开文件”对话框，并显示默认的标题和文件类型，如图 8-6 所示。

```
Application.FileDialog(msoFileDialogOpen).Show
```

图 8-6　使用 FileDialog 对象创建“打开文件”对话框

8.2.2　在对话框中显示默认文件夹

使用 FileDialog 对象的 InitialFileName 属性可以指定在对话框中默认显示的文件夹。如果每次都希望从相同的位置打开或保存文件，则该属性会非常有用。下面的代码将 E 盘根目录中的“测试数据”文件夹设置为默认文件夹，然后打开“打开文件”对话框，其中默认显示“测试数据”文件夹中的文件。为了便于编程控制 FileDialog 对象的属性和方法，本例先声明一个 FileDialog 类型的对象变量，然后将要打开的对话框赋值给该变量。

```
Sub 在对话框中显示默认文件夹()
    Dim fdlOpen As FileDialog
    Set fdlOpen = Application.FileDialog(msoFileDialogOpen)
    With fdlOpen
        .InitialFileName = "E:\测试数据\"
        .Show
    End With
End Sub
```

8.2.3　设置在对话框中显示的文件类型

使用 FileDialog 对象的 Filters 属性可以返回 FileDialogFilters 集合，使用该集合的 Add 方法可以在对话框中添加要显示的文件类型，每个文件类型由说明性文本和 MS-DOS 文件通配符两个部分组成。添加新的文件类型时，不会自动删除原有的文件类型，所以通常需要在添加文件类型之前，使用 FileDialogFilters 集合的 Clear 方法清除现有的文件类型。

FileDialogFilters 集合的 Add 方法有 3 个参数，语法如下：

```
FileDialogFilters.Add(Description, Extensions, Position)
```

- Description：设置文件类型的说明性文本。
- Extensions：设置文件类型的扩展名，即 MS-DOS 通配符。可以设置一个或多个文件扩展名，每个文件扩展名必须以分号分隔。
- Position：设置文件类型在文件类型列表中的位置。省略该参数时，将文件类型添加到列表的底部。

下面的代码在“打开文件”对话框中只显示 Excel 文件中扩展名为.xlsx 和.xlsm 的两种文件类型，然后显示该对话框。

```
Sub 设置在对话框中显示的文件类型()
    Dim fdlOpen As FileDialog
    Set fdlOpen = Application.FileDialog(msoFileDialogOpen)
    With fdlOpen
        .Filters.Clear
        .Filters.Add "Excel 文件", "*.xlsx;*.xlsm"
        .Show
    End With
End Sub
```

8.2.4　在对话框中选择一个或多个文件

FileDialog 对象的 AllowMultiSelect 属性控制用户可以在对话框中选择文件的数量，该属性为 True 表示可以选择多个文件，该属性为 False 表示只能选择一个文件。无论在对话框中选择一个文件还是多个文件，FileDialog 对象的 SelectedItems 属性都会返回一个包含所选文件的完整路径的集合，可以使用 For Each 语句处理该集合中的每一个成员。

下面的代码将在对话框中显示用户在“打开文件”对话框中选择的所有文件的完整路径，如图 8-7 所示。

```
Sub 在对话框中选择多个文件()
    Dim fdlOpen As FileDialog, varFileName As Variant
    Dim strMsg As String
    Set fdlOpen = Application.FileDialog(msoFileDialogOpen)
    With fdlOpen
        .Filters.Clear
        .Filters.Add "Excel 文件", "*.xlsx;*.xlsm"
        .AllowMultiSelect = True
        .Show
    End With
    For Each varFileName In fdlOpen.SelectedItems
        strMsg = strMsg & varFileName & vbCrLf
    Next varFileName
    MsgBox strMsg
End Sub
```

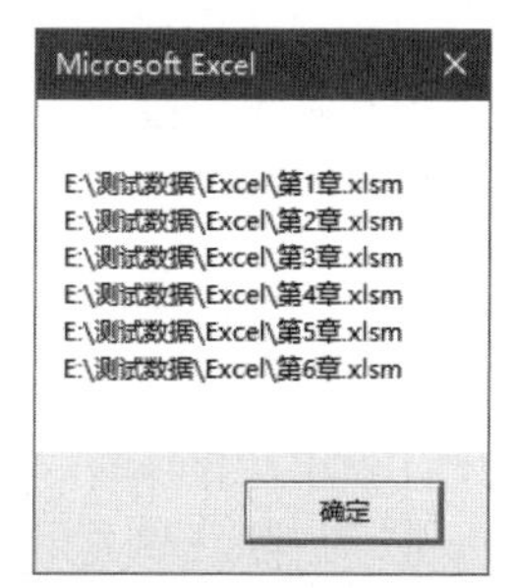

图 8-7　在对话框中显示所选文件的完整路径

8.2.5　打开或保存文件

FileDialog 对象的 Show 方法只提供一个可以选择文件的对话框，并不能对文件执行实际的打开或保存操作。如需真正打开或保存文件，需要在使用 FileDialog 对象的 Show 方法之后，再使用该对象的 Execute 方法。

为了避免在对话框中单击“取消”按钮后执行打开或保存文件的操作，需要检查 Show 方法的返回值。如果在对话框中单击“打开”或“保存”按钮，则 Show 方法返回 True；如果在对话框中单击“取消”按钮，则 Show 方法返回 False。

下面的代码在 Excel 中打开由用户在“打开文件”对话框中选择的所有文件。本例代码与上例基本类似，只是加入了 If Then 语句判断 Show 方法的返回值是否是 True，如果是，则在 For Each 语句中使用 Workbooks.Open 打开用户在对话框中选择的每一个文件。

```
Sub 在Excel中打开由用户选择的所有文件()
    Dim fdlOpen As FileDialog, varFileName As Variant
    Set fdlOpen = Application.FileDialog(msoFileDialogOpen)
    With fdlOpen
        .Filters.Clear
        .Filters.Add "Excel 文件", "*.xlsx;*.xlsm"
        .AllowMultiSelect = True
    End With
    If fdlOpen.Show Then
        For Each varFileName In fdlOpen.SelectedItems
            Workbooks.Open varFileName
        Next varFileName
    End If
End Sub
```

8.3 创建和操作用户窗体

本章前几节介绍的都是由特定对象的方法创建的具有固定外观和功能的对话框。如果希望创建适合不同应用需求的对话框，则需要使用用户窗体。用户可以在用户窗体中添加不同类型的控件，以便设计对话框的布局结构和可供操作的部件，然后为控件和用户窗体编写能够响应用户操作的事件过程。本节主要介绍在 VBA 中创建和操作用户窗体的方法，有关控件的内容将在第 9 章进行介绍。

8.3.1 创建用户窗体的基本流程

无论创建简单或复杂的用户窗体，通常都遵循以下基本流程：

（1）在 VBA 工程中添加一个用户窗体模块。

（2）在用户窗体中添加控件，并调整控件的位置。

（3）设置用户窗体和控件的属性，使它们的外观和默认行为符合最终目标。

（4）在用户窗体模块的代码窗口中，为用户窗体和控件的事件过程编写代码。

（5）在标准模块中编写用于加载、显示、隐藏和关闭用户窗体的代码。

（6）测试用户窗体和控件能否按照预期目标正常工作。

8.3.2 创建用户窗体

创建用户窗体实际上就是创建用户窗体模块，有以下两种方法：

- 在 VBA 工程中选择任意一项，然后单击菜单栏中的“插入”|“用户窗体”命令。
- 在 VBA 工程中右击任意一项，然后在弹出的菜单中选择“插入”|“用户窗体”命令。

无论使用哪种方法，都会在当前 VBA 工程中添加一个用户窗体模块，其默认名称是 UserForm1，如图 8-8 所示。如果继续创建更多的用户窗体模块，则默认名称结尾的数字会持续递增。

应该为用户窗体模块设置一个有意义的名称，以使其在多个用户窗体模块中更易于识别，或者在 VBA 代码中引用用户窗体时使代码更易读。如需修改用户窗体模块的名称，可以在工程资源管理器中选择用户窗体模块，然后按 F4 键，在属性窗口中修改“（名称）”属性的值，如图 8-9 所示。

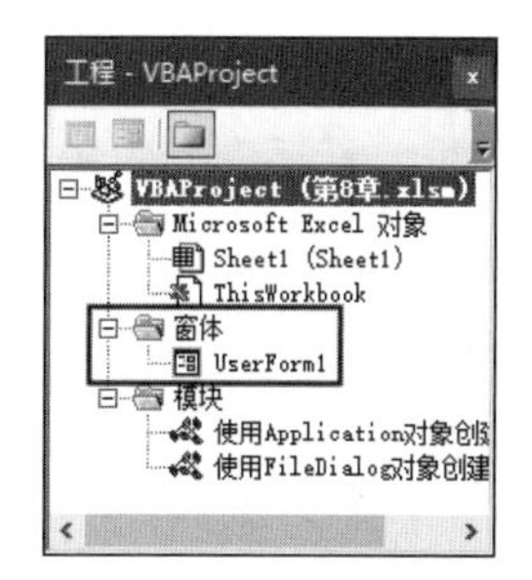

图 8-8　创建一个用户窗体模块

图 8-9　修改用户窗体模块的名称

8.3.3　设置用户窗体的属性

在 8.3.2 小节修改用户窗体模块的名称时，实际上是在修改其 Name 属性的值。与前几章介绍过的对象类似，每一个与用户窗体模块关联的用户窗体是一个 UserForm 对象，它包含大量的属性，通过设置这些属性，可以改变用户窗体的外观和行为方式。

由于用户窗体是具有可视化界面的对象，所以可以在属性窗口中设置其属性，类似于在 VBE 窗口中设置 ThisWorkbook 对象或工作簿中任意一个 Sheet 对象的属性。如需设置用户窗体的属性，可以在工程资源管理器中双击用户窗体模块，打开用户窗体的设计窗口，如果其中包含控件，则确保未选中任何控件。按 F4 键，然后在打开的属性窗口设置用户窗体的属性。用户窗体的常用属性如表 8-2 所示。

表 8-2　用户窗体的常用属性

属　性	说　明
（名称）（Name）	设置用户窗体的名称，在代码中将使用该名称引用用户窗体
BackColor	设置用户窗体的背景色
BorderStyle	设置用户窗体的边框样式
Caption	设置用户窗体的标题，即用户窗体标题栏中显示的文本
Enabled	设置用户窗体是否可用，包括是否可以接受焦点以及响应用户的操作
ForeColor	设置用户窗体的前景色
Height	设置用户窗体的高度
Left	设置用户窗体的左边缘与屏幕左边缘之间的距离
Picture	设置用户窗体的背景图

续表

属　性	说　明
ScrollBars	设置在用户窗体中是否显示水平滚动条和垂直滚动条
ShowModal	设置用户窗体的显示模式，分为模式和无模式两种
StartUpPosition	设置用户窗体显示时的位置
Top	设置用户窗体的上边缘与屏幕上边缘之间的距离
Width	设置用户窗体的宽度

不同的属性具有不同的设置方法，主要有以下几种：

- 有的属性可以直接输入一个值，例如 Caption 属性。
- 有的属性提供了几个值，需要选择其中之一，例如 StartUpPosition 属性
- 有的属性有一个...按钮，单击该按钮将打开一个对话框，然后在其中进行设置，例如 Picture 属性。
- 有的属性只能在设计用户窗体时设计，不能在运行用户窗体时设置，例如“（名称）”属性。

也可以使用 VBA 代码设置用户窗体的属性，方法与设置其他对象的属性相同，可以使用以下格式：

```
用户窗体的名称.属性名=属性值
```

例如，下面的代码将名为 UserForm1 的用户窗体顶部的标题设置为“欢迎界面”，运行该代码后的用户窗体如图 8-10 所示。

```
UserForm1.Caption = "欢迎界面"
```

图 8-10　修改用户窗体的 Caption 属性

8.3.4　显示和关闭用户窗体

设计好用户窗体后，需要在程序中显示它，用户才能真正与用户窗体进行交互，发挥用户窗体的功能。在设计阶段可以随时显示用户窗体，以便测试用户窗体的外观和功能。

在“工程资源管理器”中双击用户窗体模块，打开用户窗体的设计窗口，然后按 F5 键，或者单击“标准”工具栏中的“运行宏”按钮▶，将运行用户窗体，如图 8-11 所示。此时可以检查用户窗体的外观是否符合要求，还可以执行各种操作，以便测试为用户窗体和其内部的控件编写的事件过程是否能够正确响应用户的操作。

图 8-11　运行用户窗体

如需关闭用户窗体并返回其设计窗口，可以单击用户窗体右上角的“关闭”按钮×。

在实际应用中，通常需要在程序运行期间使用 VBA 代码控制何时显示和关闭用户窗体。UserForm 对象的 Show 方法用于显示指定的用户窗体，下面的代码位于工作簿的 Workbook_Open 事件过程中，每次打开该工作簿时会自动显示名为 frmLogin 的用户窗体。

```
Private Sub Workbook_Open()
    frmLogin.Show
End Sub
```

为了加快用户窗体的显示速度，可以使用 Load 语句先将用户窗体加载到内存中，需要时再使用 Show 方法显示该用户窗体。下面的代码将名为 frmLogin 的用户窗体加载到内存中，但是不会显示出来。

```
Load frmLogin
```

如需将正在显示的某个用户窗体暂时隐藏起来，可以使用 UserForm 对象的 Hide 方法。下面的代码将名为 frmLogin 的用户窗体隐藏起来，但是它仍然存在于内存中，可以随时使用 Show 方法显示该用户窗体。

```
frmLogin.Hide
```

如需彻底关闭用户窗体，而不是让其隐藏后驻留在内存中，可以使用 UnLoad 语句。下面的代码将名为 frmLogin 的用户窗体关闭并从内存中清除。

```
UnLoad frmLogin
```

在代码中引用用户窗体时，可以使用 Me 关键字代替用户窗体的名称，从而简化代码的输入量，并且即使用户窗体的名称发生改变，Me 关键字可以确保引用的是同一个用户窗体而不会出错。下面的代码位于名为 frmLogin 的用户窗体模块中，使用 Me 关键字代替 frmLogin。

```
UnLoad Me
```

8.3.5　模式和无模式的用户窗体

Show 方法有一个 modal 参数，用于指定用户窗体显示为模式还是无模式。该参数为 vbModal 表示模式，该参数为 vbModeless 表示无模式，省略该参数时默认为模式。下面的代码将名为 frmLogin 的用户窗体显示为无模式。

```
frmLogin.Show vbModeless
```

用户窗体显示为模式时，用户只能处理该用户窗体，不能操作 Excel 应用程序中的其他部分，Excel 中的“字体”对话框是模式的一个示例。用户窗体显示为无模式时，用户既可以处理该用户窗体，也可以操作 Excel 应用程序中的其他部分，Excel 中的“查找和替换”对话框是无模式的一个示例。

8.3.6 使用变量引用用户窗体

如需动态引用名称不同的多个用户窗体，可以将这些用户窗体的名称存储到变量中，然后将变量设置为 UserForms 集合的 Add 方法的参数，从而将与指定名称关联的用户窗体添加到 UserForms 集合中。UserForms 集合由已加载到内存中的所有用户窗体组成。

下面的代码将用户窗体的名称存储到一个变量中，然后使用 Add 方法将与该名称对应的用户窗体添加到 UserForms 集合中，最后使用 Show 方法将该用户窗体显示为无模式。

```
Sub 使用变量引用用户窗体()
    Dim strFormName As String
    strFormName = "frmLogin"
    UserForms.Add(strFormName).Show vbModeless
End Sub
```

下面的代码使用 Array 函数将一个包含 3 个名称的数组赋值给一个 Variant 类型的变量，然后使用 For Each 语句将该数组中的每一个名称所代表的用户窗体添加到 UserForms 集合中，最后显示 UserForms 集合包含的用户窗体总数。

```
Sub 使用变量引用多个用户窗体()
    Dim varFormNames As Variant, varFormName As Variant
    varFormNames = Array("frmLogin", "frmGreet", "frmMain")
    For Each varFormName In varFormNames
        UserForms.Add varFormName
    Next varFormName
    MsgBox UserForms.Count
End Sub
```

当需要从 UserForms 集合中引用某个用户窗体时，只能使用该用户窗体的索引号来引用它。索引号对应于在 UserForms 集合中添加用户窗体的顺序，添加的第一个用户窗体的索引号是 0，第二个用户窗体的索引号是 1，其他用户窗体的索引号以此类推。最后一个用户窗体的索引号是 UserForms 集合包含的所有用户窗体的总数减 1。下面的代码可以获取最后一个用户窗体的索引号。与其他集合的 Count 属性相同，UserForms 集合的 Count 属性用于返回该集合包含的成员总数。

```
UserForms.Count - 1
```

8.3.7 使用一个用户窗体模块创建多个用户窗体

在 VBA 工程中添加的用户窗体本身是一个类，这个类的名称就是用户窗体模块的名称，所以在声明变量时，可以将用户窗体模块的名称用作变量的数据类型。这与声明一个 Workbook 或 Worksheet 类型的对象变量类似，但是在声明语句的格式上稍有不同。

假如在 VBA 工程中有一个名为 frmLogin 的用户窗体模块，该类的名称就是 frmLogin。如需声明一个 frmLogin 类型的对象变量，可以使用下面两行代码，书写方式与使用前期绑定时创建字典对象类似。

```
Dim frm As frmLogin
```

```
Set frm = New frmLogin
```

还可以将上面两行代码合并为一行，在 Dim 语句中使用 New 关键字声明变量并为其赋值。

```
Dim frm As New frmLogin
```

下面的代码声明了 3 个 frmLogin 类型的变量，相当于创建了 3 个名为 frmLogin 的用户窗体，然后为它们设置不同的标题，最后显示这 3 个用户窗体。除了标题不同之外，3 个用户窗体的其他部分完全相同，如图 8-12 所示。

```
Sub 使用一个用户窗体模块创建多个用户窗体()
    Dim frm1 As New frmLogin
    Dim frm2 As New frmLogin
    Dim frm3 As New frmLogin
    frm1.Caption = "第一个窗体"
    frm2.Caption = "第二个窗体"
    frm3.Caption = "第三个窗体"
    frm1.Show
    frm2.Show
    frm3.Show
End Sub
```

图 8-12　使用一个用户窗体模块创建多个用户窗体

提示：如需同时显示 3 个用户窗体，需要在使用 Show 方法时为其添加 vbModeless 参数，以无模式显示。否则只有关闭上一个用户窗体后，才能看到下一个用户窗体。

8.3.8　编写用户窗体的事件过程

与工作簿事件和工作表事件类似，用户窗体也有很多事件，触发这些事件时，会自动执行预先为其编写的代码。用户窗体事件及其触发条件如表 8-3 所示。

表 8-3　用户窗体事件及其触发条件

事件名称	触发条件
Activate	激活用户窗体时
AddControl	代码运行期间向用户窗体中添加一个控件时
BeforeDragOver	鼠标指针位于用户窗体上并准备进行拖放操作之前
BeforeDropOrPaste	在一个对象上放置或粘贴数据之前
Click	单击用户窗体时
DblClick	双击用户窗体时
Deactivate	用户窗体失去焦点时，即激活另一个用户窗体时
Error	控件检测出错误但不能将错误信息返回调用过程时

续表

事件名称	触发条件
Initialize	加载用户窗体时
KeyDown	在用户窗体上按下按键时
KeyPress	在用户窗体上按下任意按键时
KeyUp	在用户窗体上释放按键时
Layout	改变用户窗体的大小时
MouseDown	在用户窗体上按下鼠标按键时
MouseMove	在用户窗体上移动鼠标时
MouseUp	在用户窗体上释放鼠标按键时
QueryClose	关闭用户窗体时
RemoveControl	代码运行期间从用户窗体中删除一个控件时
Resize	改变用户窗体的大小时
Scroll	滚动用户窗体时
Terminate	终止用户窗体时
Zoom	缩放用户窗体时

在程序中显示并关闭一个用户窗体时，会自动触发以下事件：

```
Initialize⇨Activate⇨QueryClose⇨Terminate
```

- 使用 Show 方法显示用户窗体时，先触发 Initialize 事件，然后触发 Activate 事件。
- 使用 UnLoad 语句关闭用户窗体时，先触发 QueryClose 事件，然后触发 Terminate 事件。使用 Hide 方法隐藏用户窗体不会触发这两个事件。

为用户窗体事件编写的代码存储在该用户窗体模块中，需要在与用户窗体模块关联的代码窗口中输入代码。如需打开用户窗体的代码窗口，可以在“工程资源管理器”中双击用户窗体模块，打开用户窗体的设计窗口，然后在设计窗口中双击用户窗体，如图 8-13 所示。

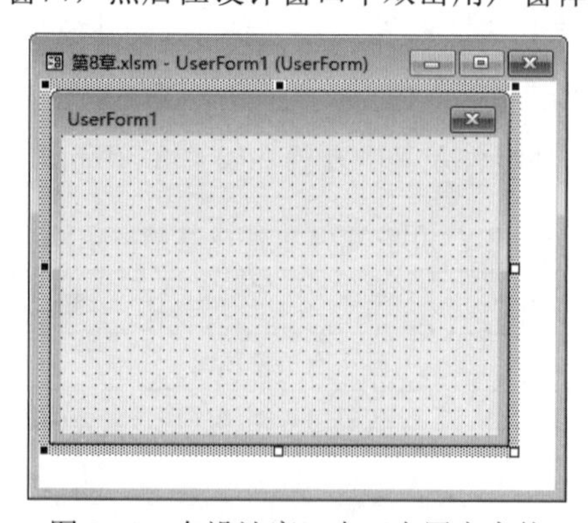

图 8-13　在设计窗口中双击用户窗体

打开代码窗口后，从左侧顶部的下拉列表中选择用户窗体模块的名称，在右侧顶部的下拉列表中选择所需的事件名，然后在自动显示的事件过程中编写代码。

下面的代码位于一个标准模块中，运行该 Sub 过程，将在屏幕的正中央显示一个标题为“测试”的用户窗体，如图 8-14 所示。

```
Sub 显示用户窗体()
    frmTest.Show
End Sub
```

图 8-14　以指定的位置和标题显示用户窗体

下面的代码用于设置用户窗体的显示位置和顶部标题的代码位于该用户窗体的 Initialize 事件过程中。

```
Private Sub UserForm_Initialize()
    Me.Caption = "测试"
    Me.StartUpPosition = 2
End Sub
```

下面的代码位于用户窗体的 DblClick 事件过程中，当双击用户窗体时，将触发 DblClick 事件，并执行其中的 Unload 语句关闭用户窗体。

```
Private Sub UserForm_DblClick(ByVal Cancel As MSForms.ReturnBoolean)
    Unload Me
End Sub
```

下面的代码位于用户窗体的 QueryClose 事件过程中，当执行 Unload 语句时，将触发 QueryClose 事件，此时会执行该事件过程中的代码，询问用户是否关闭用户窗体，如图 8-15 所示。如果单击“是”按钮，则关闭用户窗体；如果单击“否”按钮，则不关闭用户窗体。

```
Private Sub UserForm_QueryClose(Cancel As Integer, CloseMode As Integer)
    Dim lngIsClose As Long
    lngIsClose = MsgBox("是否关闭该用户窗体? ", vbYesNo, "确认信息")
    If lngIsClose = vbNo Then Cancel = True
End Sub
```

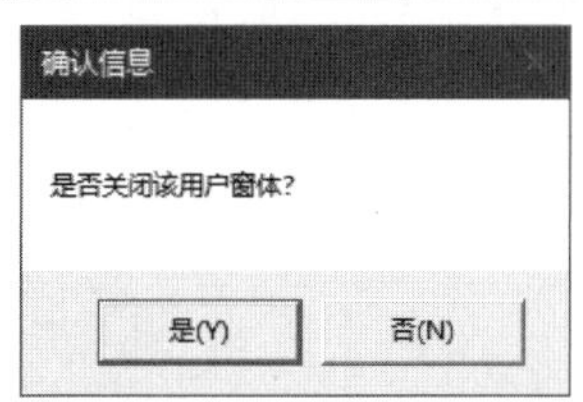

图 8-15　确认是否关闭用户窗体

下面的代码位于用户窗体的 Terminate 事件过程中，如果用户在上一步单击“是”按钮，将触发 Terminate 事件，此时会显示一个对话框，其中只有一个“确定”按钮，单击该按钮将彻底关闭用户窗体，如图 8-16 所示。

```
Private Sub UserForm_Terminate()
    MsgBox "单击【确定】按钮，将真正关闭用户窗体", vbOKOnly, "关闭窗体"
End Sub
```

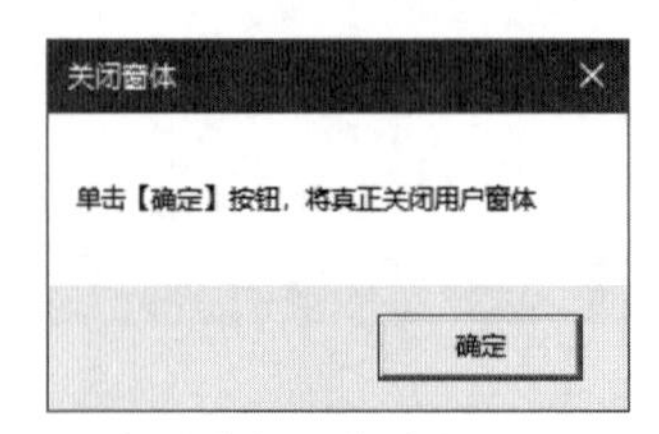

图 8-16　真正关闭用户窗体前的提示信息

8.3.9　禁用用户窗体中的“关闭”按钮

用户窗体右上角有一个“关闭”按钮，单击该按钮可以关闭用户窗体。在实际应用中，通常会在用户窗体中添加命令按钮控件，用户通过单击该控件来关闭用户窗体。在这种情况下，可能希望禁用用户窗体右上角的“关闭”按钮。

由于单击用户窗体右上角的“关闭”按钮时会触发用户窗体的 QueryClose 事件，所以可以将 QueryClose 事件过程中的 Cancel 参数设置为 True，从而实现禁止用户窗体右上角的“关闭”按钮的功能。QueryClose 事件过程的另一个参数 CloseMode 用于判断触发该事件时执行的是哪种操作，该参数的值如表 8-4 所示。

表 8-4　CloseMode 参数值

常　量	值	说　明
vbFormControlMenu	0	单击用户窗体右上角的“关闭”按钮
vbFormCode	1	使用 UnLoad 语句关闭用户窗体
vbAppWindows	2	正在关闭 Windows 操作系统
vbAppTaskManager	3	使用 Windows 任务管理器关闭 Excel 应用程序

下面的代码将在用户单击用户窗体右上角的“关闭”按钮时，显示一条信息并禁止关闭该用户窗体。

```
Private Sub UserForm_QueryClose(Cancel As Integer, CloseMode As Integer)
    If CloseMode = vbFormControlMenu Then
        MsgBox "关闭按钮的功能已被禁用"
        Cancel = True
    End If
End Sub
```

提示：测试上面的代码时，将无法使用用户窗体右上角的“关闭”按钮来“关闭”用户窗体，此时可以在 VBE 窗口中单击“标准”工具栏的“重新设置”按钮来关闭用户窗体。

第 9 章　在用户窗体中使用控件

用户窗体只是一个容器，要使其真正发挥作用，还需要在用户窗体中添加可供用户操作的不同类型的控件，并为控件的事件过程编写代码。当用户操作控件时，将触发相应的事件过程并执行其中的代码，从而实现用户与用户窗体及其中的控件进行交互的功能。本章先介绍控件的基本概念和通用操作，这些内容是本章后续内容的基础。然后介绍编程处理常用类型控件的方法，并列举了大量示例。

9.1　控件的基本概念和通用操作

本节将介绍控件的基本概念和通用操作，这些操作适用于不同类型的控件。在本章后面介绍特定类型的控件时，将不再重复介绍这些操作。

9.1.1　控件类型

在 VBA 工程中添加一个用户窗体模块时，将自动显示用户窗体的设计窗口和工具箱。如果未显示工具箱，则可以单击菜单栏中的“视图”|“工具箱”命令。在工具箱中默认显示两行图标，每一个图标对应一种控件类型，如图 9-1 所示。工具箱中默认的各类控件的图标、中文名、英文名和功能如表 9-1 所示。

图 9-1　工具箱

表 9-1　工具箱中的控件类型

图　标	中　文　名	英　文　名	功　　能
	标签	Label	显示特定内容，或作为其他对象的说明性文字
	文本框	TextBox	接收用户输入的内容
	复合框 组合框	ComboBox	既可以在复合框中选择一项，也可以在复合框顶部的文本框中进行输入
	列表框	ListBox	显示多个项目，用户可从中选择一项或多项
	复选框	CheckBox	在两种状态之间切换或同时选择多项
	选项按钮	OptionButton	在一组选项中只能选择一个
	切换按钮	ToggleButton	在两种状态之间切换

续表

图 标	中 文 名	英 文 名	功 能
	框架	Frame	对选项分组
	命令按钮	CommandButton	执行指定的操作
	选项卡	TabStrip	显示一个或多个选项卡，每个选项卡包含完全相同的选项，选项的位置在每个选项中也都相同
	多页	MultiPage	与 TabStrip 类似，但是可以在每个选项卡中包含不同的选项，选项的位置也可以各不相同
	滚动条	ScrollBar	对大量项目或信息的快速定位和浏览
	旋转按钮 微调按钮 数值调节钮	SpinButton	调整数值大小，并将其显示在文本框中
	图像	Image	在用户窗体中显示图片和图标
	单元格选择器	RefEdit	从工作表中选择单元格区域，并将其地址添加到对话框中

提示：在 Excel 功能区的“开发工具”选项卡中有两类控件：表单控件和 ActiveX 控件，它们只能在工作表中使用，而不能用于用户窗体。不过 ActiveX 控件与用户窗体的工具箱中的控件具有相同的功能，只是它们使用在不同的环境中。

9.1.2 管理工具箱中的控件

用户可以随时在工具箱中添加或删除控件。如需添加控件，可以右击工具箱中的任意一个图标，在弹出的快捷菜单中选择“附加控件”命令，如图 9-2 所示。然后在打开的对话框中勾选一个或多个控件开头的复选框，最后单击“确定”按钮，如图 9-3 所示。

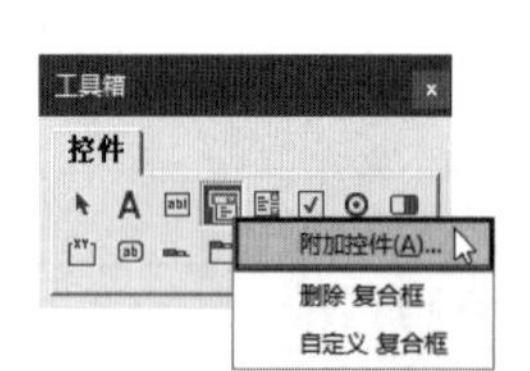

图 9-2 选择“附加控件”命令

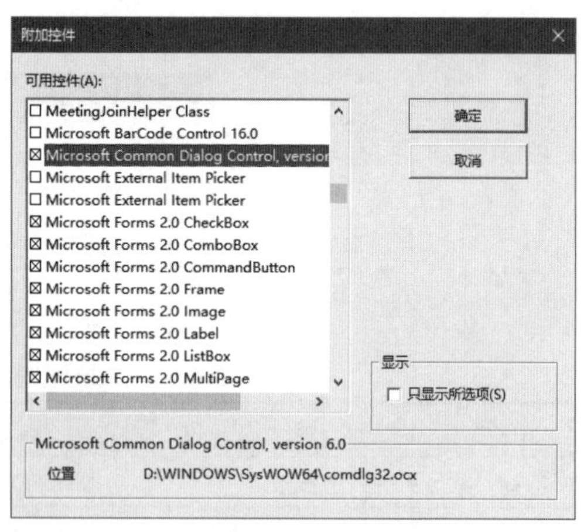

图 9-3 勾选需要添加的控件

如需删除工具箱中的控件，可以右击该控件的图标，在弹出的快捷菜单中选择“删除 xxx”命令，xxx 表示控件的名称。

如需在工具箱中添加大量的控件，可以将这些控件组织到不同的“页”中，然后可以在各页之间切换来选择所需的控件。右击工具箱中标题栏下方的任意位置，在弹出的快捷菜单中选择“新建页”“删除页”或“重命名”等命令，可以创建新的页、删除现有的页或修改页的名称，如图 9-4 所示。“导入页”和“导出页”两个命令还可以将工具箱中的现有页以文件的形式备份到计算机中，并可在工具箱中随时恢复已备份的页。

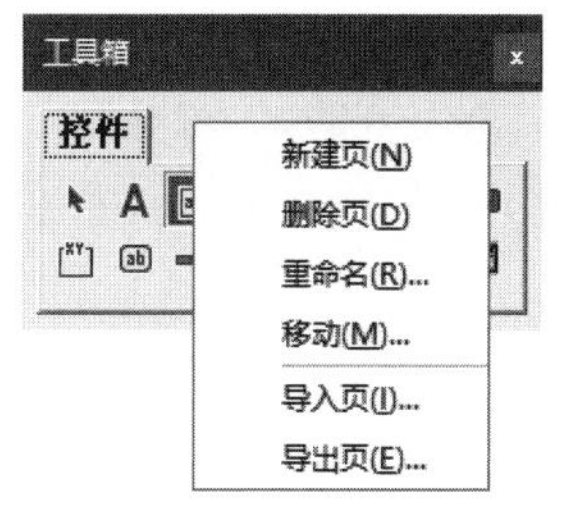

图 9-4　使用“页”管理工具箱中的控件

9.1.3　在用户窗体中添加控件

在用户窗体中添加控件有以下几种方法：

- 在工具箱中单击并按住一个控件，然后将其拖动到用户窗体中，将该控件以默认大小添加到用户窗体中。
- 在工具箱中单击一个控件，然后在用户窗体中的任意位置单击，将该控件以默认大小添加到用户窗体中。
- 在工具箱中单击一个控件，然后在用户窗体中沿对角线方向拖动鼠标指针，将该控件以用户指定的大小添加到用户窗体中。
- 在工具箱中双击一个控件，进入该控件的锁定模式，然后使用上述任意一种方法在用户窗体中反复添加多个该控件。如需退出锁定模式，可以在工具箱中单击该控件。

如图 9-5 所示，在用户窗体中添加了两个文本框和一个命令按钮，在命令按钮上显示的文本由 Caption 属性决定。

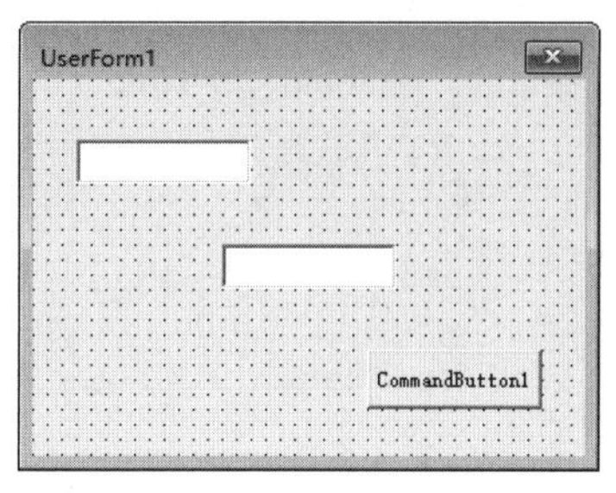

图 9-5　在用户窗体中添加控件

9.1.4　选择一个或多个控件

为控件设置属性或执行其他操作时，需要先选择控件。如需选择一个控件，只需在用户窗体中单击该控件即可。如需选择多个控件，可以使用以下几种方法。

- 选择所有控件：在用户窗体中的任意位置单击，然后按 Ctrl+A 组合键。
- 选择相邻的多个控件：拖动鼠标指针划过一个矩形范围，位于该范围内的控件都会被选中。即使只有控件的一部分位于范围内，该控件也会被选中。还可以先选择一个控件，然后按住 Shift 键并单击另一个控件，将选中这两个控件以及位于它们之间的控件。
- 选择不相邻的多个控件：按住 Ctrl 键，然后单击要选择的每一个控件。

选择多个控件后，其中会有一个控件的四周显示白色控制点，而其他选中的控件四周显示黑色控制点。具有白色控制点的控件是基准控件，在设置诸如控件对齐方式等格式时，其他控件将以基准控件的位置为参考基准。

在如图 9-6 所示的用户窗体中，最上方的文本框的四周显示白色控制点，所以它是基准控件。如需将命令按钮设置为基准控件，可以按住 Ctrl 键并在命令按钮上分别单击两次，如图 9-7 所示。

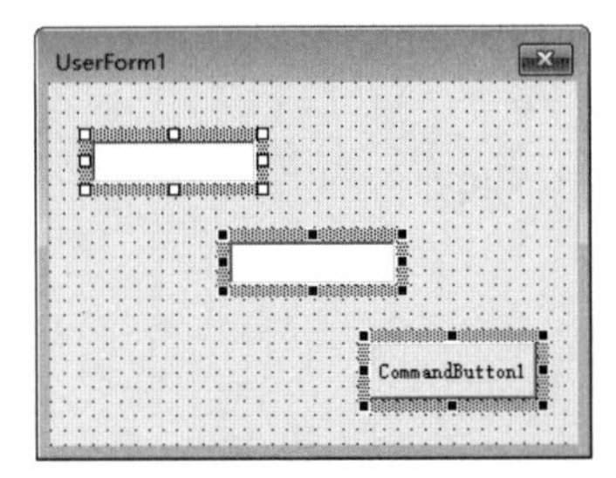

图 9-6　具有白色控制点的控件是基准控件

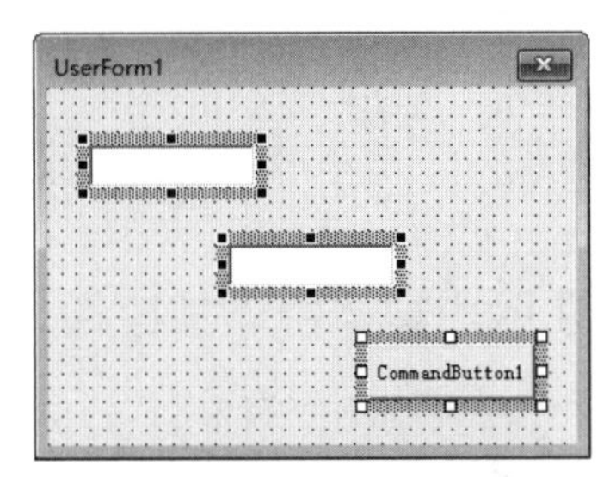

图 9-7　更改基准控件

9.1.5　设置控件的属性

与设置用户窗体的属性类似，也可以为用户窗体中的控件设置属性。设置前需要先选择一个或多个控件，然后在属性窗口中设置控件的属性。在属性窗口顶部的下拉列表中列出了当前用户窗体及其包含的所有控件的名称，如图 9-8 所示，可在此处切换要设置属性的控件，而无须在用户窗体中选择控件。

控件的很多属性与用户窗体的同名属性的功能和设置方法都相同，具体请参考第 8 章，此处不再赘述。

当选择不同类型的多个控件时，在属性窗口中只会显示这些控件共同拥有的属性，例如 BackColor、Left、Top、Width、Height、Enabled、Visible、Tag 等，而不会显示特定类型控件特有的属性，如图 9-9 所示。

图 9-8　在下拉列表中选择要设置属性的控件

图 9-9　显示选中的所有控件的共同属性

提示：虽然每个控件都有 Name 属性，但是选择多个控件时，Name 属性不会出现在属性窗口中，因为同一个用户窗体上的控件不能具有相同的名称。控件的 Name 属性在属性窗口中显示为“(名称)”，但是在代码中使用该属性时必须写成“Name”。

9.1.6　调整控件的大小

在用户窗体中添加控件时，其中的一种方法是拖动鼠标指针绘制出指定大小的控件。如果已将控件添加到用户窗体中，则可以选择该控件，然后使用鼠标拖动控件四周的控制点，即可调整控件的大小。如需为控件设置精确的大小，可以选择控件，然后在属性窗口中设置 Height 属性和 Width 属性。

如需将多个控件设置为相同的大小，可以选中这些控件，然后右击其中的任意一个控件，在弹出的菜单中选择“统一尺寸”命令，再在子菜单中选择调整方式，如图 9-10 所示。多个控件的尺寸调整以四周显示为白色控制点的控件的尺寸为参照基准。

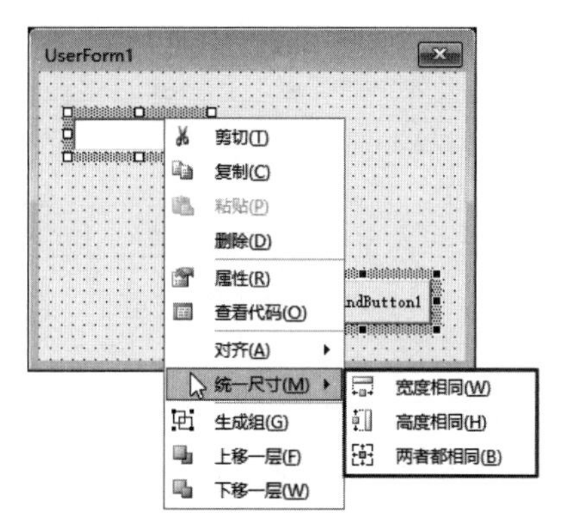

图 9-10　将多个控件调整为相同的大小

9.1.7　设置控件的位置和对齐方式

如需改变控件在用户窗体中的位置，可以直接拖动该控件到目标位置。如需为控件设置精确的位置，可以在属性窗口中设置控件的 Left 属性和 Top 属性。

如需对齐多个控件，可以使用以下两种方法：

- 无论将控件拖动到哪个位置，默认都会自动与用户窗体中的某条网格线对齐，这样就可以利用网格线对齐多个控件。
- 选择多个控件，然后右击选中的任意一个控件，在弹出的快捷菜单中选择“对齐”命令，再在子菜单中选择对齐方式，如图 9-11 所示。多个控件的对齐以四周显示为白色控制点的控件的位置为参照基准。

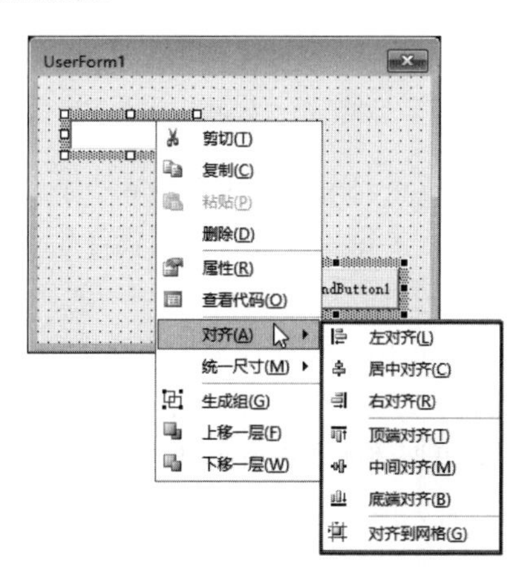

图 9-11　设置多个控件的对齐方式

提示：可以设置网格的尺寸，以及是否使用和显示网格。单击菜单栏中的“工具”|“选项”

命令，打开“选项”对话框。在“通用”选项卡的“窗体网格设置”类别中进行设置，如图 9-12 所示。

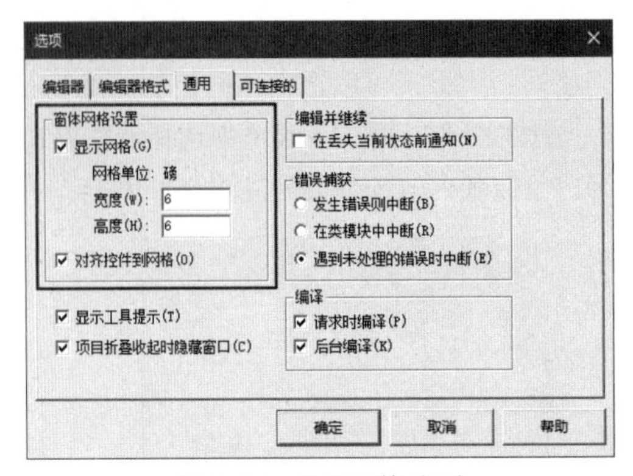

图 9-12　设置网格选项

9.1.8　设置控件的 Tab 键顺序

在设置 Tab 键顺序之前，需要先了解“焦点”的概念。当一个控件获得焦点时，用户执行的操作会自动作用于该控件。例如，当一个文本框获得焦点时，其内部会显示一条闪烁的竖线，默认会将内容输入到该文本框中。当一个命令按钮获得焦点时，其四周会显示虚线，按 Enter 键时相当于单击该命令按钮。

如图 9-13 所示，运行本例用户窗体，当前获得焦点的控件是命令按钮。可以按 Tab 键或 Shift+Tab 组合键，在各个控件之间转移焦点。转移焦点的先后次序就是 Tab 键顺序，在 Tab 键顺序中位于第一位的控件将在运行用户窗体后最先获得焦点。

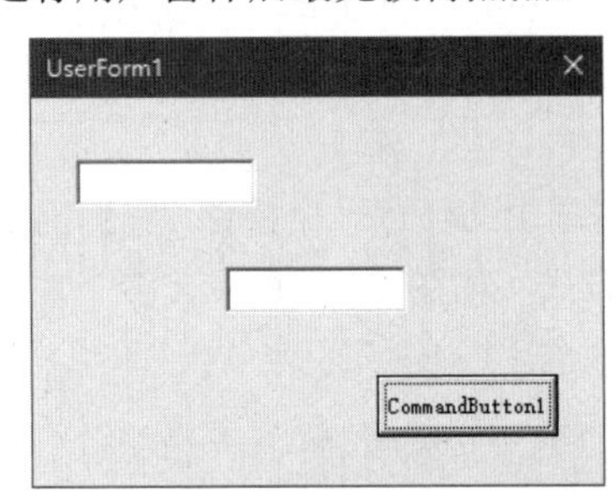

图 9-13　获得焦点的控件是命令按钮

注意： 无论在用户窗体中有多少个控件，每次只能有一个控件获得焦点，并且只有控件的 Enabled 属性和 Visible 属性都设置为 True，该控件才能获得焦点。

设置控件的 Tab 键顺序有以下两种方法：

- 在用户窗体的设计窗口中右击用户窗体，然后在弹出的快捷菜单中选择“Tab 键顺序”命令，如图 9-14 所示。打开“Tab 键顺序”对话框，选择一个或多个控件，然后单击“上移”或“下移”按钮，即可调整所选控件的 Tab 键顺序，如图 9-15 所示。
- 在用户窗体中选择一个控件，然后在属性窗口中为该控件的 TabIndex 属性设置一个值。第一个获得焦点的控件的 TabIndex 属性的值是 0，第二个是 1，第三个是 2，以此类推。不同控件的 TabIndex 属性的值不能相同。

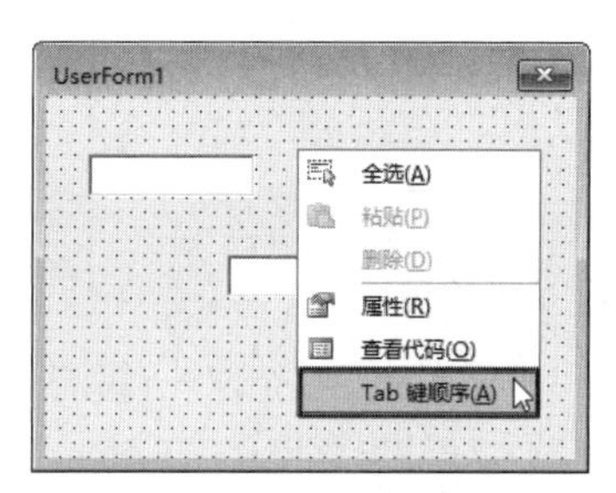

图 9-14　选择"Tab 键顺序"命令

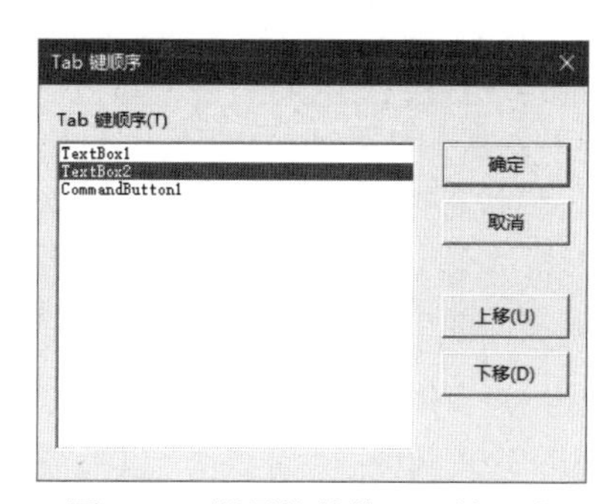

图 9-15　设置控件的 Tab 键顺序

提示： 如果不想让某个控件获得焦点，则可以将该控件的 TabStop 属性设置为 False。

如果在框架、多页等容器类的控件内部包含其他控件，则内部的这些控件也有自己的 Tab 键顺序。设置这些控件的 Tab 键顺序时，需要先选择这些控件所属的框架或多页控件。

9.1.9　在代码中引用控件

在设计用户窗体时，可以通过设置控件的"（名称）"属性为控件起一个有意义的名称，编程处理控件时，将使用该名称引用控件。为了通过名称识别控件的类型，可以使用表示控件类型的字符作为控件名称的前缀。例如，cmd 表示命令按钮，txt 表示文本框，chk 表示复选框。

当编程处理用户窗体中的控件时，需要使用名称引用特定的控件，分为以下两种情况。

1. 在用户窗体模块中引用该用户窗体中的控件

如果在用户窗体模块的代码窗口中引用该用户窗体中的控件，则可以直接使用该控件的名称。下面的代码位于名为 frmLogin 的用户窗体模块的代码窗口中，当单击其中名为 cmdOk 的命令按钮时，将显示该按钮的标题。

```
Private Sub cmdOk_Click()
    MsgBox cmdOk.Caption
End Sub
```

2. 在其他模块中引用用户窗体中的控件

如果引用控件的代码来自于其他模块，而非控件所属的用户窗体模块，则在引用控件时必须添加对控件所属的用户窗体模块名称的引用。下面的代码位于一个标准模块中，引用名为 frmLogin 的用户窗体中名为 cmdOk 的命令按钮。

```
Sub 测试()
    MsgBox frmLogin.cmdOk.Caption
End Sub
```

9.1.10　编写控件的事件过程

为了使控件能够响应用户的操作，需要为用户窗体中的控件的事件过程编写代码，这些代码位于控件所属的用户窗体模块中，在用户窗体的代码窗口中编写控件的事件过程。一旦触发控件的某个事件，就会立刻运行其中的代码。

在用户窗体中双击一个控件，将打开用户窗体的代码窗口，并显示刚才双击的控件的默认事件过程。可以在代码窗口顶部的左、右两个下拉列表中分别选择控件的名称和事件过程，然后为指定的事件过程编写代码。

9.1.9 小节中的第一个示例使用的是命令按钮的 Click 事件过程。当单击名为 cmdOk 的命令按钮时，将执行该命令按钮的 Click 事件过程中的代码。

9.1.11 控件的 Controls 集合

每个用户窗体中的所有控件组成了 Controls 集合，该集合的父对象是这些控件所属的用户窗体。由于框架和多页两种控件可以作为其他控件的容器，所以这两种控件也有自己的 Controls 集合。

由于不存在特定控件类型的集合，当需要处理用户窗体中的某一类控件时，可以使用 For Each 语句检查 Controls 集合中的每一个控件的类型，如果符合指定的类型，则对该类控件执行所需的操作。可以使用 VBA 内置的 TypeName 函数判断控件的类型。

下面的代码在双击用户窗体时，自动显示该用户窗体中命令按钮的数量，如图 9-16 所示。代码中的 Me 关键字在前面曾经介绍过，它代表代码所属的用户窗体。

```
Private Sub UserForm_DblClick(ByVal Cancel As MSForms.ReturnBoolean)
    Dim ctl As Control, intCount As Integer
    For Each ctl In Me.Controls
        If TypeName(ctl) = "CommandButton" Then
            intCount = intCount + 1
        End If
    Next ctl
    MsgBox "命令按钮的数量是：" & intCount
End Sub
```

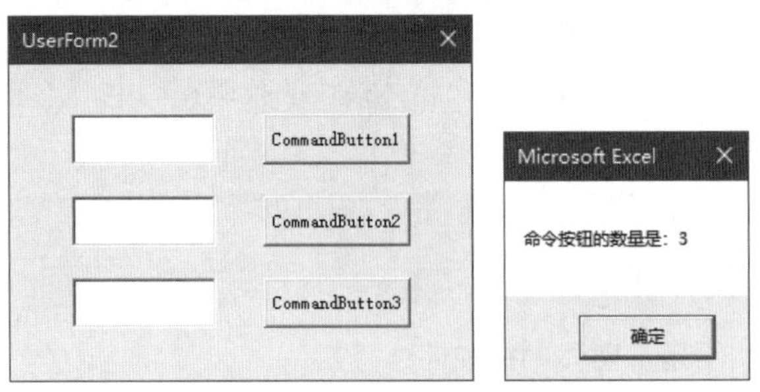

图 9-16 显示命令按钮的数量

9.2 命令按钮

无论用户窗体实现什么功能，通常在用户窗体中都会至少包含一个按钮。最常见的示例是使用 VBA 内置的 MsgBox 函数创建的对话框，其中至少包含一个“确定”按钮。Click 事件是命令按钮的默认事件，单击命令按钮时将触发该事件。命令按钮的常用属性如表 9-2 所示。

表 9-2 命令按钮的常用属性

属 性	说 明
Cancel	将该属性设置为 True 时，按 Esc 键与单击该命令按钮等效
Default	将该属性设置为 True 时，按 Enter 键与单击该命令按钮等效
TakeFocusOnClick	单击命令按钮时是否使其获得焦点，为 True 表示获得，为 False 表示不获得

无论命令按钮是否获得焦点，将 Cancel 属性设置为 True 和将 Default 属性设置为 True 对命令按钮始终有效。

提示：为了避免浪费篇幅，像 Name、Left、Top、Width、Height、Enabled、Visible 等每类控件都拥有的属性，就不在本节及后续各节中重复列出了，它们的含义与用户窗体的同名属性相同，请参考第 8 章。

下面通过几个示例介绍命令按钮的用法。

9.2.1　指定默认的“确定”按钮和“取消”按钮

运行本例用户窗体，在文本框中输入任意内容。按 Enter 键时，相当于单击“确定”按钮，此时会在一个对话框中显示文本框中的内容。如果文本框中还没有内容，则会显示“还未输入任何内容”。如图 9-17 所示。关闭显示信息的对话框，焦点仍然位于文本框中。不再使用该用户窗体时，按 Esc 键可将其关闭，相当于单击“取消”按钮。

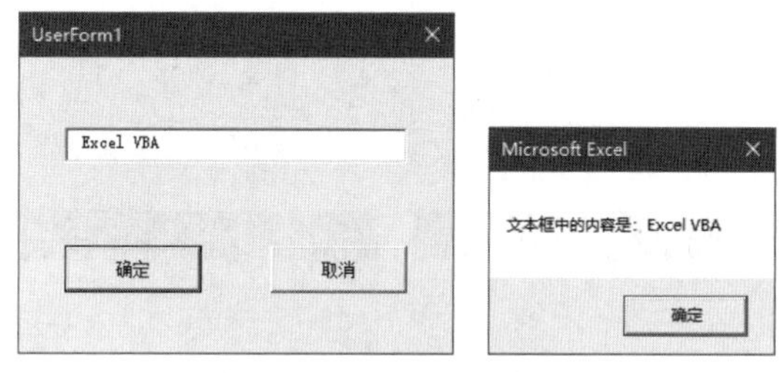

图 9-17　测试用户窗体

用户窗体中有 3 个控件，它们的属性如表 9-3 所示。

表 9-3　各个控件的属性

控 件 类 型	Name	Caption	Default	Cancel
文本框	txtTitle	/	/	/
命令按钮	cmdOk	确定	True	False
命令按钮	cmdCancel	取消	False	True

下面的代码位于用户窗体模块中，代码分为 3 个部分：

- 用户窗体的 Initialize 事件过程：显示用户窗体时，将命令按钮设置为单击它是不接受焦点，这意味着单击该按钮时，焦点不会转移到该按钮上。
- “确定”按钮的 Click 事件过程：单击“确定”按钮时，判断文本框中是否有内容，并根据判断结果显示不同的信息。
- “取消”按钮的 Click 事件过程：关闭用户窗体。

```
Private Sub UserForm_Initialize()
    cmdOk.TakeFocusOnClick = False
End Sub

Private Sub cmdOk_Click()
    If Len(txtTitle.Text) = 0 Then
        MsgBox "还未输入任何内容"
    Else
        MsgBox "文本框中的内容是：" & txtTitle.Text
```

```
    End If
End Sub

Private Sub cmdCancel_Click()
    Unload Me
End Sub
```

9.2.2 单击按钮时自动切换显示标题

下面的代码位于用户窗体模块中，用户窗体中有一个名为 cmdSwitch 的命令按钮。运行用户窗体，反复单击该命令按钮，命令按钮上的标题会自动在“确定”和“取消”之间切换，如图 9-18 所示。

```
Private Sub cmdSwitch_Click()
    Select Case cmdSwitch.Caption
        Case "确定"
            cmdSwitch.Caption = "取消"
        Case "取消"
            cmdSwitch.Caption = "确定"
    End Select
End Sub
```

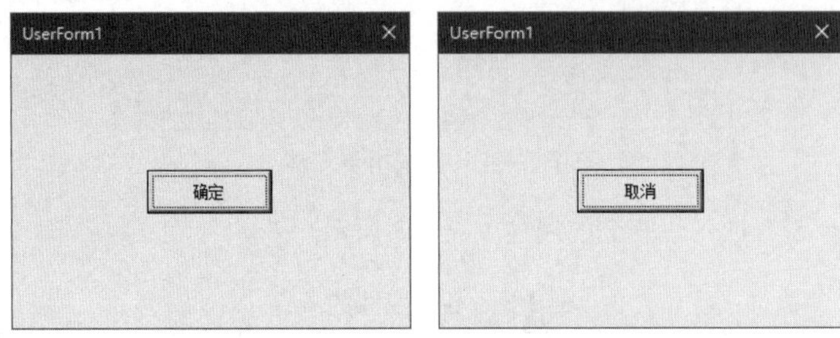

图 9-18　切换显示命令按钮上的标题

9.3　文本框

文本框用于接收用户输入的数据或显示信息。Change 事件是文本框的默认事件，修改文本框中的文本时将触发该事件。文本框的常用属性如表 9-4 所示。

表 9-4　文本框的常用属性

属　性	说　明
EnterKeyBehavior	在文本框中按 Enter 键后的行为，为 True 时将在文本框中创建一个新行，为 False 时将焦点移动到 Tab 键顺序中的下一个控件
LineCount	返回文本框中文本的总行数
Locked	锁定文本框，无法在其中输入内容
MaxLength	设置可在文本框中输入的字符总数
MultiLine	设置在文本框中是否显示多行文本，为 True 将显示为多行文本，为 False 将显示为单行文本

续表

属　　性	说　　明
PasswordChar	使用指定的字符代替显示在文本框中的实际字符，仅用于显示，不会改变实际输入的字符
ScrollBars	设置是否为文本框添加水平滚动条和垂直滚动条
SelLength	设置在文本框中选中的字符数
SelStart	设置选中文本的起始位置，未选中文本时表示插入点的位置
SelText	返回或设置在文本框中选中的文本
Text	返回或设置文本框中的所有文本
TextAlign	设置文本在文本框中的对齐方式，有左对齐、居中对齐和右对齐 3 种
TextLength	返回文本框中所有文本的字符数
WordWrap	设置文本框中的文本是否可以自动换行。只有将 MultiLine 属性设置为 True，并且将 ScrollBars 属性设置为不显示水平滚动条时，WordWrap 属性才有效

下面通过几个示例介绍文本框的用法。

9.3.1　创建限制字符长度的密码文本框

运行本例用户窗体，在文本框中可以输入任意字符，如果字符的个数小于 6，则在单击“确定”按钮时，将显示如图 9-19 所示的提示信息。

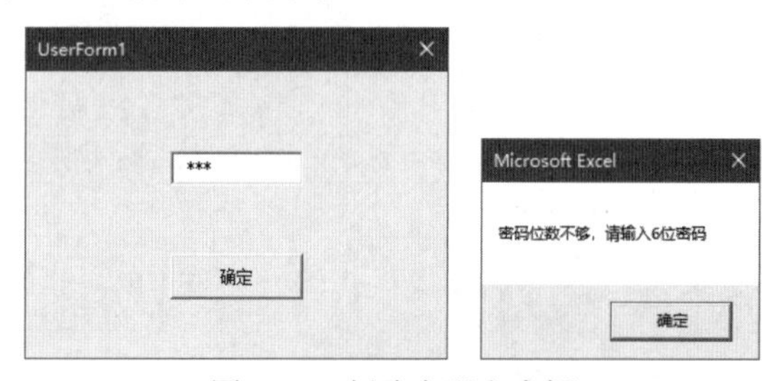

图 9-19　创建密码文本框

下面的代码位于用户窗体模块中，用户窗体中有两个控件，一个是名为 txtPassword 的文本框，另一个是名为 cmdOk 的命令按钮。用户窗体的 Initialize 事件过程用于在显示用户窗体时，将命令按钮设置为单击时不接受焦点，并为文本框设置两个属性，一个是将文本框中可输入的最大字符设置为 6，另一个是将*号设置为在文本框中输入内容时显示的字符。在命令按钮的 Click 事件过程中，使用 VBA 内置的 Len 函数计算文本框中的字符个数，如果它小于文本框中可输入的最大字符数，则显示提示信息，并删除文本框中的所有内容。

```
Private Sub UserForm_Initialize()
    cmdOk.TakeFocusOnClick = False
    txtPassword.MaxLength = 6
    txtPassword.PasswordChar = "*"
End Sub

Private Sub cmdOk_Click()
    If Len(txtPassword.Text) < txtPassword.MaxLength Then
        MsgBox "密码位数不够，请输入 6 位密码"
        txtPassword.Text = ""
```

```
    End If
End Sub
```

9.3.2 创建显示多行文本的文本框

运行本例用户窗体，在文本框中默认包含多行文本，单击“确定”按钮，将显示文本框中文本的总行数，如图 9-20 所示。

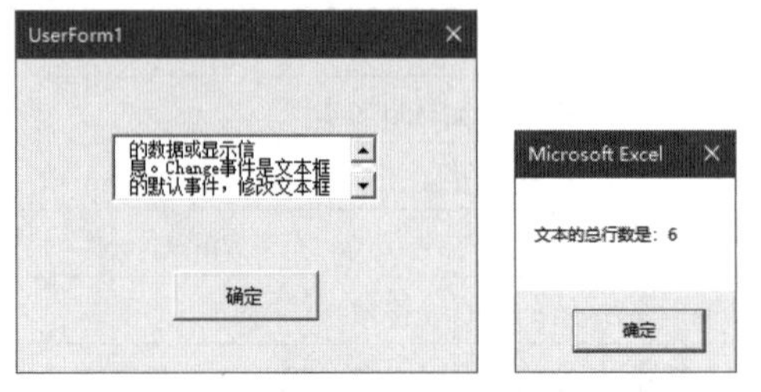

图 9-20 创建显示多行文本的文本框

下面的代码位于用户窗体模块中，用户窗体中有两个控件，一个是名为 txtMulti 的文本框，另一个是名为 cmdOk 的命令按钮。用户窗体的 Initialize 事件过程用于在显示用户窗体时，将命令按钮设置为单击时不接受焦点，并为文本框设置以下 4 个属性：自动在文本框中填入预置文本，允许在文本框中显示多行文本，在文本框中显示垂直滚动条，允许文本在文本框中换行显示。命令按钮的 Click 事件过程用于在单击“确定”按钮时，显示文本框中文本的总行数。

```
Private Sub UserForm_Initialize()
    cmdOk.TakeFocusOnClick = False
    With txtMulti
        .Text = "文本框用于接收用户输入的数据或显示信息。Change 事件是文本框的默认事件，修改文本框中的文本时将触发该事件。"
        .MultiLine = True
        .ScrollBars = fmScrollBarsVertical
        .WordWrap = True
    End With
End Sub

Private Sub cmdOk_Click()
    MsgBox "文本的总行数是：" & txtMulti.LineCount
End Sub
```

9.3.3 将文本框中的内容添加到工作表的 A 列

运行本例用户窗体，每次单击“添加”按钮时，将文本框中的内容添加到 A 列中的下一个空单元格中，如图 9-21 所示。

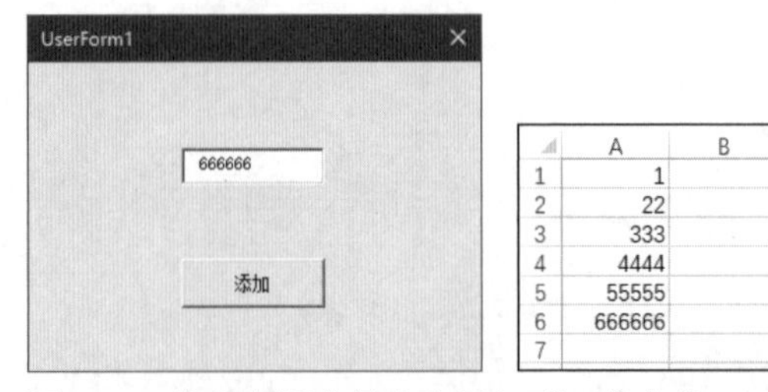

	A	B
1	1	
2	22	
3	333	
4	4444	
5	55555	
6	666666	
7		

图 9-21 将文本框中的内容添加到工作表的 A 列

下面的代码位于用户窗体模块中，用户窗体中有两个控件，一个是名为 txtAdd 的文本框，另一个是名为 cmdAdd 的命令按钮。用户窗体的 Initialize 事件过程用于在显示用户窗体时，将命令按钮设置为单击时不接受焦点。命令按钮的 Click 事件过程用于在单击“添加”按钮时，将文本框中的内容添加到工作表的 A 列中。

```
Private Sub UserForm_Initialize()
    cmdAdd.TakeFocusOnClick = False
End Sub

Private Sub cmdAdd_Click()
    Dim lngLastRow As Long
    lngLastRow = Cells(Rows.Count, 1).End(xlUp).Row
    If IsEmpty(Cells(lngLastRow, 1).Value) Then
        Cells(lngLastRow, 1).Value = txtAdd.Text
    Else
        Cells(lngLastRow + 1, 1).Value = txtAdd.Text
    End If
    txtAdd.Text = ""
End Sub
```

代码解析：在命令按钮的 Click 事件过程中，先从 A 列底部向上查找最后一个包含数据的单元格，将该单元格的行号赋值给 lngLastRow 变量。然后使用 If Then 语句判断由该行号和第 1 列组成的单元格是否为空，如果是，则将文本框中的内容添加到该单元格中；如果不是，则将行号加 1，得到下一行的行号，然后将其与第一列组成的单元格作为输入内容的单元格，并将文本框中的内容添加到该单元格中。

9.3.4 放大显示在文本框中输入的每一个字符

运行本例用户窗体，在文本框中每次输入一个字符，都会在下方放大显示该字符，如图 9-22 所示。单击“重新输入”按钮，将删除文本框中的所有内容，并将焦点置于文本框中。

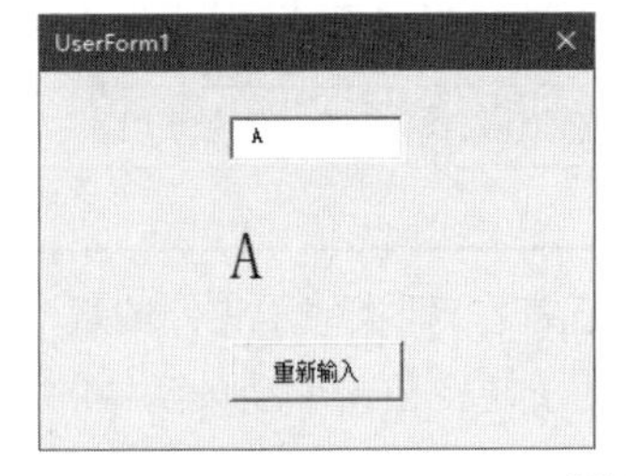

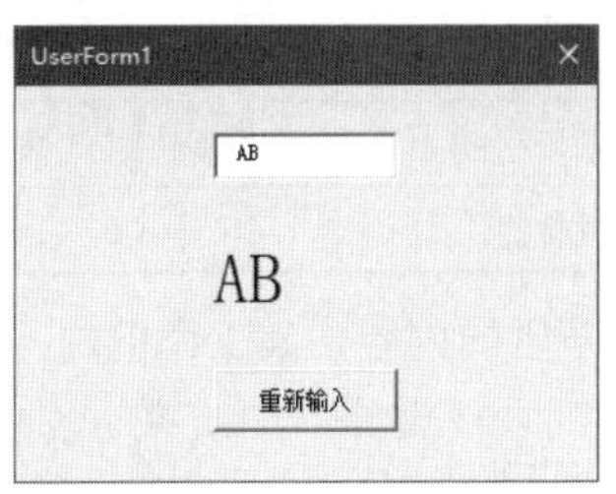

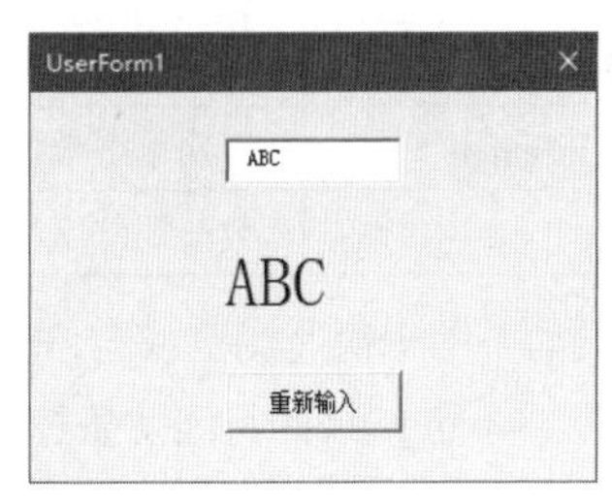

图 9-22 验证在文本框中输入的字符

用户窗体中有 3 个控件，它们的属性如表 9-5 所示。

表 9-5 各个控件的属性

控 件 类 型	Name	Caption
标签	lblCheck	/
文本框	txtCheck	/
命令按钮	cmdClear	重新输入

下面的代码位于用户窗体模块中，代码分为以下两个部分：

- 文本框的 Change 事件过程：每次在文本框中输入字符时，将该字符显示在标签中。为了在标签中显示更大的字符，需要为标签的字号设置一个较大的值。
- 命令按钮的 Click 事件过程：单击“重新输入”按钮时，为文本框的 Text 属性赋值一个零长度字符串，以删除文本框中的所有内容，并使用文本框的 SetFocus 方法将焦点置于文本框中。

```
Private Sub txtCheck_Change()
    lblCheck.Caption = txtCheck.Text
    lblCheck.Font.Size = 26
End Sub

Private Sub cmdClear_Click()
    txtCheck.Text = ""
    txtCheck.SetFocus
End Sub
```

9.4 数值调节钮和滚动条

数值调节钮由上、下两个箭头组成，单击上箭头或下箭头将增加或减少数值。数值调节钮常与文本框搭配使用，通过单击数值调节钮上的箭头，每次调整后的当前值显示在与其关联的文本框中。Change 事件是数值调节钮的默认事件，单击数值调节钮的上箭头或下箭头时将触发该事件。数值调节钮的常用属性如表 9-6 所示。

表 9-6 数值调节钮的常用属性

属 性	说 明
Max	设置数值调节钮可以容纳的最大值
Min	设置数值调节钮可以容纳的最小值
Orientation	设置数值调节钮的方向，有水平和垂直两种
SmallChange	每次单击数据调节钮的上箭头或下箭头时，数值递增或递减的量，默认为 1
Value	数值调节钮的当前值

滚动条用于快速浏览或定位大范围的内容，其工作机制与数值调节钮类似，它们的很多属性都相同。Change 事件是滚动条控件的默认事件，拖动滚动条上的滑块、单击滚动条两端的箭头、单击滑块与两端箭头之间的区域时，都将触发 Change 事件。滚动条的常用属性如表 9-7 所示。

表 9-7 滚动条的常用属性

属 性	说 明
LargeChange	单击滑块与两端箭头之间的区域时，数值递增或递减的量，默认为 1
Max	设置滚动条可以容纳的最大值
Min	设置滚动条可以容纳的最小值
Orientation	设置滚动条的方向，有水平和垂直两种
SmallChange	单击滚动条的上箭头或下箭头时，数值递增或递减的量，默认为 1
Value	滚动条的当前值

下面通过几个示例介绍数值调节钮和滚动条的用法。

9.4.1　使用数值调节钮设置密码位数

运行本例用户窗体，单击数值调节钮上的箭头，将在上方的文本框中显示 6～8 的一个数字，它表示密码的位数。为了避免用户在上方的文本框中随意输入数字，将其设置为禁止编辑状态。单击“确定”按钮，将检查在下方的文本框中输入的密码的位数是否与上方文本框中显示的位数一致，不一致时会显示提示信息，并删除已输入的密码，如图 9-23 所示。

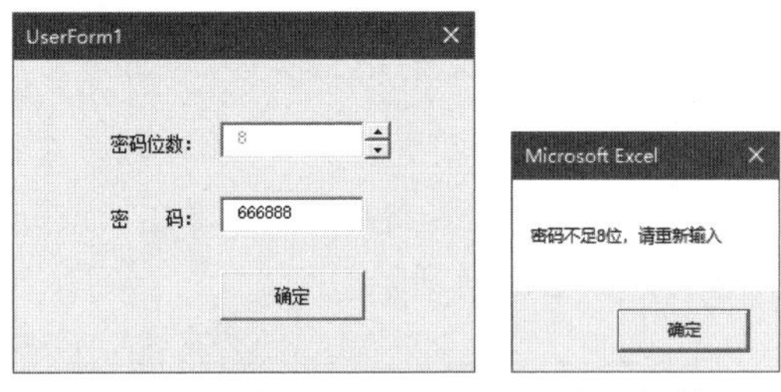

图 9-23　使用数值调节钮设置密码位数

用户窗体中有 6 个控件，它们的属性如表 9-8 所示。

表 9-8　各个控件的属性

控 件 类 型	Name	Caption
标签	lblLength	密码位数：
标签	lblPassword	密码：
文本框	txtLength	//
文本框	txtPassword	//
数值调节钮	spnLength	/
命令按钮	cmdOk	确定

下面的代码位于用户窗体模块中，代码分为 3 个部分：

- 用户窗体的 Initialize 事件过程：显示用户窗体时，将上方文本框设置为禁止编辑，并设置数值调节钮的最小值、最大值和增量。
- 数值调节钮的 Change 事件过程：每次单击数值调节钮上的箭头时，在上方的文本框中会同步显示数值调节钮的当前值。
- 命令按钮的 Click 事件过程：使用 If Then 语句判断在下方的文本框中输入的密码的字符数是否等于上方文本框中的密码位数，如果不等于，则显示提示信息，并删除已输入的密码。

```
Private Sub UserForm_Initialize()
    txtLength.Enabled = False
    spnLength.Min = 6
    spnLength.Max = 8
    spnLength.SmallChange = 1
End Sub

Private Sub spnLength_Change()
```

```
    txtLength.Text = spnLength.Value
End Sub

Private Sub cmdOk_Click()
    If Len(txtPassword.Text) <> txtLength Then
        MsgBox "密码不足" & txtLength.Text & "位，请重新输入"
        txtPassword.Text = ""
        txtPassword.SetFocus
    End If
End Sub
```

9.4.2 使用数值调节钮指定在工作表中选择的行范围

运行本例用户窗体，单击两个数值调节钮上的箭头，将在两个文本框中显示 1～100 的某个数字，它们确定要选择的行范围的起始行号和终止行号。单击“选择区域”按钮，将选择从起始行号到终止行号之间的所有行，如图 9-24 所示。

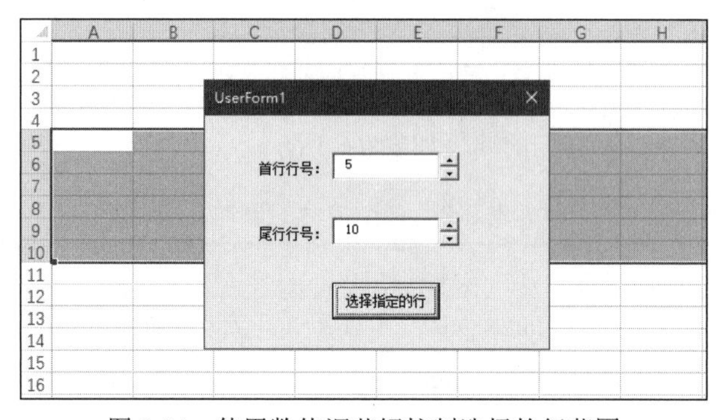

图 9-24 使用数值调节钮控制选择的行范围

用户窗体中有 7 个控件，它们的属性如表 9-9 所示。

表 9-9 各个控件的属性

控件类型	Name	Caption
标签	lblFirstRow	首行行号：
标签	lblLastRow	尾行行号：
文本框	txtFirstRow	/
文本框	txtLastRow	/
数值调节钮	spnFirstRow	/
数值调节钮	spnLastRow	/
命令按钮	cmdSelectRows	选择指定的行

下面的代码位于用户窗体模块中，代码分为 3 个部分。

- 用户窗体的 Initialize 事件过程：显示用户窗体时，设置两个数值调节钮的最小值、最大值和增量，并设置两个文本框中默认显示的值。
- 两个数值调节钮的 Change 事件过程：每次单击数值调节钮上的箭头时，与其关联的文本框中的值自动同步更新。
- 命令按钮的 Click 事件过程：将两个文本框中的值赋值给两个变量，然后使用 Cells 属性引用这两个行号位于第一列的单元格，再使用 Range 对象引用由这两个单元格组成的单元格区域，最后使用 EntireRow 属性引用该单元格区域所在的整行。

```
Private Sub UserForm_Initialize()
    With spnFirstRow
        .Min = 1
        .Max = 100
        .SmallChange = 1
    End With
    With spnLastRow
        .Min = 1
        .Max = 100
        .SmallChange = 1
    End With
    txtFirstRow.Text = spnFirstRow.Min
    txtLastRow.Text = spnLastRow.Min
End Sub

Private Sub spnFirstRow_Change()
    txtFirstRow.Text = spnFirstRow.Value
End Sub

Private Sub spnLastRow_Change()
    txtLastRow.Text = spnLastRow.Value
End Sub

Private Sub cmdSelectRows_Click()
    Dim intFirstRow As Integer, intLastRow As Integer
    intFirstRow = txtFirstRow.Text
    intLastRow = txtLastRow.Text
    Range(Cells(intFirstRow, 1), Cells(intLastRow, 2)).EntireRow.Select
End Sub
```

9.4.3　使用滚动条放大字符的显示比例

运行本例用户窗体，在文本框中输入一个或多个字符，然后调整滚动条的位置，滚动条右侧的字符将同步放大，如图 9-25 所示。单击“清空”按钮，将删除文本框中的字符和放大后的字符，滚动条恢复到最初状态。

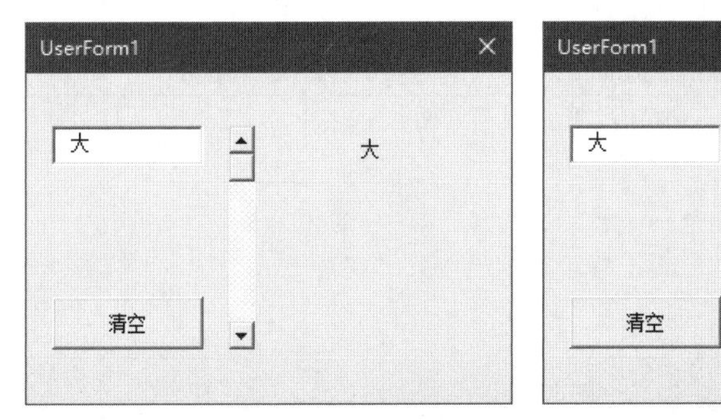

图 9-25　使用滚动条放大字符的显示比例

用户窗体中有 4 个控件，它们的属性如表 9-10 所示。

表 9-10　各个控件的属性

控 件 类 型	Name	Caption
标签	lblZoom	/
文本框	txtOrigin	/
滚动条	scrZoom	/
命令按钮	cmdClear	清空

下面的代码位于用户窗体模块中，代码分为 4 个部分。

- 用户窗体的 Initialize 事件过程：显示用户窗体时，设置标签中的文本居中对齐，并设置滚动条的最小值、最大值和两个增量。
- 文本框的 Change 事件过程：每次在文本框输入字符时，它将同时显示在标签中。
- 滚动条的 Change 和 Scroll 两个事件过程：每次改变滚动条的当前值时，将标签中的字符的字号设置为文本框中的字符的字号与滚动条当前值的乘积。Change 事件只在改变滑块在滚动条上的位置后才会触发，这意味着拖动滑块的过程中不会触发该事件。如果希望在拖动滑块的过程中可以同步显示放大后的字符，则需要在滚动条的 Scroll 事件过程中编写相同的代码，移动滑块时将触发 Scroll 事件。
- 命令按钮的 Click 事件过程：单击“清空”按钮，将删除文本框和标签中的内容，将焦点置于文本框中，并将滚动条的滑块置于最小值的位置。

```
Private Sub UserForm_Initialize()
    lblZoom.TextAlign = fmTextAlignCenter
    With scrZoom
        .Min = 1
        .Max = 10
        .SmallChange = 1
        .LargeChange = 2
    End With
End Sub

Private Sub txtOrigin_Change()
    lblZoom.Caption = txtOrigin.Text
End Sub

Private Sub scrZoom_Change()
    lblZoom.Font.Size = txtOrigin.Font.Size * scrZoom.Value
End Sub

Private Sub scrZoom_Scroll()
    lblZoom.Font.Size = txtOrigin.Font.Size * scrZoom.Value
End Sub

Private Sub cmdClear_Click()
    txtOrigin.Text = ""
    lblZoom.Caption = ""
    txtOrigin.SetFocus
    scrZoom.Value = scrZoom.Min
End Sub
```

9.5　选项按钮和复选框

选项按钮通常成组出现，用于提供多个选项，但是只能从一组选项中选择其中之一。当用户窗体中包含多组选项时，可以使用框架为这些选项分组，各组选项之间互不影响。Click 事件是选项按钮的默认事件，选中选项按钮或将选项按钮的 Value 属性设置为 True 时，将触发 Click 事件。选项按钮的常用属性如表 9-11 所示。

表 9-11　选项按钮的常用属性

属　性	说　明
Alignment	设置选项按钮和标题的位置：选项按钮在左且标题在右，或者标题在左且选项按钮在右
AutoSize	设置选项按钮是否自动缩放以完整显示其中的内容，为 True 将自动缩放，为 False 将不自动缩放
GroupName	为选项按钮分组，将多个选项按钮的该属性设置为同一个名称，表示它们是同一组选项
Value	返回或设置选项按钮是否已被选中，为 True 表示已被选中，为 False 表示未被选中

复选框与选项按钮类似，也用于在一个或多个选项中做出选择，两者的很多属性都相同。与选项按钮不同的是，用户可以同时勾择多个复选框。Click 事件是复选框的默认事件，勾选复选框或将复选框的 Value 属性设置为 True 时，将触发 Click 事件。复选框的常用属性如表 9-12 所示。

表 9-12　复选框的常用属性

属　性	说　明
Alignment	设置复选框和标题的位置：复选框在左且标题在右，或者标题在左且复选框在右
AutoSize	设置复选框是否自动缩放以完整显示其中的内容，为 True 将自动缩放，为 False 将不自动缩放
Value	返回或设置复选框是否已被勾选，为 True 表示已被选中，为 False 表示未被选中

下面通过几个示例介绍选项按钮和复选框的用法。

9.5.1　使用选项按钮实现单项选择功能

运行本例用户窗体，从多个选项中选择一个，然后单击“确定”按钮，将在提示信息中显示选择的 Excel 版本，如图 9-26 所示。

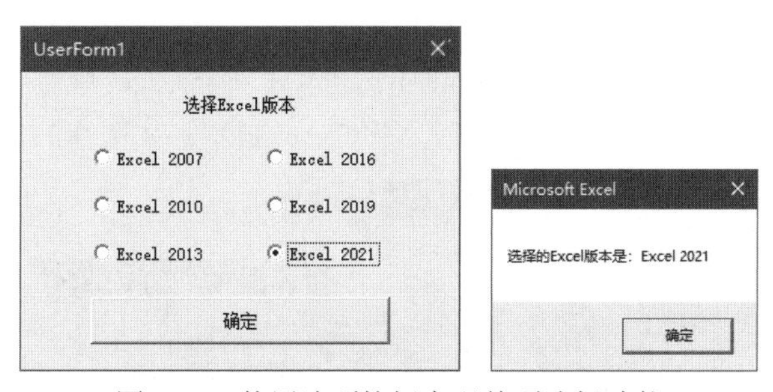

图 9-26　使用选项按钮实现单项选择功能

用户窗体中有 8 个控件，它们的属性如表 9-13 所示。

表 9-13　各个控件的属性

控 件 类 型	Name	Caption
标签	lblExcelVer	选择 Excel 版本
命令按钮	cmdOk	确定
选项按钮	opt2007	Excel 2007
选项按钮	opt2010	Excel 2010
选项按钮	opt2013	Excel 2013
选项按钮	opt2016	Excel 2016
选项按钮	opt2019	Excel 2019
选项按钮	opt2021	Excel 2021

下面的代码位于用户窗体模块中，单击“确定”按钮时，将执行该按钮的 Click 事件过程中的代码。使用 Select Case 语句检查哪个选项按钮的 Value 属性返回 True，表示该选项按钮被选中。使用一个变量存储与每个选项按钮对应的表示 Excel 版本的字符串。最后使用 Msgbox 函数显示 Value 属性为 True 的选项按钮所对应的 Excel 版本。

```
Private Sub cmdOk_Click()
    Dim strVersion As String
    Select Case True
        Case opt2007.Value
            strVersion = "Excel 2007"
        Case opt2010.Value
            strVersion = "Excel 2010"
        Case opt2013.Value
            strVersion = "Excel 2013"
        Case opt2016.Value
            strVersion = "Excel 2016"
        Case opt2019.Value
            strVersion = "Excel 2019"
        Case opt2021.Value
            strVersion = "Excel 2021"
    End Select
    MsgBox "选择的 Excel 版本是: " & strVersion
End Sub
```

9.5.2　使用多组选项按钮实现多项选择功能

运行本例用户窗体，分别选择一个 Windows 版本和一个 Excel 版本，然后单击“确定”按钮，将在提示信息中显示选择的 Windows 版本和 Excel 版本，如图 9-27 所示。

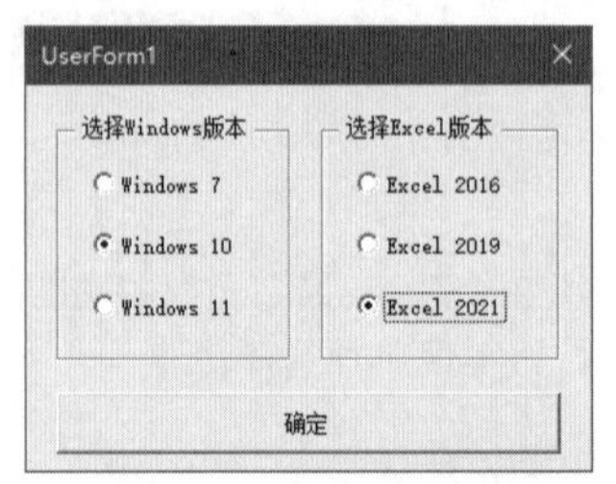

图 9-27　使用多组选项按钮实现多项选择功能

用户窗体中有 9 个控件，它们的属性如表 9-14 所示。

表 9-14　各个控件的属性

控 件 类 型	Name	Caption
框架	fraWindowsVer	选择 Windows 版本
选项按钮	optWin7	Windows 7
选项按钮	optWin10	Windows 10
选项按钮	optWin11	Windows 11
框架	fraExcelVer	选择 Excel 版本
选项按钮	opt2016	Excel 2016
选项按钮	opt2019	Excel 2019
选项按钮	opt2021	Excel 2021
命令按钮	cmdOk	确定

下面的代码位于用户窗体模块中，单击“确定”按钮时，将执行该按钮的 Click 事件过程中的代码。由于使用两个框架将 6 个选项按钮分成两组，所以需要使用两个 Select Case 语句分别检查每一组中的哪个选项按钮的 Value 属性返回 True，表示该选项按钮在该组中被选中。使用两个变量分别存储与选项按钮对应的 Windows 版本和 Excel 版本。使用选项按钮的 Caption 属性可以返回 Windows 版本和 Excel 版本的字符串。最后使用 Msgbox 函数显示选择的 Windows 版本和 Excel 版本。

```
Private Sub cmdOk_Click()
    Dim strWindowsVer As String, strExcelVer As String
    Dim strMsg As String
    Select Case True
        Case optWin7.Value
            strWindowsVer = optWin7.Caption
        Case optWin10.Value
            strWindowsVer = optWin10.Caption
        Case optWin11.Value
            strWindowsVer = optWin11.Caption
    End Select
    Select Case True
        Case opt2016.Value
            strExcelVer = opt2016.Caption
        Case opt2019.Value
            strExcelVer = opt2019.Caption
        Case opt2021.Value
            strExcelVer = opt2021.Caption
    End Select
    strMsg = "选择的 Windows 版本是: " & strWindowsVer & vbCrLf
    strMsg = strMsg & "选择的 Excel 版本是: " & strExcelVer
    MsgBox strMsg
End Sub
```

9.5.3 使用复选框选择多项

运行本例用户窗体，在文本框中输入任意内容，然后勾选左侧的一个或多个复选框，将为文本框中的内容设置一种或多种字体格式，如图 9-28 所示。

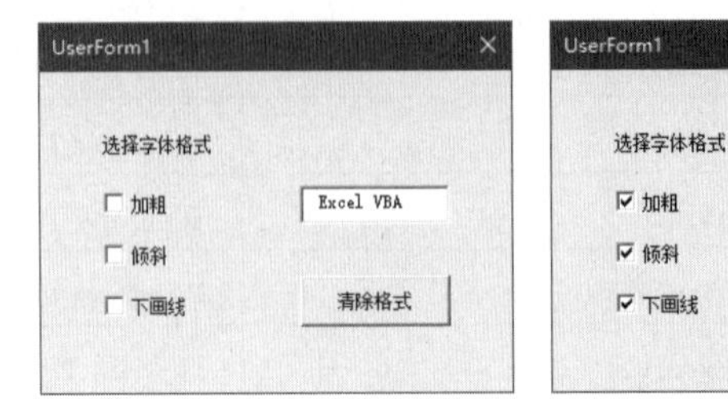

图 9-28 使用复选框选择多项

用户窗体中有 6 个控件，它们的属性如表 9-15 所示。

表 9-15 各个控件的属性

控 件 类 型	Name	Caption
标签	lblFont	选择字体格式
文本框	txtName	/
命令按钮	cmdClearFormat	清除格式
复选框	chkBold	加粗
复选框	chkItalic	倾斜
复选框	chkUnderLine	下画线

下面的代码位于用户窗体模块中，代码分为两个部分。

- 3 个复选框的 Click 事件过程：由于每个复选框的 Value 属性可以返回 True 或 False，而字体格式中的加粗、倾斜和下画线等格式也需要使用 True 或 False 来设置，所以可以使用每个复选框的 Value 属性的返回值来设置这 3 种字体格式。
- 命令按钮的 Click 事件过程：单击“清除格式”按钮，将清除 3 个复选框的勾选标记，并清除为文本框中的内容设置的 3 种字体格式。

```
Private Sub chkBold_Click()
    txtName.Font.Bold = chkBold.Value
End Sub

Private Sub chkItalic_Click()
    txtName.Font.Italic = chkItalic.Value
End Sub

Private Sub chkUnderLine_Click()
    txtName.Font.Underline = chkUnderLine.Value
End Sub

Private Sub cmdClearFormat_Click()
    chkBold.Value = False
    chkItalic.Value = False
    chkUnderLine.Value = False
```

```
    txtName.Font.Bold = False
    txtName.Font.Italic = False
    txtName.Font.Underline = False
End Sub
```

9.6　列表框和组合框

列表框用于在一个列表中显示多个选项，可以从中选择一个或多个。Click 事件是列表框的默认事件，在列表框中选择某个选项时将触发该事件。组合框与列表框类似，它们拥有很多相同的属性和方法。组合框相当于将文本框和列表框组合在一起，不但可以在组合框的列表中选择选项，还可以在列表顶部的文本框中输入数据。Change 事件是组合框的默认事件，当组合框顶部的文本框中的内容发生改变时将触发该事件。

列表框的常用属性如表 9-16 所示，组合框的常用属性如表 9-17 所示，列表框和组合框的常用方法如表 9-18 所示。

表 9-16　列表框的常用属性

属　性	说　明
ColumnCount	设置选项在列表框中显示的列数
List	返回或设置列表框包含的选项，列表框中的第一个选项的索引号是 0，第二个选项的索引号是 1，以此类推，最后一个选项的索引号是选项总数减 1
ListCount	返回列表框中的选项总数
ListIndex	返回列表框中当前选择的选项的索引号
ListStyle	设置列表框中的选项的样式，选项可以显示为选项按钮或复选框
MultiSelect	设置是否可以选择多个选项，可以通过鼠标反复单击来选择或取消选择选项，也可以使用 Ctrl 或 Shift 键并配合鼠标单击来选择指定范围内的选项
RowSource	将单元格区域中的数据添加到列表框中
Selected	在允许多项选择的情况下，该属性用于返回或设置指定选项的选中状态，如果为 True 则表示已选中，如果为 False 则表示未选中
Text	返回在列表框中选择的选项
TopIndex	返回或设置位于列表框中可见范围内的第一项的索引号，列表框中没有选项或未被显示时该属性返回-1

表 9-17　组合框的常用属性

属　性	说　明
ColumnCount	设置选项在组合框中显示的列数
DropButtonStyle	组合框右侧的下拉按钮上显示的图标，默认显示下箭头
List	返回或设置组合框包含的选项，组合框中的第一个选项的索引号是 0，第二个选项的索引号是 1，以此类推，最后一个选项的索引号是选项总数减 1
ListCount	返回组合框中的选项总数
ListRows	设置列表中显示的最大行数
ListIndex	返回组合框中当前选择的选项的索引号

续表

属 性	说 明
ListStyle	设置组合框中的选项的样式，选项可以显示为选项按钮或复选框
MatchEntry	设置组合框按照用户输入的内容进行搜索的方式
MatchFound	是否将在文本框中输入的文本与列表中的选项匹配
MaxLength	设置可输入的最大字符数，为 0 表示不受限制
RowSource	将单元格区域中的数据添加到组合框中
ShowDropButtonWhen	设置何时显示组合框右侧的下拉按钮
Style	设置组合框的样式
Text	返回在组合框中选择的选项
TextLength	返回以字符数表示的组合框的文本框中的文本长度
TopIndex	返回或设置位于组合框中可见范围内的第一项的索引号，组合框中没有选项或未被显示时该属性返回-1

表 9-18 列表框和组合框的常用方法

方 法	说 明
AddItem	将新的选项添加到列表框或组合框中
Clear	删除列表框或组合框中的所有选项
RemoveItem	删除列表框或组合框中的特定选项

下面通过几个示例介绍列表框和组合框的用法。由于很多示例中的操作和代码对于列表框和组合框都是相同的，所以在这些示例中主要以列表框为例进行讲解。

9.6.1 将工作表中的单列数据添加到列表框或组合框中

如需将单元格区域中的数据添加到列表框或组合框中，可以使用列表框或组合框的 RowSource 属性或 List 属性。

1. 使用 RowSource 属性

运行本例用户窗体，单击“添加”按钮，将活动工作表中的 A1:A8 单元格区域中的数据添加到列表框中，如图 9-29 所示。单击“清空”按钮，将删除列表框中的所有内容。

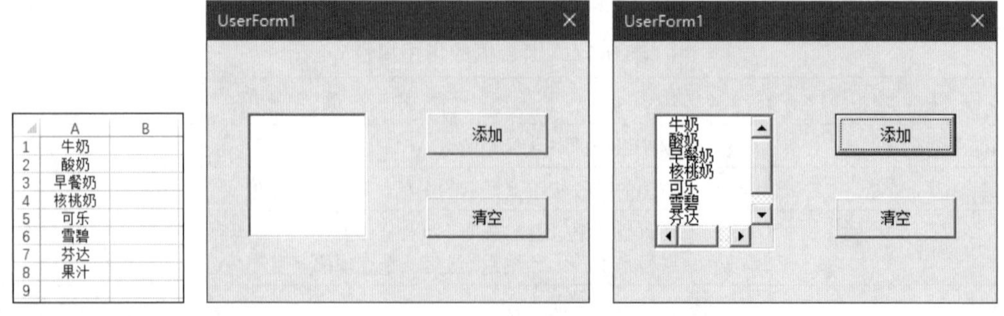

图 9-29 使用 RowSource 属性添加单列数据

用户窗体中有 3 个控件，它们的属性如表 9-19 所示。

表 9-19　各个控件的属性

控件类型	Name	Caption
列表框	lstData	/
命令按钮	cmdAdd	添加
命令按钮	cmdClear	清空

下面的代码位于用户窗体模块中，如需删除使用 RowSource 属性向列表框或组合框中添加的数据，需要将 RowSource 属性设置为零长度字符串，而不能使用 Clear 方法。

```
Private Sub cmdAdd_Click()
    lstData.RowSource = "A1:A8"
End Sub

Private Sub cmdClear_Click()
    lstData.RowSource = ""
End Sub
```

如需添加非活动工作表中的数据，需要在单元格区域添加工作表的名称和一个感叹号。下面的代码将名为“2023”工作表中的 A1:A8 单元格区域的数据添加到列表框中。

```
lstData.RowSource = "2023!A1:A8"
```

在组合框中添加数据的效果如图 9-30 所示。

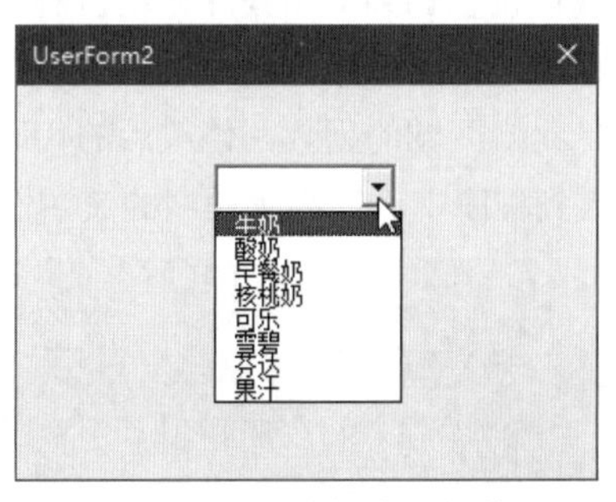

图 9-30　在组合框中添加数据

2. 使用 List 属性

在列表框或组合框中添加数据还可以使用 List 属性，添加单列数据时，该属性接受一个水平数组。如果数据位于一列单元格区域中，则需要先将其转换为一行，然后再赋值给 List 属性。下面的代码是使用 List 属性将活动工作表中的 A1:A8 单元格区域中的数据添加到列表框中。

```
lstData.List = WorksheetFunction.Transpose(Range("A1:A8"))
```

如需添加非活动工作表中的数据，需要为 Range 对象添加对特定工作表的引用。下面的代码将名为“2023”工作表中的 A1:A8 单元格区域的数据添加到列表框中。

```
lstData.List = WorksheetFunction.Transpose(Worksheets("2023").Range("A1:A8"))
```

使用 Clear 方法可以删除使用 List 属性添加到列表框或组合框中的数据。

9.6.2　将工作表中的多列数据添加到列表框或组合框中

与添加单列数据类似，可以使用列表框或组合框的 RowSource 属性或 List 属性，将工作表中的多列数据添加到列表框或组合框中。

1. 使用 RowSource 属性

运行本例用户窗体，单击“添加”按钮，将活动工作表中的 A1:B8 单元格区域的数据添加到列表框中。为了让数据在列表框中也显示为两列，需要将列表框的 ColumnCount 属性设置为 2，如图 9-31 所示。

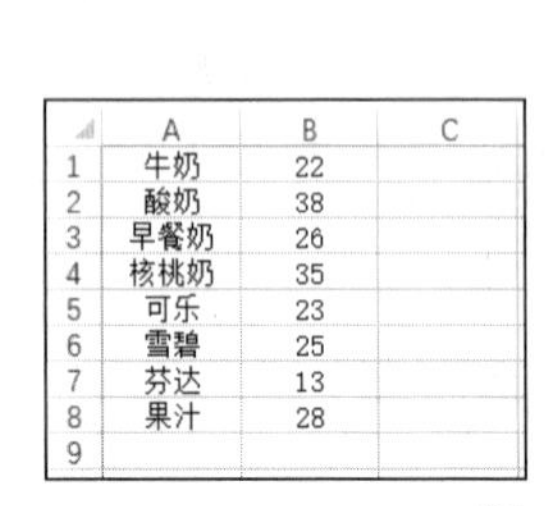

	A	B	C
1	牛奶	22	
2	酸奶	38	
3	早餐奶	26	
4	核桃奶	35	
5	可乐	23	
6	雪碧	25	
7	芬达	13	
8	果汁	28	
9			

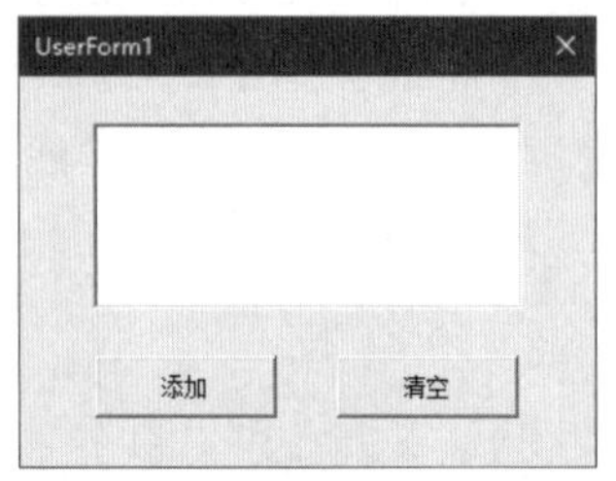

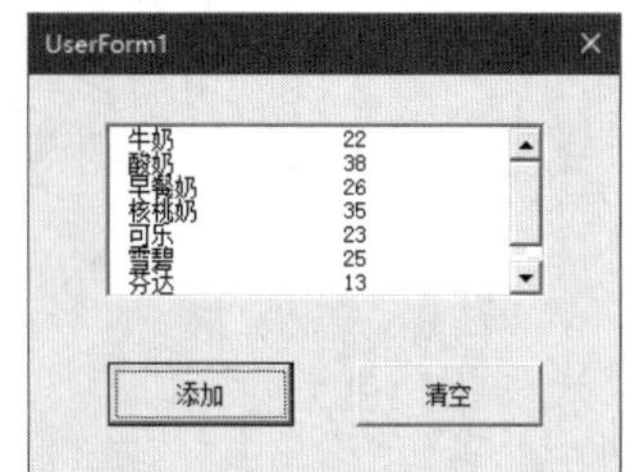

图 9-31　使用 RowSource 属性添加多列数据

下面的代码位于用户窗体模块中，用户窗体中的控件与 9.6.1 小节相同。

```
Private Sub cmdAdd_Click()
    lstData.ColumnCount = 2
    lstData.RowSource = "A1:B8"
End Sub
```

如果希望为 ColumnCount 属性设置的列数由程序自动检测，则可以将数据所在的单元格区域的地址赋值给一个变量，然后将该变量作为 Range 属性的参数，从而返回一个 Range 对象，再使用 Range 对象的属性返回单元格区域的列数。修改后的代码如下，虽然比上面的代码多了两行，但是不用将列数固定写入到程序中，提高了程序的灵活性。

```
Private Sub cmdAdd_Click()
    Dim strDataAddress As String
    strDataAddress = "A1:B8"
    lstData.ColumnCount = Range(strDataAddress).Columns.Count
    lstData.RowSource = strDataAddress
End Sub
```

2. 使用 List 属性

使用 List 属性也可以将多列数据添加到列表框中，并在列表框中显示为多列。此时需要将 Range 对象的 Value 属性赋值给列表框的 List 属性。

```
Private Sub cmdAdd_Click()
    lstData.ColumnCount = 2
    lstData.List = Range("A1:B8").Value
End Sub
```

9.6.3　将未存储在工作表中的数据添加到列表框或组合框中

如果数据没有存储在工作表中，则需要使用 AddItem 方法将这些数据添加到列表框或组合框中。每次使用 AddItem 方法只能添加一项数据，如需添加多项数据，需要多次使用该方法。

下面的代码位于用户窗体模块中，运行该用户窗体，单击“添加”按钮，将 5 个名称添加到列表框中，如图 9-32 所示。

```
Private Sub cmdAdd_Click()
    lstData.AddItem "牛奶"
    lstData.AddItem "酸奶"
    lstData.AddItem "早餐奶"
    lstData.AddItem "核桃奶"
    lstData.AddItem "果汁"
End Sub
```

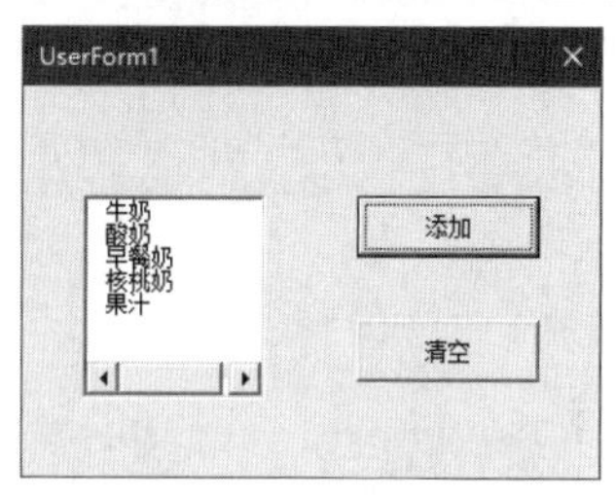

图 9-32　使用 AddItem 方法添加无规律的多项数据

如需删除使用 AddItem 方法添加的所有数据。可以使用 Clear 方法。本例中的“清空”按钮的 Click 事件过程的代码如下：

```
Private Sub cmdClear_Click()
    lstData.Clear
End Sub
```

如果数据有一定的规律，则可以在 For Next 语句中使用 AddItem 方法快速添加数据。下面的代码将数字 1～10 添加到列表框中，如图 9-33 所示。

```
Private Sub cmdAdd_Click()
    Dim intNumber As Integer
    For intNumber = 1 To 10
        lstData.AddItem intNumber
    Next intNumber
End Sub
```

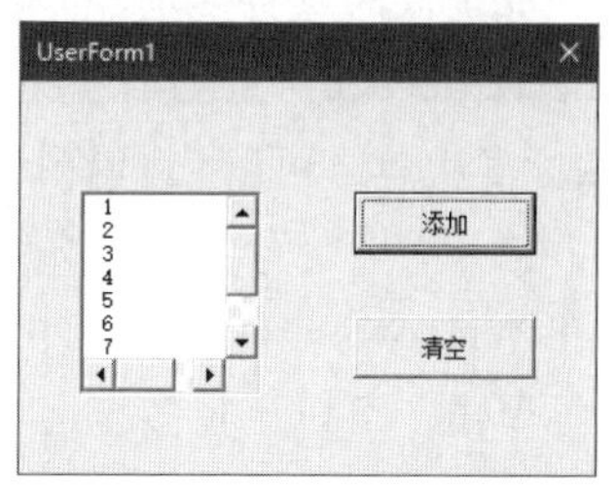

图 9-33　使用 AddItem 方法添加有规律的多项数据

注意：如果已经使用 RowSource 属性为列表框或组合框添加了数据，则使用 AddItem 方法将导致运行时错误，此时需要先将 RowSource 属性的值设置零长度字符串，然后再使用 AddItem 方法添加数据。

由于列表框或组合框的 List 属性接受一个数组，所以可以使用 Array 函数在列表框或组合框中添加多项数据。下面的代码是使用 Array 函数在列表框中添加本小节第一个示例中的 5 个名称。

```
lstData.List = Array("牛奶", "酸奶", "早餐奶", "核桃奶", "果汁")
```

如需将未存储在工作表中的多列数据添加到列表框中，需要将多列数据存储在一个二维数组中，然后将该数组赋值给列表框的 List 属性。下面的代码先使用 Array 函数创建两组数据，一组是名称，一组是与名称关联的价格。然后将两组数据存储到名为 varData 的动态数组中，再将该数组赋值给名为 lstData 的列表框的 List 属性。在用户窗体中单击“添加”按钮，将两组数据添加到列表框中，并在其中显示为两列，如图 9-34 所示。

```
Private Sub cmdAdd_Click()
    Dim varData() As Variant
    Dim varNames As Variant, varPrice As Variant
    Dim intNameIndex As Integer, intPriceIndex As Integer
    varNames = Array("牛奶", "酸奶", "早餐奶", "核桃奶", "果汁")
    varPrice = Array(2.5, 3, 2, 3.5, 5)
    ReDim varData(0 To UBound(varNames), 0 To 1)
    For intNameIndex = 0 To UBound(varNames)
        varData(intNameIndex, 0) = varNames(intNameIndex)
        varData(intNameIndex, 1) = varPrice(intNameIndex)
    Next intNameIndex
    lstData.ColumnCount = 2
    lstData.List = varData
End Sub
```

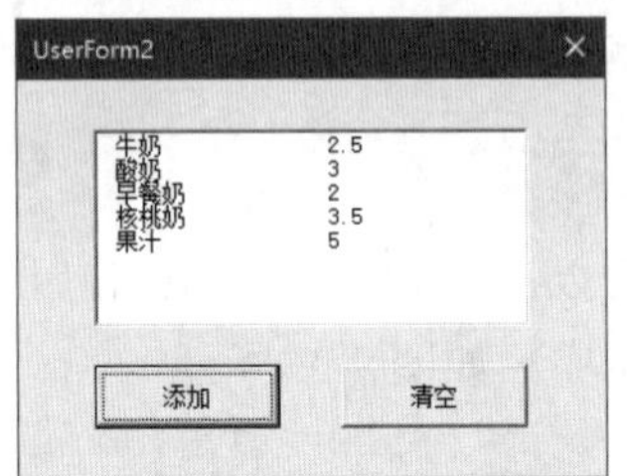

图 9-34　将两列数据添加到列表框中

9.6.4　在列表框中选择多个选项

在列表框中默认只能选择一项，如需同时选择多项，需要将列表框的 MultiSelect 属性设置为 fmMultiSelectMulti 或 fmMultiSelectExtended，它们的含义如下。

- fmMultiSelectMulti：使用鼠标多次单击可以选择多个选项。单击已选中的选项，将取消其选中状态。
- fmMultiSelectExtended：与在 Windows 资源管理器中选择多个文件夹的方法类似，使用 Ctrl 键或 Shift 键并配合鼠标单击，可以选择多个选项。如果在按住 Ctrl 键时单击已选中的选项，则将取消其选中状态。

如图 9-35 所示是在列表框中选择多个选项的效果。

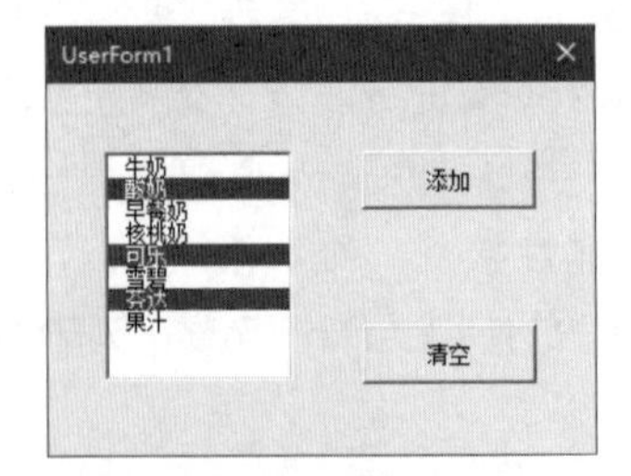

图 9-35　在列表框中选择多个选项

如需恢复单项选择功能，可以将 MultiSelect 属性设置为 fmMultiSelectSingle。

9.6.5　修改在列表框中选中的选项

运行本例用户窗体，单击“添加”按钮，将活动工作表中的 A1:A8 单元格区域的数据添加到列表框中。在列表框中选择一项，然后在文本框中修改该项。单击“修改”按钮，使用文本框中的修改结果替换列表框中的对应项，并仍然保持该项的选中状态，如图 9-36 所示。

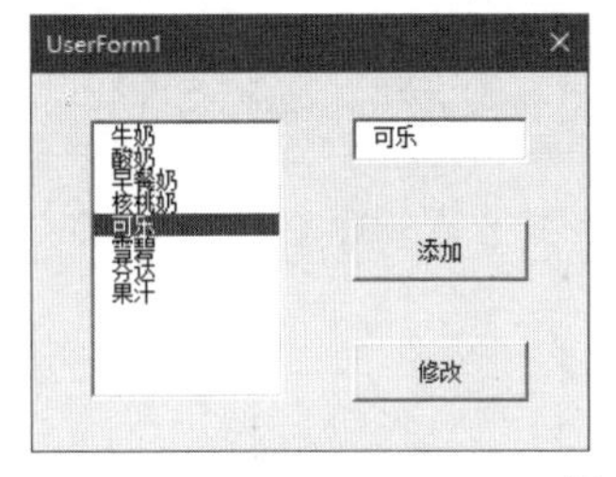

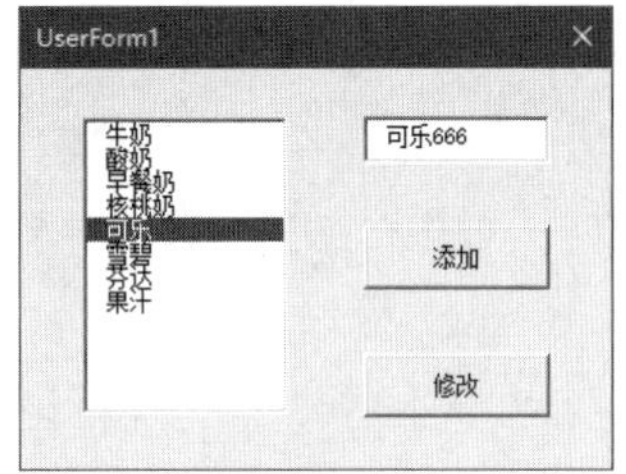

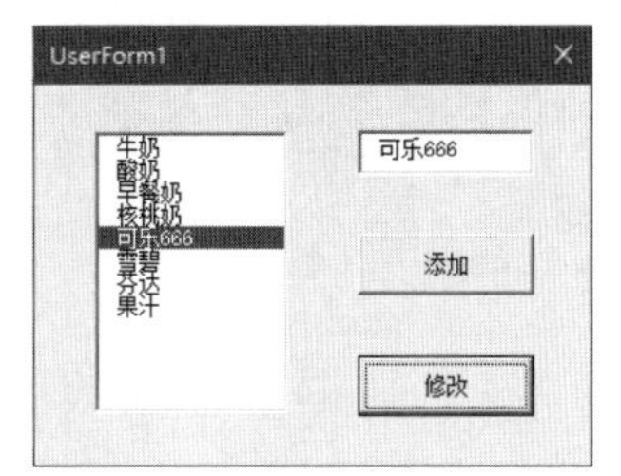

图 9-36　修改在列表框中选中的选项

用户窗体中有 4 个控件，它们的属性如表 9-20 所示。

表 9-20　各个控件的属性

控 件 类 型	Name	Caption
列表框	lstData	/
文本框	txtEdit	/
命令按钮	cmdAdd	添加
命令按钮	cmdEdit	修改

下面的代码位于用户窗体模块中，代码分为 3 个部分。

- “添加”按钮的 Click 事件过程：单击“添加”按钮，将活动工作表中的 A1:A8 单元格区域的数据添加到列表框中。
- 列表框的 Click 事件过程：在列表框中当前选中的选项将显示在文本框中。
- “修改”按钮的 Click 事件过程：首先判断列表框的 TopIndex 属性是否返回-1，如果不是，说明列表框包含数据。然后判断 ListIndex 属性是否返回-1，如果是，则说明当前未在列表框中选择任何信息，此时会显示提示信息；如果不是，则说明已经选择一项，此时使用一个变量保存列表框中当前选中的选项的索引号。然后使用 AddItem 方法将文本框中修改后的内容添加到该索引号所在的位置。添加新数据后，原来的数据会向下移动一个位置，其索引号会比原来多 1，然后使用 RemoveItem 方法将其删除，最后将保存索引号的变量赋值给列表框的 ListIndex 属性，以便选中新添加的数据（即对原数据修改后的数据），它在列表框中的位置还是原来的位置。

```
Private Sub cmdAdd_Click()
    lstData.List = Application.Transpose(Range("A1:A8"))
End Sub

Private Sub lstData_Click()
    txtEdit.Text = lstData.Text
End Sub
```

```
Private Sub cmdEdit_Click()
    Dim intListIndex As Integer
    If lstData.TopIndex <> -1 Then
        If lstData.ListIndex = -1 Then
            MsgBox "需要先选择一项"
        Else
            intListIndex = lstData.ListIndex
            lstData.AddItem txtEdit.Text, intListIndex
            lstData.RemoveItem intListIndex + 1
            lstData.ListIndex = intListIndex
        End If
    End If
End Sub
```

9.6.6 在列表框中移动选项的位置

运行本例用户窗体，单击“添加”按钮，将活动工作表中的 A1:A8 单元格区域的数据添加到列表框中。在列表框中选择一项，然后单击“上移”按钮或“下移”按钮，可以在列表框中向上或向下移动选中的选项，如图 9-37 所示。

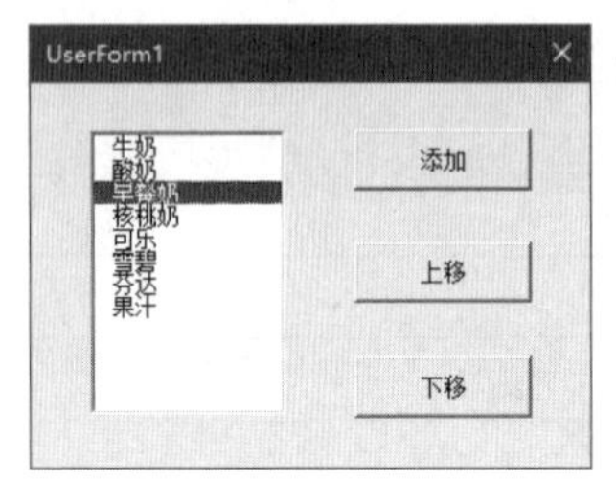

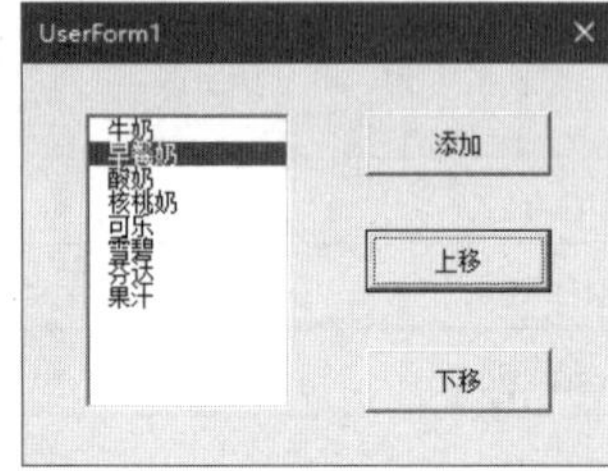

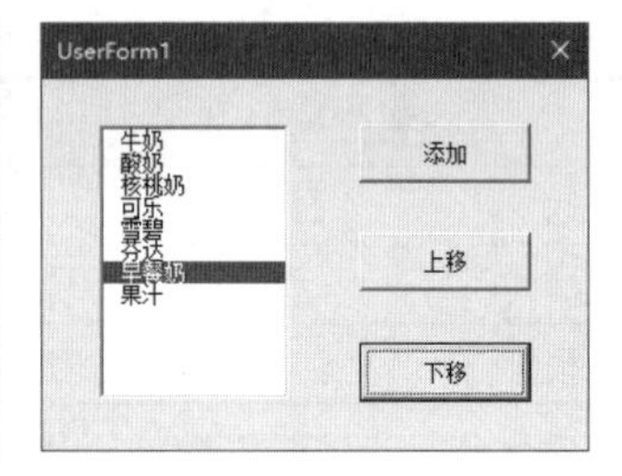

图 9-37　在列表框中移动选项的位置

如果列表框中没有数据或未选择任何选项，则单击“上移”按钮和“下移”按钮时都不进行移动。如果选中的是第一个选项，则单击“上移”按钮时不进行移动。如果选中的是最后一个选项，则单击“下移”按钮时不进行移动。

用户窗体中有 4 个控件，它们的属性如表 9-21 所示。

表 9-21　各个控件的属性

控 件 类 型	Name	Caption
列表框	lstData	/
命令按钮	cmdAdd	添加
命令按钮	cmdMoveUp	上移
命令按钮	cmdMoveDown	下移

下面的代码位于用户窗体模块中，代码分为 3 个部分。

- “添加”按钮的 Click 事件过程：将活动工作表中的 A1:A8 单元格区域的数据添加到列表框中，然后将列表框中的数据存储到一个动态数组中。
- “上移”按钮的 Click 事件过程：首先判断选中的选项的索引号是否大于 0，如果是，则说明列表框包含数据且选择了一项。此时使用一个变量保存该项的索引号，然后使用一个变量临时保存选中的选项，接着将该选项的上一个选项保存到与选中的选项索引号对应的数组元素中，再将变量中临时保存的选项赋值给数组中的上一个元素，相当于对调了两项数据的位置。最后将对调数据位置后的整个数组赋值给列表框的 List 属性，以便将该数组中的所有数据重新添加到列表框中，并选中向上移动一个位置后的数据，即最初要移动的数据。

- “下移”按钮的 Click 事件过程：与“上移”按钮的代码类似，主要区别在于初始判断条件不同，以及交换数据时需要将索引号加 1 而不是减 1。“下移”按钮可以正常工作的前提条件是，列表框包含数据，且当前选择的选项不是最后一项。只要 ListIndex 属性的返回值大于或等于 0，就说明列表框包含数据，因为列表框没有数据时该属性返回-1。列表框中最后一项的索引号可以使用 Ubound 函数获取 List 属性返回的数组的上限而得到。

```
Dim varList() As Variant, varTemp As Variant
Dim intIndex As Integer, intSelectedIndex As Integer

Private Sub cmdAdd_Click()
    lstData.List = Application.Transpose(Range("A1:A8"))
    ReDim varList(0 To UBound(lstData.List))
    For intIndex = 0 To UBound(varList)
        varList(intIndex) = lstData.List(intIndex)
    Next intIndex
End Sub

Private Sub cmdMoveUp_Click()
    If lstData.ListIndex > 0 Then
        intSelectedIndex = lstData.ListIndex
        varTemp = lstData.List(intSelectedIndex)
        varList(intSelectedIndex) = varList(intSelectedIndex - 1)
        varList(intSelectedIndex - 1) = varTemp
        lstData.List = varList
        lstData.ListIndex = intSelectedIndex - 1
    End If
End Sub

Private Sub cmdMoveDown_Click()
    If lstData.ListIndex >= 0 And lstData.ListIndex < UBound(lstData.List) Then
        intSelectedIndex = lstData.ListIndex
        varTemp = lstData.List(intSelectedIndex)
        varList(intSelectedIndex) = varList(intSelectedIndex + 1)
        varList(intSelectedIndex + 1) = varTemp
        lstData.List = varList
        lstData.ListIndex = intSelectedIndex + 1
    End If
End Sub
```

9.6.7　将列表框中的一项或多项数据添加到工作表中

运行本例用户窗体，自动在列表框中添加两列数据，其代码与 9.6.3 小节中的最后一个示例相同，只是此处将代码写入用户窗体的 Initialize 事件过程中。单击用户窗体中的“保存部分”按钮，将列表框中选中的所有数据添加到以用户指定的单元格作为起点的单元格区域中，如图 9-38 所示。

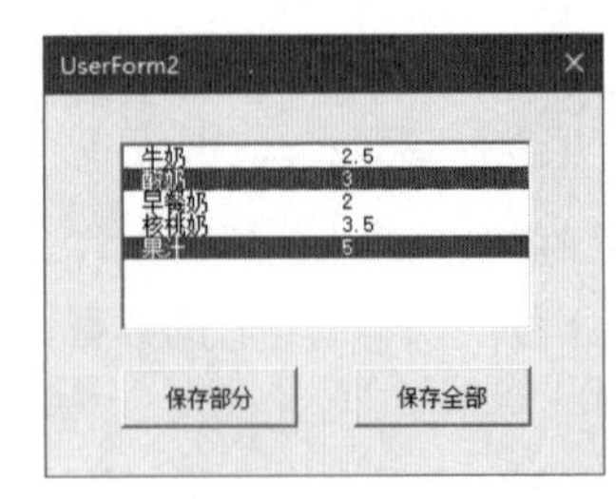

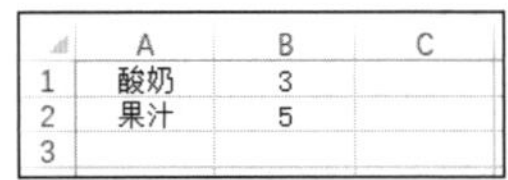

图 9-38　将列表框中选中的所有数据添加到单元格区域中

单击用户窗体中的“保存全部”按钮，将列表框中的所有数据添加到以用户指定的单元格作为起点的单元格区域中，如图 9-39 所示。

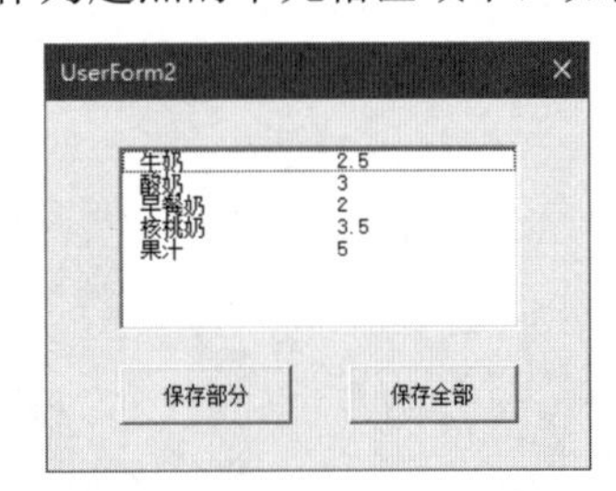

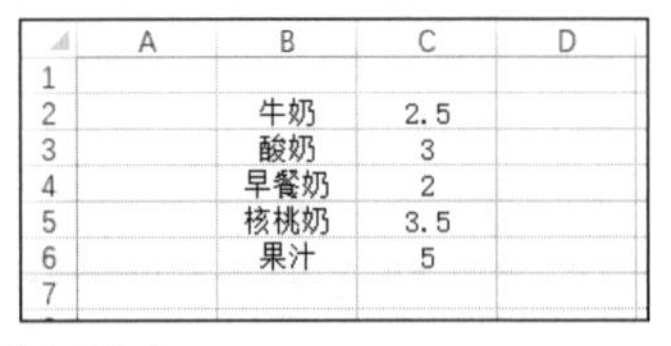

图 9-39　将列表框中的所有数据添加到单元格区域中

用户窗体中有 3 个控件，它们的属性如表 9-22 所示。

表 9-22　各个控件的属性

控 件 类 型	Name	Caption
列表框	lstData	/
命令按钮	cmdSavePart	保存部分
命令按钮	cmdSaveAll	保存全部

下面的代码位于用户窗体模块中，代码分为两个部分。

- “保存部分”按钮的 Click 事件过程：由于起初无法确定在列表框中一共选中了多少项，所以需要创建一个动态数组，并声明一个变量用于保存当前找到的选项总数。每次找到一个选中的选项时，该变量的值加 1，并将其用作重新定义动态数组时的上限。由于本例要在动态数组中存储二维数据，但是在定义动态数组时使用 Preserve 关键字，只能更改数组最后一维的上限。所以需要将始终发生变化的上限作为数组的第二维，相当于在动态数组的第一维存储列表框中的列数据，在第二维存储行数据。为了将正确的数据写入单元格区域的行和列中，需要在最后使用 WorksheetFunction 对象的 Transpose 方法对调动态数组中行列数据位置。
- “保存全部”按钮的 Click 事件过程：由于处理的是列表框中的所有数据，所以可以直接将列表框的 List 属性返回的包含所有数据的二维数组赋值给指定的单元格区域，该单元格区域的行数和列数由该二维数组的第一维和第二维的上限，并加上 1 后的值决定。将上限加 1 是因为列表框中的第一行和第一列的索引号都从 0 开始。

```
Private Sub cmdSavePart_Click()
    Dim strCellAddress As String, rngStart As Range
    Dim varList() As Variant, intCount As Integer
```

```
        Dim intIndex As Integer
        strCellAddress = InputBox("输入左上角单元格地址: ")
        On Error Resume Next
        Set rngStart = Range(strCellAddress)
        If rngStart Is Nothing Then
            MsgBox "输入的单元格地址无效"
            Exit Sub
        End If
        For intIndex = 0 To UBound(lstData.List, 1)
            If lstData.Selected(intIndex) Then
                intCount = intCount + 1
                ReDim Preserve varList(1 To 2, 1 To intCount)
                varList(1, intCount) = lstData.List(intIndex, 0)
                varList(2, intCount) = lstData.List(intIndex, 1)
            End If
        Next intIndex
        rngStart.Resize(UBound(varList, 1), UBound(varList, 2)).Value = WorksheetFunction.
Transpose(varList)
    End Sub

    Private Sub cmdSaveAll_Click()
        Dim strCellAddress As String, rngStart As Range
        strCellAddress = InputBox("输入左上角单元格地址: ")
        On Error Resume Next
        Set rngStart = Range(strCellAddress)
        If rngStart Is Nothing Then
            MsgBox "输入的单元格地址无效"
            Exit Sub
        End If
        rngStart.Resize(UBound(lstData.List, 1) + 1, UBound(lstData.List, 2) + 1).Value
= lstData.List
    End Sub
```

9.7　图像

图像用于显示图片，该控件支持以下几种图片文件格式：.bmp、.jpg、.wmf、.gif、.ico 和.cur。使用图像可以裁剪或缩放图片，但是不能编辑图片。Click 事件是图像的默认事件，单击图像时将触发该事件。图像的常用属性如表 9-23 所示。

表 9-23　图像的常用属性

属　性	说　明
Picture	为图像设置要显示的图片，在程序运行期间需要使用 LoadPicture 函数进行设置
PictureAlignment	设置图片在图像中的位置，包括左上角、右上角、居中、左下角、右下角
PictureSizeMode	设置图片在图像中的填充方式，可以等比例放大图片以填满图像，但是图像的边界可能会出现空白，或在图片可能变形的情况下填满图像，当图片较大时，可以裁剪掉超出图像的部分

下面通过几个示例介绍图像的用法。

9.7.1　显示指定的图片

运行本例用户窗体，单击“显示图片”按钮，将显示预先指定的图片，如图 9-40 所示。单击“隐藏图片”按钮，将图片隐藏起来。

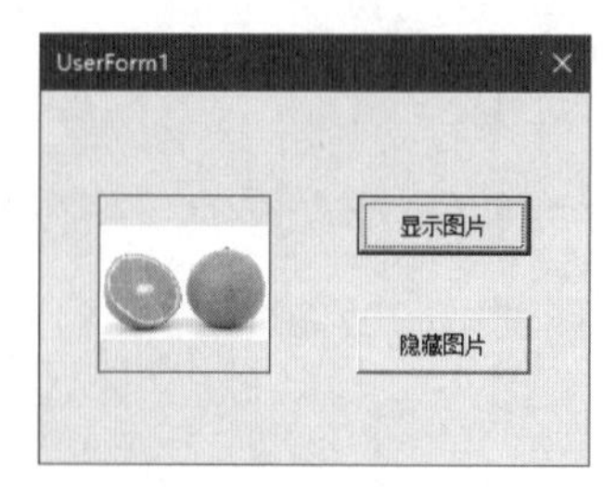

图 9-40　显示预先指定的图片

用户窗体中有 3 个控件，它们的属性如表 9-24 所示。

表 9-24　各个控件的属性

控 件 类 型	Name	Caption
图像	imgPicture	/
命令按钮	cmdDisplay	显示图片
命令按钮	cmdHide	隐藏图片

下面的代码位于用户窗体模块中，代码分为两个部分：

- “显示图片”按钮的 Click 事件过程：将要显示的图片的完整路径保存到一个变量中，然后使用 VBA 内置的 Dir 函数判断该路径是否有效，如果有效，则使用 LoadPicture 函数加载该图片，并将其赋值给图像的 Picture 属性。最后将 PictureSizeMode 属性设置为 fmPictureSizeModeZoom，将图片等比例填充控件，确保图片不会变形。
- “隐藏图片”按钮的 Click 事件过程：使用零长度字符串作为 LoadPicture 函数的第一个参数，并将该函数的返回值赋值给 Picture 属性，将删除控件中的图片。

```
Private Sub cmdDisplay_Click()
    Dim strPicName  As String
    strPicName = ThisWorkbook.Path & "\橙子.jpg"
    If Dir(strPicName) <> "" Then
        imgPicture.Picture = LoadPicture(strPicName)
        imgPicture.PictureSizeMode = fmPictureSizeModeZoom
    End If
End Sub

Private Sub cmdHide_Click()
    imgPicture.Picture = LoadPicture("")
End Sub
```

为了将图片填满整个控件，需要将 PictureSizeMode 属性设置为 fmPictureSizeModeStretch，此时图片会变形，如图 9-41 所示。解决该问题的一种方法是，在设计时增大控件的宽度或高度。

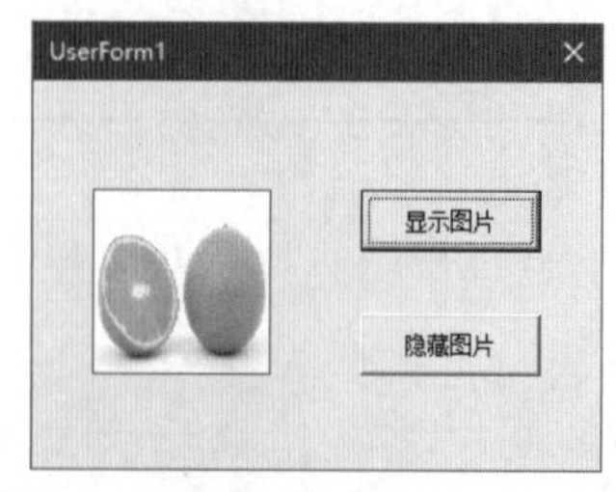

图 9-41　填满控件时图片出现变形

9.7.2　由用户选择要显示的图片

在实际应用，通常由用户自己选择要显示的图片，而不是每次都显示固定的图片。运行本例用户窗体，单击“显示图片”按钮，在对话框中双击一张图片，如图 9-42 所示，将在用户窗体中显示该图片，如图 9-43 所示。

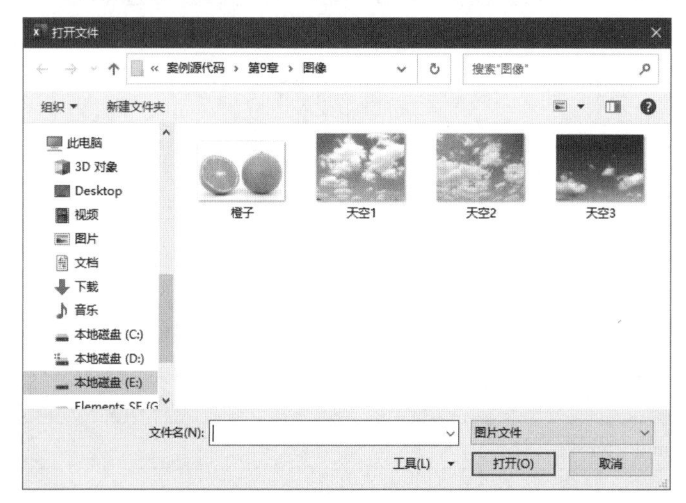

图 9-42　选择要显示的图片

图 9-43　显示所选图片

用户窗体中有两个控件，它们的属性如表 9-25 所示。

表 9-25　各个控件的属性

控 件 类 型	Name	Caption
图像	imgPicture	/
命令按钮	cmdSelect	选择图片

下面的代码位于用户窗体模块中，声明一个 FileDialog 类型的对象变量，将代表“打开文件”对话框的 FileDialog 对象赋值给该变量。然后设置在对话框中显示的 3 种图片文件类型。使用 Show 方法显示对话框，由于只能选择一张图片，所以选中的图片的索引号是 1，使用 FileDialog 对象的 SelectedItems 属性返回选中的图片的完整路径，然后将其作为 LoadPicture 函数的参数，即可将选中的图片显示在图像控件中，最后将图片填满整个控件。

```
Private Sub cmdSelect_Click()
    Dim fdl As FileDialog
    Set fdl = Application.FileDialog(msoFileDialogOpen)
    With fdl.Filters
        .Clear
        .Add "图片文件", "*.bmp;*.jpg;*.gif"
    End With
    If fdl.Show Then
        imgPicture.Picture = LoadPicture(fdl.SelectedItems(1))
        imgPicture.PictureSizeMode = fmPictureSizeModeStretch
    End If
End Sub
```

9.7.3　随机显示图片

运行本例用户窗体，每次单击“随机显示图片”按钮，都会在用户窗体中随机显示一张.jpg格式的图片，并在图片的右侧显示其名称，如图 9-44 所示。

图 9-44　随机显示图片

用户窗体中有 3 个控件，它们的属性如表 9-26 所示。

表 9-26　各个控件的属性

控件类型	Name	Caption
图像	imgPicture	/
标签	lblPicName	/
命令按钮	cmdRandom	随机显示图片

下面的代码位于用户窗体模块中，使用两个变量分别存储图片的路径和名称，图片的名称通过 VBA 内置的 Dir 函数获取。首先使用该函数在指定的路径中查找是否存在.jpg 格式的图片文件，如果没有该类型的图片，则 Dir 函数返回一个零长度字符串。如果找到图片，则进入 Do Loop 循环，将记录图片文件数量的变量加 1，并使用该数量重新定义动态数组的上限，然后将 Dir 函数返回的文件名赋值给动态数组中的第一个元素。接着使用不带参数的 Dir 函数查找下一个.jpg 格式的图片文件，如果找到图片，则继续重复上述操作，将找到的下一个图片文件赋值给动态数组中的下一个元素；如果找不到图片，则退出 Do Loop 循环。

此时在动态数组中保存着找到的所有图片，为了可以从中随机抽取一个图片，需要使用 VBA 内置的 Rnd 函数获取一个随机整数，该整数的范围是 1 到图片文件的总数。将得到的随机整数作为动态数组元素的索引号，从而随机得到一个动态数组元素。最后，使用 LoadPicture 函数将随机抽取到的图片文件显示在图像控件中，并将该图片文件的名称显示在标签控件中。

```
Private Sub cmdRandom_Click()
    Dim varFiles()  As Variant, intFileIndex As Integer
    Dim strFilePath As String, strFileName As String
    Dim intRandom As Integer
    strFilePath = ThisWorkbook.Path & "\"
    strFileName = Dir(strFilePath & "*.jpg")
    Do While strFileName <> ""
        intFileIndex = intFileIndex + 1
        ReDim Preserve varFiles(1 To intFileIndex)
            varFiles(intFileIndex) = strFileName
        strFileName = Dir
    Loop
    intRandom = Int(intFileIndex * Rnd + 1)
    imgPicture.Picture = LoadPicture(strFilePath & varFiles(intRandom))
```

```
    imgPicture.PictureSizeMode = fmPictureSizeModeStretch
    lblPicName.Caption = "名称: " & varFiles(intRandom)
End Sub
```

9.8　控件综合应用——创建用户登录窗口

本例将创建一个带有注册功能的用户登录窗口，如图 9-45 所示，其中有 6 个控件，它们的属性如表 9-27 所示。

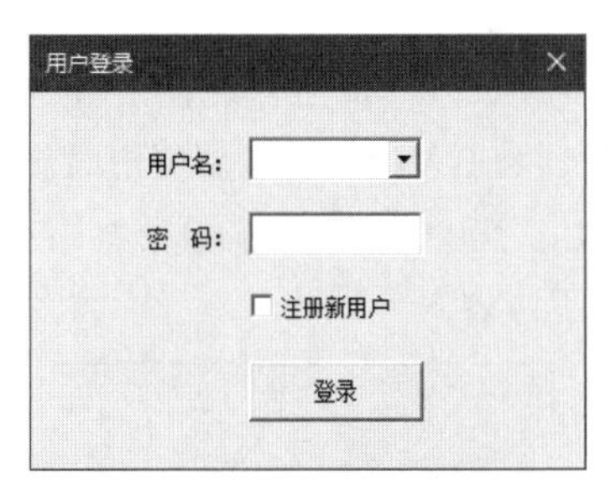

图 9-45　用户登录窗口

表 9-27　各个控件的属性

控 件 类 型	Name	Caption
标签	lblUserName	用户名:
标签	lblPassword	密码:
组合框	cboUserName	/
文本框	txtPassword	/
复选框	chkNewUser	注册新用户
命令按钮	cmdOk	登录/注册

显示用户登录窗口后，可以从顶部的下拉列表中选择现有的某个用户，然后在下方的文本框中输入密码。如果密码正确，将显示欢迎信息并关闭登录窗口，否则立即关闭该工作簿，并禁止用户使用它，如图 9-46 所示。

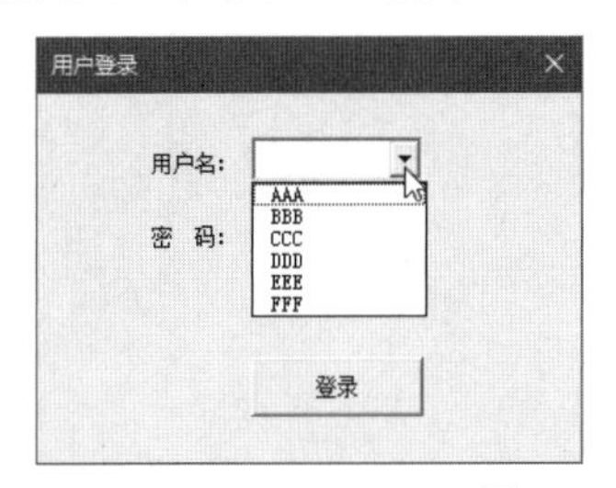

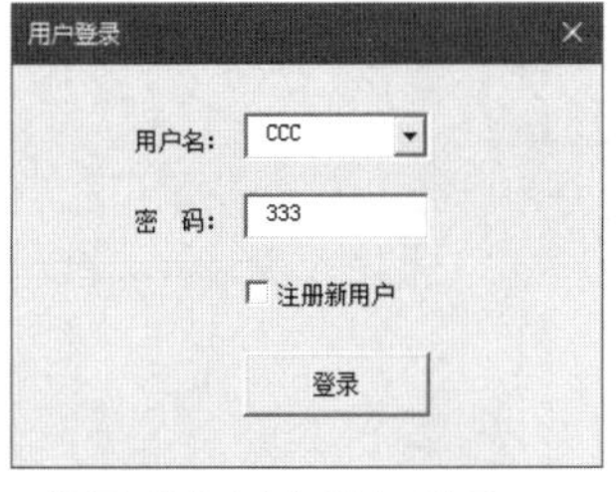

图 9-46　使用现有用户进行登录

如果勾选“注册新用户”复选框，则“登录”按钮将变为“注册”按钮，如图 9-47 所示。此时可以在顶部的文本框中输入新用户的名称，然后在下方的文本框中输入密码，单击“注册”按钮，将添加该用户。未勾选“注册新用户”复选框时，不能在顶部的文本框中输入除了现有用户之外的任何字符。添加新用户后，在顶部的下拉列表中会立即显示新增的用户名，如图 9-48 所示。

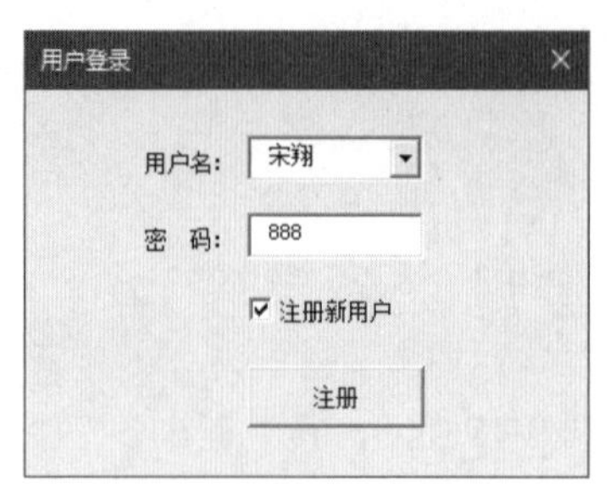

图 9-47　添加新用户

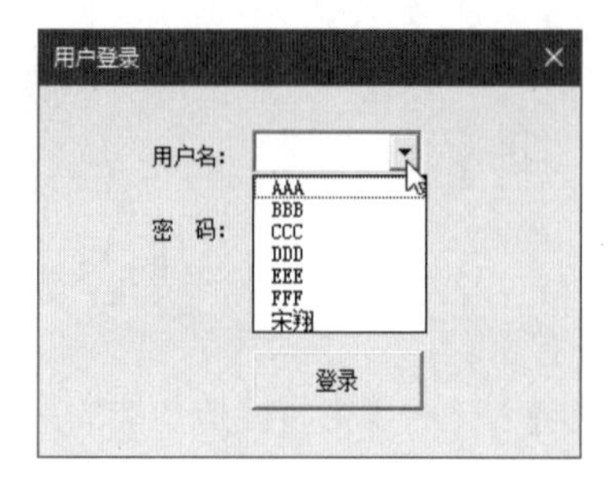

图 9-48　新增用户显示在下拉列表中

在本例的工作簿中有一个名为“U&P”的工作表，如图 9-49 所示，在登录窗口中使用的用户名和密码保存在该工作表的 A 列和 B 列中，注册新用户时新增的用户名和密码也会添加到这两列中。完成程序的编写和调试后，可以在 VBE 窗口中将该工作表设置为 xlSheetVeryHidden，防止其他用户随意显示和修改该工作表。

	A	B	C
1	AAA	111	
2	BBB	222	
3	CCC	333	
4	DDD	444	
5	EEE	555	
6	FFF	666	
7	宋翔	888	
8			

图 9-49　在一个工作表中存储用户名和密码

下面的代码位于用户窗体模块中，代码分为 3 个部分。

- 第一个部分包括前 3 行代码，在模块的顶部声明了 3 个模块级变量，该模块中的所有过程可以共享这几个变量的值。
- 第二个部分包括前 3 个 Sub 过程，用于实现 3 个功能，以便在后面的事件过程中进行调用，避免编写重复的代码，也可使代码的结构更清晰。
- 第三个部分包括后 3 个事件过程，第一个事件过程是在显示用户窗体时，调用前面几个 Sub 过程对用户窗体中的选项进行初始化设置；第二个事件过程是在勾选或取消勾选复选框时，更改组合框的样式和按钮的标题；第三个事件过程是在单击“登录”或“注册”按钮时，验证用户名和密码是否正确或者添加新用户。

```
Dim wks As Worksheet
Dim blnNewUser As Boolean
Dim lngDataLastRow As Long

'在组合框中加载现有用户名
Sub LoadUserName()
    Set wks = Worksheets("U&P")
    lngDataLastRow = wks.Cells(wks.Cells.Rows.Count, 1).End(xlUp).Row
    If WorksheetFunction.CountA(wks.Columns(1)) <> 0 Then
        cboUserName.List = wks.Range(wks.Cells(1, 1), wks.Cells(lngDataLastRow, 1)).Value
    End If
End Sub

'根据复选框的勾选状态设置组合框的样式
```

```
Sub ChangeComboStyle()
    Select Case blnNewUser
        Case True: cboUserName.Style = fmStyleDropDownCombo
        Case False: cboUserName.Style = fmStyleDropDownList
    End Select
End Sub

'根据复选框的勾选状态切换按钮标题
Sub ChangeButtonCaption()
    Select Case blnNewUser
        Case True: cmdOk.Caption = "注册"
        Case False: cmdOk.Caption = "登录"
    End Select
End Sub

'显示窗体时初始化设置
Private Sub UserForm_Initialize()
    frmLogin.Caption = "用户登录"
    blnNewUser = chkNewUser.Value
    LoadUserName
    ChangeComboStyle
    ChangeButtonCaption
End Sub

'勾选或取消勾选复选框时更改组合框样式和按钮标题
Private Sub chkNewUser_Click()
    blnNewUser = chkNewUser.Value
    ChangeComboStyle
    ChangeButtonCaption
End Sub

'单击登录或注册按钮时验证密码是否正确或创建新用户
Private Sub cmdOk_Click()
    Dim rng As Range
    Select Case cmdOk.Caption
        Case "登录"
            On Error Resume Next
            Set rng = wks.Cells.Find(cboUserName.Value, wks.Cells(1, 1), xlValues,
xlWhole, xlByColumns)
            If txtPassword.Text = rng.Offset(0, 1).Value Then
                MsgBox cboUserName.Text & ", 欢迎您登录本系统"
                Unload frmLogin
            Else
                MsgBox "密码错误，拒绝登录"
                ThisWorkbook.Close False
            End If
        Case "注册"
            If cboUserName.ListIndex = -1 Then
                wks.Cells(lngDataLastRow + 1, 1).Value = cboUserName.Text
                wks.Cells(lngDataLastRow + 1, 1).Offset(0, 1).Value = txtPassword.Text
            End If
            lngDataLastRow = lngDataLastRow + 1
            LoadUserName
    End Select
End Sub
```

第 10 章　处理文件和文件夹

使用 Excel 对象模型和 Office 对象模型中的一些对象，可以编程控制在 Excel 中打开和保存工作簿。如需对计算机中的任意文件和文件夹执行重命名、移动、复制、删除等操作，则需要使用 VBA 内置的函数和语句，或者使用 FSO 对象模型。本章将介绍使用 VBA 内置的函数和语句，以及使用 FSO 对象模型操作文件和文件夹的方法，最后介绍在文本文件中读取和写入数据的方法。

10.1　使用 VBA 内置的函数和语句操作文件和文件夹

VBA 自身提供了一些用于操作文件和文件夹的函数和语句，使用它们可以创建和删除文件夹、移动和复制文件、修改文件或文件夹的名称、删除文件等，本节将介绍使用这些函数和语句操作文件和文件夹的方法。还有一些 VBA 内置的函数和语句专门用于处理文本文件中的数据，这部分功能将在 10.3 节中详细介绍。

10.1.1　处理文件和文件夹的 VBA 内置函数和语句

处理文件和文件夹的 VBA 内置函数和语句如表 10-1 所示，可以在 VBA 中直接使用这些函数和语句，无须进行额外设置，而且它们通用于所有 Excel 版本。

表 10-1　处理文件和文件夹的 VBA 内置函数和语句

函数和语句	说　明
ChDir 语句	改变当前文件夹
ChDrive 语句	改变当前驱动器
CurDir 函数	返回当前文件夹的路径
Dir 函数	返回与指定格式或文件属性相匹配的文件名或文件夹
EOF 函数	判断是否到达文件的结尾
FileAttr 函数	返回使用 Open 语句打开文件的方式
FileCopy 语句	复制文件
FileDateTime 函数	返回最后一次修改文件的日期和时间
FileLen 函数	返回文件的大小，以字节为单位
FreeFile 函数	返回下一个可供 Open 语句使用的文件号
GetAttr 函数	返回文件的属性
Input 语句	从打开的顺序文件中读出数据并将其指定给变量
Input 函数	返回从打开的文件中读取的指定数量的字符

续表

函数和语句	说　　明
Line Input 语句	从打开的顺序文件中读取一行数据并将其指定给变量
LOF 函数	返回使用 Open 语句打开文件的大小，以字节为单位
Kill 语句	删除文件
MkDir 语句	创建一个新的文件夹
Name 语句	重命名文件或文件夹
Open 语句	打开文件
Print 语句	将格式化显示的数据写入顺序文件
RmDir 语句	删除空文件夹
SetAttr 语句	设置文件的属性
Tab 函数	与 Print 语句一起使用，用于指定写入数据的位置

10.1.2　使用 Dir 函数判断文件和文件夹是否存在

如果指定的文件或文件夹不存在，则在 VBA 中处理它们时将出现运行时错误。为了避免错误，需要先使用 Dir 函数判断要处理的文件或文件夹是否存在。如果指定的文件或文件夹存在，则 Dir 函数返回该文件或文件夹的名称，否则返回一个零长度字符串。Dir 函数的语法如下：

```
Dir(pathname, attributes)
```

- pathname（可选）：文件或文件夹的完整路径，可以使用通配符匹配多个文件。
- attributes（可选）：文件的属性，该参数的值如表 10-2 所示，可以将多个值相加以同时指定多个属性。

表 10-2　attributes 参数的值

常　　量	值	说　　明
vbNormal	0	指定无属性的文件，默认值
vbReadOnly	1	指定无属性的只读文件
vbHidden	2	指定无属性的隐藏文件
VbSystem	4	指定无属性的系统文件
vbVolume	8	指定卷标文件，如果指定了其他属性，则忽略该属性
vbDirectory	16	指定无属性文件及其路径和文件夹

下面的代码用于判断 E 盘的“测试数据”文件夹中的“总公司.xlsx”文件是否存在，如果存在，则在 Excel 中打开该文件，否则显示一条信息。

```
Sub 判断文件是否存在()
    Dim strFileName As String
    strFileName = "E:\测试数据\总公司.xlsx"
    If Dir(strFileName) <> "" Then
       Workbooks.Open strFileName
    Else
       MsgBox "文件不存在"
    End If
```

```
End Sub
```

如需判断某个文件夹是否存在，需要将 Dir 函数的第二个参数设置为 vbDirectory。下面的代码用于判断 E 盘中的“测试数据”文件夹是否存在，无论其是否存在，都显示一条信息。

```
Sub 判断文件夹是否存在()
    Dim strPath As String
    strPath = "E:\测试数据"
    If Dir(strPath, vbDirectory) <> "" Then
        MsgBox "【" & strPath & "】文件夹存在"
    Else
        MsgBox "【" & strPath & "】文件夹不存在"
    End If
End Sub
```

如果在路径的末尾添加路径分隔符“\”，则无须为 Dir 函数指定第二个参数，也可实现相同的功能，代码如下：

```
Sub 判断文件夹是否存在2()
    Dim strPath As String
    strPath = "E:\测试数据\"
    If Dir(strPath) <> "" Then
        MsgBox "【" & strPath & "】文件夹存在"
    Else
        MsgBox "【" & strPath & "】文件夹不存在"
    End If
End Sub
```

10.1.3 列出指定文件夹中的所有文件

使用 Dir 函数和动态数组，可以查找指定文件夹中的所有文件，并可将找到的文件名添加到 Excel 工作表中。下面的代码用于在活动工作表的 A、B 两列中，列出 E 盘的“测试数据”文件夹的所有文件和文件的大小，如图 10-1 所示。

```
Sub 列出指定文件夹中的所有文件()
    Dim strPath As String, strFileName As String
    Dim intIndex As Integer, varFiles() As Variant
    strPath = "E:\测试数据\"
    strFileName = Dir(strPath & "*.*")
    Range("A1").Value = "文件名"
    Do While strFileName <> ""
        intIndex = intIndex + 1
        ReDim Preserve varFiles(1 To intIndex)
        varFiles(intIndex) = strFileName
        strFileName = Dir
    Loop
    Range("A2").Resize(UBound(varFiles)).Value = WorksheetFunction.Transpose
(varFiles)
    Range("A1").CurrentRegion.HorizontalAlignment = xlCenter
    Range("A1").CurrentRegion.Columns.AutoFit
End Sub
```

代码解析： 将“测试数据”文件夹的路径存储在 strPath 变量中，然后使用 Dir 函数在该路径中查找以“*.*”为名称的文件，第一个星号表示任意名称，第二个星号表示任意扩展名，它们组合在一起表示任意名称和扩展名的文件。在进入 Do Loop 循环时先检查 Dir 函数的返回值是否为零长度字符串，如果不是，说明至少找到了一个文件，此时进入 Do Loop 循环，将用作数组元素索引号的变量加 1，并使用该变量定义动态数组的上限，然后将当前找到的文件名赋值给动态数组的第一个元素，再使用不带参数的 Dir 函数继续按照之前的条件查找下一个文件。反复执行上述操作，将每次找到的文件赋值给动态数组的下一个元素。最后将水平数组转换为垂直数组，并输入以 A2 单元格为起点的单元格区域中，区域的总行数由数组的上限决定。

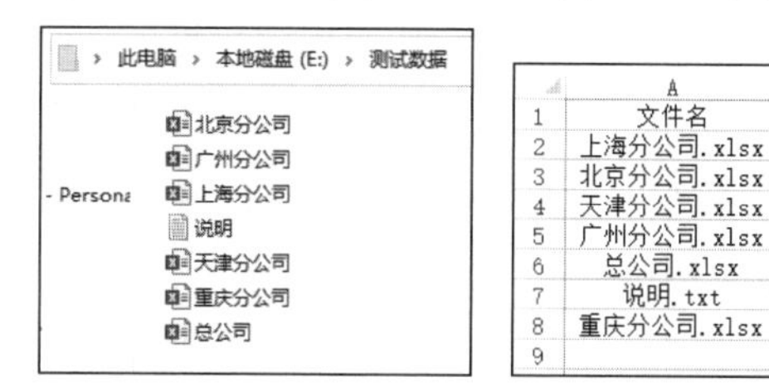

	A	B
1	文件名	
2	上海分公司.xlsx	
3	北京分公司.xlsx	
4	天津分公司.xlsx	
5	广州分公司.xlsx	
6	总公司.xlsx	
7	说明.txt	
8	重庆分公司.xlsx	
9		

图 10-1　列出指定文件夹中的所有文件

如需同时列出指定文件夹中的文件名和文件大小，可以使用下面的代码，运行效果如图 10-2 所示。本例代码与上一个示例类似，只是需要定义一个二维动态数组，将文件名和文件大小分别存储在每一维元素中。

```
Sub 列出指定文件夹中的所有文件2()
    Dim strPath As String, strFileName As String
    Dim intIndex As Integer, varFiles() As Variant
    strPath = "E:\测试数据\"
    strFileName = Dir(strPath & "*.*")
    Range("A1:B1").Value = Array("文件名", "文件大小")
    Do While strFileName <> ""
        intIndex = intIndex + 1
        ReDim Preserve varFiles(1 To 2, 1 To intIndex)
        varFiles(1, intIndex) = strFileName
        varFiles(2, intIndex) = FileLen(strPath & strFileName) & "字节"
        strFileName = Dir
    Loop
    Range("A2").Resize(UBound(varFiles, 2), 2).Value = WorksheetFunction.Transpose
(varFiles)
    Range("A1").CurrentRegion.HorizontalAlignment = xlCenter
    Range("A1").CurrentRegion.Columns.AutoFit
End Sub
```

	A	B	C
1	文件名	文件大小	
2	上海分公司.xlsx	16406字节	
3	北京分公司.xlsx	11388字节	
4	天津分公司.xlsx	10444字节	
5	广州分公司.xlsx	17518字节	
6	总公司.xlsx	11358字节	
7	说明.txt	21字节	
8	重庆分公司.xlsx	24324字节	
9			

图 10-2　同时列出文件名和文件大小

10.1.4　使用 MkDir 语句创建文件夹

如需在计算机磁盘中创建新的文件夹，可以使用 MkDir 语句。该语句有一个参数，表示要创建文件夹的完整路径。下面的代码用于在 E 盘的“测试数据”文件夹中创建名为 Excel 的文件夹。

```
MkDir "E:\测试数据\Excel"
```

如果路径不存在，则会出现运行时错误。为了避免错误，可以使用 Dir 函数判断路径是否存在，如果存在，再创建新的文件夹。

如果在参数中省略驱动器的名称，则将在当前文件夹中创建新的文件夹。使用 CurDir 函数可以返回当前文件夹，使用 ChDir 语句可以更改当前文件夹。使用 ChDrive 语句可以更改当前驱动器。

假设当前文件夹是 E 盘的“测试数据”文件夹，则下面的代码将在该文件夹中创建名为 Excel 的文件夹。

```
MkDir "Excel"
```

如果当前文件夹不是 E 盘的“测试数据”文件夹，则可以使用下面的代码将当前文件夹更改为该文件夹。

```
ChDir "E:\测试数据"
MkDir "Excel"
```

如果当前驱动器不是 E，则需要先使用 ChDrive 语句将当前驱动器更改为 E，然后使用 ChDir 语句更改当前文件夹，再使用 MkDir 语句在当前文件夹中创建新的文件夹。

```
ChDrive "E"
ChDir "E:\测试数据"
MkDir "Excel"
```

注意：如果在指定的位置已经存在要创建的文件夹，则在该位置创建同名的文件夹时将出现运行时错误。

10.1.5 使用 RmDir 语句删除文件夹

使用 RmDir 语句可以删除一个空文件夹。如果文件夹包含文件或子文件夹，需要先将其中的所有文件和子文件夹删除，然后再使用 RmDir 语句删除该文件夹，否则将出现运行时错误。

下面的代码用于删除 E 盘的“测试数据”文件夹中名为 Excel 的文件夹。

```
RmDir "E:\测试数据\Excel"
```

10.1.6 使用 Name 语句修改文件和文件夹的名称

使用 Name 语句可以修改文件和文件夹的名称，该语句的语法如下：

```
Name oldpathname As newpathname
```

- oldpathname（必需）：原始文件的完整路径。
- newpathname（必需）：修改名称后的文件的完整路径。

下面的代码用于将“测试数据”文件夹中的“总公司.xlsx”文件的名称修改为“总公司2023.xlsx”。

```
Sub 修改文件名()
    Dim strOldName As String, strNewName As String
    strOldName = "E:\测试数据\总公司.xlsx"
    strNewName = "E:\测试数据\总公司2023.xlsx"
    Name strOldName As strNewName
End Sub
```

注意：如果修改名称的文件处于打开状态，则将出现运行时错误。

下面的代码将“测试数据”文件夹的名称修改为“测试”。

```
Sub 修改文件夹名()
    Dim strOldName As String, strNewName As String
    strOldName = "E:\测试数据\"
    strNewName = "E:\测试\"
    Name strOldName As strNewName
End Sub
```

10.1.7　使用 Name 语句移动文件

除了可以使用 Name 语句修改文件和文件夹的名称之外，还可以使用该语句移动文件和文件夹，只需将 Name 语句的第二个参数设置为一个不同的路径即可。下面的代码用于将“测试数据”文件夹中的“总公司.xlsx”文件移动到 C 盘根目录中。

```
Sub 移动文件()
    Dim strOldName As String, strNewName As String
    strOldName = "E:\测试数据\总公司.xlsx"
    strNewName = "C:\总公司.xlsx"
    Name strOldName As strNewName
End Sub
```

注意：如果目标路径中已经存在同名文件，则将出现运行时错误。

也可以在移动文件的同时修改其名称。下面的代码用于将“测试数据”文件夹中的“总公司.xlsx”文件移动到 C 盘根目录中，并将其名称改为“总公司 2023.xlsx”。

```
Sub 移动文件并改名()
    Dim strOldName As String, strNewName As String
    strOldName = "E:\测试数据\总公司.xlsx"
    strNewName = "C:\总公司 2023.xlsx"
    Name strOldName As strNewName
End Sub
```

10.1.8　使用 FileCopy 语句复制文件

使用 FileCopy 语句可以复制一个文件，该语句的语法如下：

```
FileCopy source, destination
```

- source（必需）：文件的完整路径。
- destination（必需）：将文件复制到的目标位置的完整路径。

下面的代码用于将“测试数据”文件夹中的“总公司.xlsx”文件复制到 C 盘根目录中，并将复制后的文件命名为“总公司（备份）.xlsx”。

```
Sub 复制文件()
    Dim strSouName As String, strDesName As String
    strSouName = "E:\测试数据\总公司.xlsx"
    strDesName = "C:\总公司（备份）.xlsx"
    FileCopy strSouName, strDesName
End Sub
```

注意：如果复制的文件处于打开状态，则将出现运行时错误。

10.1.9 使用 Kill 语句删除文件

使用 Kill 语句可以删除一个文件，被删除的文件不会进入回收站，所以无法对其进行恢复。删除文件前不会有任何提示信息，所以使用 Kill 语句时一定要谨慎。下面的代码用于删除“测试数据”文件夹中的“总公司.xlsx”文件。

```
Kill "E:\测试数据\总公司.xlsx"
```

注意：如果删除的文件不存在或处于打开状态，则将出现运行时错误。

10.2 使用 FSO 对象模型操作文件和文件夹

与使用 Excel 对象模型中的对象操作 Excel 应用程序类似，在 VBA 中还可以使用 FSO 对象模型操作文件和文件夹。与用于操作文件和文件夹的 VBA 内置函数和语句相比，FSO 对象模型提供了更多的灵活性，并可获取有关文件和文件夹更丰富的信息。本节将介绍使用 FSO 对象模型操作文件和文件夹的方法。

10.2.1 了解 FSO 对象模型

FSO 的全称是 File System Object（文件系统对象）。与 Excel 对象模型类似，FSO 对象模型提供了一套用于处理文件和文件夹的对象及相关的属性和方法，可以实现比 VBA 内置的函数和语句更丰富的功能，编写的代码也更清晰，具有更多的灵活性。

在 FSO 对象模型中有 8 个对象：FileSystemObject、Drives、Drive、Folders、Folder、Files、File 和 TextStream，以字母 s 结尾的对象是集合。

1. FileSystemObject 对象

FileSystemObject 对象是 FSO 对象模型中的顶层对象，其作用类似于 Excel 对象模型中的 Application 对象。使用 FileSystemObject 对象的一些方法可以返回 FSO 对象模型中的其他对象。例如，使用 GetDrive 方法将返回 Drive 对象，使用 GetFolder 方法将返回 Folder 对象，使用 GetFile 方法将返回 File 对象。

FileSystemObject 对象的一些方法与 FSO 对象模型中的其他对象的方法具有相同的功能。例如，CopyFile 方法用于复制文件，其功能与 File 对象的 Copy 方法相同。FileSystemObject 对象包含大量的方法，使用这些方法可以完成所有与文件和文件夹相关的操作。然而，在处理文本文件时，FileSystemObject 对象只提供了创建和打开文本文件的方法，而无法读取和写入文本文件中的数据，实现这些功能需要依靠 TextStream 对象的属性和方法。FileSystemObject 对象的方法如表 10-3 所示。

FileSystemObject 对象只有 Drivers 一个属性，用于返回计算机中所有驱动器的集合，从该集合中可以引用表示特定驱动器的 Drive 对象。然后使用 Drive 对象的相关属性返回表示文件夹的 Folders 集合，接着从该集合中引用表示特定文件夹的 Folder 对象。再使用 Folder 对象的相关属性返回表示文件的 Files 集合，最后从该集合中引用表示特定文件的 File 对象。

表 10-3　FileSystemObject 对象的方法

方　法	说　明
BuildPath	将名称添加到已存在的路径中
CopyFile	复制文件
CopyFolder	复制文件夹
CreateFolder	创建文件夹
CreateTextFile	创建文本文件
DeleteFile	删除文件
DeleteFolder	删除文件夹
DriveExists	确定指定的驱动器是否存在
FileExists	确定指定的文件是否存在
FolderExists	确定指定的文件夹是否存在
GetAbsolutePathName	返回绝对路径
GetBaseName	返回路径中最后部分的名称，不包括文件扩展名
GetDrive	返回表示指定路径中的驱动器的 Drive 对象
GetDriveName	返回指定路径中的驱动器的名称
GetExtensionName	返回路径中最后部件扩展名的字符串
GetFile	返回表示指定路径中的文件的 File 对象
GetFileName	返回指定路径中的最后名称
GetFolder	返回表示指定路径中的文件夹的 Folder 对象
GetParentFolderName	返回指定路径的父文件夹的名称
GetSpecialFolder	返回表示指定的特殊文件夹的 Folder 对象
GetTempName	返回随机产生的临时文件或文件夹的名称
MoveFile	移动文件
MoveFolder	移动文件夹
OpenTextFile	打开文本文件

2. Drives 集合和 Drive 对象

Drives 集合表示计算机中的所有驱动器，Drive 对象表示特定的驱动器。Drive 对象的属性如表 10-4 所示。

表 10-4　Drive 对象的属性

属　性	说　明
AvailableSpace	返回驱动器的可用空间
DriveLetter	返回驱动器的字母
DriveType	返回驱动器的类型
FileSyttem	返回驱动器的文件系统类型
FreeSpace	返回驱动器的剩余容量，通常与 AvailableSpace 的值相同
IsReady	确定驱动器是否已准备好

续表

属　　性	说　　明
Path	返回驱动器的路径
RootFolder	返回驱动器的根目录
SerialNumber	返回驱动器的卷标序列号
ShareName	返回驱动器的网络共享名
TotalSize	返回驱动器的总容量
VolumeName	返回驱动器的卷标名

3. Folders 集合和 Folder 对象

Folders 集合表示文件夹集合，Folder 对象表示特定的文件夹。Folder 对象有 4 个方法：Move、Copy、Delete 和 CreateTextFile，前 3 个方法分别用于移动、复制和删除文件夹，最后一个方法用于创建一个文本文件。Folder 对象的属性如表 10-5 所示。

表 10-5　Folder 对象的属性

属　　性	说　　明
Attributes	返回或设置文件夹的属性
DateCreated	返回文件夹的创建日期和时间
DateLastAccessed	返回最后一次访问文件夹的日期和时间
DateLastModified	返回最后一次修改文件夹的日期和时间
Drive	返回文件夹所在的驱动器号
Files	返回表示指定文件夹中的所有文件的 Files 集合
IsRootFolder	确定文件夹是否为根目录
Name	返回或设置文件夹的名称
ParentFolder	返回表示指定文件夹的父文件夹的 Folder 对象
Path	返回文件夹的路径
ShortName	返回需要较早的 8.3 命名规则约定的程序所使用的短名称
ShortPath	返回需要较早的 8.3 命名规则约定的程序所使用的短路径
Size	返回以字节为单位的包含在文件夹中所有文件和子文件夹的大小
SubFolders	返回表示指定文件夹中的所有子文件夹的 Folders 集合
Type	返回文件夹类型的相关信息

如需返回 Folders 集合，可以使用 Folder 对象的 SubFolders 属性。如需返回驱动器根目录中的所有文件夹集合，需要先使用 Drive 对象的 RootFolder 属性返回 Folder 对象，然后使用该 Folder 对象的 SubFolders 属性返回 Folders 集合。

4. Files 集合和 File 对象

Files 集合表示特定文件夹中所有文件的集合，File 对象表示特定的文件。如需返回 Files 集合，可以使用 Folder 对象的 Files 属性。File 对象有 4 个方法：Move、Copy、Delete 和 OpenAsTextStream，前 3 个方法分别用于移动、复制和删除文件，最后一个方法用于打开一个文本文件。File 对象的属性如表 10-6 所示。

表 10-6　File 对象的属性

属　性	说　明
Attributes	返回或设置文件的属性
DateCreated	返回文件的创建日期和时间
DateLastAccessed	返回最后一次访问文件的日期和时间
DateLastModified	返回最后一次修改文件的日期和时间
Drive	返回文件所在的驱动器号
Name	返回或设置文件的名称
ParentFolder	返回表示指定文件所在文件夹的 Folder 对象
Path	返回指定文件的路径
ShortName	返回需要较早的 8.3 命名规则约定的程序所使用的短名称
ShortPath	返回需要较早的 8.3 命名规则约定的程序所使用的短路径
Size	返回文件的大小，以字节为单位
Type	返回文件类型的相关信息

5. TextStream 对象

TextStream 对象专门用于在文本文件中读取和写入数据，TextStream 对象的属性和方法如表 10-7 和表 10-8 所示。

表 10-7　TextStream 对象的属性

属　性	说　明
Line	返回文本文件中的当前行号
AtEndOfStream	确定是否达到文本文件的结尾
AtEndOfLine	确定是否达到文本文件中指定行的结尾
Column	返回文本文件中当前字符位置的列号

表 10-8　TextStream 对象的方法

方　法	说　明
ReadAll	读取并返回文本文件的所有内容
WriteLine	将指定内容和换行符写入文本文件
Read	读取并返回文本文件中指定数量的字符
Close	关闭已打开的文本文件
WriteBlankLines	将指定数量的换行符写入文本文件
Skip	在读取文本文件时跳过指定数量的字符
ReadLine	读取并返回文本文件中的一整行内容
SkipLine	读取文本文件时跳过下一行
Write	将指定内容写入文本文件

可以使用以下 3 种方法创建或打开一个 TextStream 对象：

- 使用 FileSystemObject 对象的 CreateTextFile 方法或 OpenTextFile 方法，创建或打开一个文本文件。
- 使用 Folder 对象的 CreateTextFile 方法创建一个文本文件。
- 使用 File 对象的 OpenAsTextStream 方法打开一个文本文件。

10.2.2 创建 FSO 对象模型中的顶层对象

与使用字典对象类似，在 VBA 中使用 FSO 对象模型之前，也需要在 VBE 中引用 Microsoft Scripting Runtime 类型库，或者使用 CreateObject 函数通过后期绑定技术创建 FSO 对象模型中的顶层对象，然后才能使用该对象以及 FSO 对象模型中的其他对象操作文件和文件夹。

在 VBE 中引用 Microsoft Scripting Runtime 类型库的方法可参考 5.5.1 小节。添加该类型库的引用后，需要创建一个 FileSystemObject 类型的变量，然后使用 New 关键字将 FileSystemObject 对象的一个实例赋值给该变量，代码如下：

```
Dim fso As FileSystemObject
Set fso = New FileSystemObject
```

也可以将上面的两行代码合并为一行：

```
Dim fso As New FileSystemObject
```

如果不想预先在 VBE 中引用 Microsoft Scripting Runtime 类型库，则可以使用 CreateObject 函数创建 FSO 对象模型中的顶层对象。此时需要先声明一个 Object 类型的变量，然后使用 CreateObject 函数为该变量赋值，代码如下：

```
Dim fso As Object
Set fso = CreateObject("Scripting.FileSystemObject")
```

注意：后面几个小节中的示例都使用的是第一种方法创建 FileSystemObject 对象。为了使这些示例中的代码正常运行，需要先在 VBE 中引用 Microsoft Scripting Runtime 类型库。

10.2.3 引用指定的驱动器、文件夹和文件

使用 FileSystemObject 对象的 GetDrive、GetFolder 和 GetFile 三个方法，可以分别引用指定的驱动器、文件夹和文件，并返回相应的 Drive、Folder 和 File 对象。

1. 引用指定的驱动器

使用 FileSystemObject 对象的 GetDrive 方法将返回一个 Drive 对象，它表示指定的驱动器。GetDrive 方法有一个参数，该参数的值可以是以下几种形式：

- 一个表示驱动器的字母，例如“E”。
- 一个表示驱动器的字母和一个冒号，例如“E:”。
- 一个表示驱动器的字母和一个冒号，并在冒号的右侧加上路径分隔符，例如“E:\”。
- 任何网络共享的路径。

下面的 3 行代码都返回一个引用驱动器 E 的 Drive 对象，并将该对象赋值给 drv 变量。

```
fso.GetDrive "E"
fso.GetDrive "E:"
```

```
fso.GetDrive "E:\"
```

2. 引用指定的文件夹

使用 FileSystemObject 对象的 GetFolder 方法将返回一个 Folder 对象，它表示指定的文件夹。GetFolder 方法有一个参数，表示文件夹的路径。下面的代码返回一个引用 E 盘的“测试数据”文件夹的 Folder 对象。

```
fso.GetFolder "E:\测试数据\"
```

3. 引用指定的文件

使用 FileSystemObject 对象的 GetFile 方法将返回一个 File 对象，它表示指定的文件。GetFile 方法有一个参数，表示文件的路径。下面的代码返回一个引用“测试数据”文件夹中的“总公司.xlsx”文件的 File 对象。

```
fso.GetFile "E:\测试数据\总公司.xlsx"
```

无论引用的是驱动器、文件夹还是文件，为了便于后续处理这些对象，通常会将引用的对象赋值给一个对象变量。下面的代码分别将指定的驱动器、文件夹和文件赋值给相应类型的对象变量。

```
Set drv = fso.GetDrive("E")
Set fdr = fso.GetFolder("E:\测试数据\")
Set fil = fso.GetFile("E:\测试数据\总公司.xlsx")
```

10.2.4 判断驱动器、文件夹和文件是否存在

使用 FileSystemObject 对象的 DriveExists、FolderExists 和 FileExists 三个方法，可以分别判断指定的驱动器、文件夹和文件是否存在，从而避免由于操作无效的对象而出现运行时错误。

下面的代码判断驱动器 A 是否存在，如果存在，则使用 GetDrive 方法引用该驱动器，并将其返回的 Drive 对象赋值给 drv 变量，否则显示一条信息。

```
Sub 判断指定的驱动器是否存在()
    Dim fso As FileSystemObject, drv As Drive
    Set fso = New FileSystemObject
    If fso.DriveExists("A") Then
        Set drv = fso.GetDrive("A")
    Else
        MsgBox "指定的驱动器不存在"
    End If
End Sub
```

FolderExists 和 FileExists 两个方法的用法与 DriveExists 类似。

10.2.5 列出指定文件夹中的所有文件

使用 VBA 内置的函数和语句列出指定文件夹中的所有文件时，由于预先不知道文件夹中的文件总数，所以需要使用动态数组，通过不断改变数组的上限来向其中添加每次找到的文件。

使用 FSO 对象模型完成这项工作将变得更简单，因为可以使用 Files 集合的 Count 属性返回文件总数，然后使用 For Each 语句逐一处理 Files 集合中的每一个 File 对象。

下面的代码用于在活动工作表中列出 E 盘的“测试数据”文件夹的每一个文件的名称和大小。

```
Sub 列出指定文件夹中的所有文件()
    Dim fso As FileSystemObject, fil As File
    Dim strPath As String, intRow As Integer
    Set fso = New FileSystemObject
    strPath = "E:\测试数据\"
    Range("A1:B1").Value = Array("文件名", "文件大小")
    intRow = 2
    For Each fil In fso.GetFolder(strPath).Files
        Cells(intRow, 1).Value = fil.Name
        Cells(intRow, 2).Value = fil.Size & "字节"
        intRow = intRow + 1
    Next fil
    Range("A1").CurrentRegion.HorizontalAlignment = xlCenter
    Range("A1").CurrentRegion.Columns.AutoFit
End Sub
```

如果处理的数据量很大，为了加快程序的运行速度，也可以使用动态数组存储文件的相关信息，最后一次性将动态数组中的数据写入单元格区域。下面的代码使用动态数组实现相同的功能。

```
Sub 列出指定文件夹中的所有文件2()
    Dim fso As FileSystemObject, fil As File
    Dim strPath As String, intFileCount As Integer
    Dim varFiles() As Variant, intIndex As Integer
    Set fso = New FileSystemObject
    strPath = "E:\测试数据\"
    intFileCount = fso.GetFolder(strPath).Files.Count
    ReDim varFiles(1 To intFileCount, 1 To 2)
    Range("A1:B1").Value = Array("文件名", "文件大小")
    For Each fil In fso.GetFolder(strPath).Files
        intIndex = intIndex + 1
        varFiles(intIndex, 1) = fil.Name
        varFiles(intIndex, 2) = fil.Size & "字节"
    Next fil
    Range("A2").Resize(UBound(varFiles, 1), 2).Value = varFiles
    Range("A1").CurrentRegion.HorizontalAlignment = xlCenter
    Range("A1").CurrentRegion.Columns.AutoFit
End Sub
```

10.2.6 创建文件和文件夹

如需创建文件，可以使用 FileSystemObject 对象的 CreateTextFile 方法，还可以使用 Folder 对象的 CreateTextFile 方法和 File 对象的 OpenAsTextStream 方法创建文本文件。3 种方法的用法类似，此处只介绍 FileSystemObject 对象的 CreateTextFile 方法，该方法的语法如下：

```
CreateTextFile(filename, overwrite, unicode)
```

- filename（必需）：文本文件的完整路径。
- overwrite（可选）：是否替换同名的文本文件，该参数为 True 表示替换，该参数为 False 表示不替换。省略该参数时默认为 True。
- unicode（可选）：文本文件的编码格式，该参数为 True 表示 Unicode 编码格式，该参数为 False 表示 ASCII 编码格式。省略该参数时默认为 False。

下面的代码用于在E盘的“测试数据”文件夹中创建名为“测试.txt”的文本文件。由于省略了第二个参数，所以如果在目标位置存在同名文件，则使用新建的文件替换它。

```
fso.CreateTextFile "E:\测试数据\测试.txt"
```

如需创建一个文件夹，可以使用FileSystemObject对象的CreateFolder方法。下面的代码用于在E盘的“测试数据”文件夹中创建名为Excel的文件夹。

```
fso.CreateFolder "E:\测试数据\Excel"
```

如果文件夹已存在，则将出现运行时错误。为了避免错误，可以先使用FolderExists方法判断文件夹是否存在，如果不存在，再使用CreateFolder方法创建文件夹，代码如下：

```
Sub 创建文件夹()
    Dim fso As FileSystemObject, strPath As String
    Set fso = New FileSystemObject
    strPath = "E:\测试数据\Excel"
    If fso.FolderExists(strPath) Then
        MsgBox "指定的文件夹已存在"
    Else
        fso.CreateFolder strPath
    End If
End Sub
```

10.2.7　移动文件和文件夹

使用FileSystemObject对象的MoveFile方法可以移动一个文件，使用FileSystemObject对象的MoveFolder方法可以移动一个文件夹。两个方法都包含以下两个参数：

- source（必需）：文件或文件夹的完整路径。
- destination（必需）：将文件或文件夹移动到目标位置的完整路径。

移动文件和移动文件夹的方法基本相同，下面以移动文件为例进行介绍。

下面的代码用于将名为“总公司.xlsx”的文件从“测试数据”文件夹移动到该文件夹中的“Excel”子文件夹中。

```
Sub 移动一个文件()
    Dim fso As FileSystemObject
    Dim strSou As String, strDes As String
    Set fso = New FileSystemObject
    strSou = "E:\测试数据\总公司.xlsx"
    strDes = "E:\测试数据\Excel\"
    fso.MoveFile strSou, strDes
End Sub
```

注意： 为destination参数设置的路径必须以路径分隔符“\”结尾，否则会在移动文件后，将其重命名为路径中最后一个路径分隔符之后的字符串且没有扩展名。

如需移动同类型的多个文件，可以在source参数中使用通配符。下面的代码用于将“测试数据”文件夹中的所有扩展名为.xlsx的Excel文件移动到该文件夹中的“Excel”子文件夹中。

```
Sub 移动多个文件()
    Dim fso As FileSystemObject
    Dim strSou As String, strDes As String
    Set fso = New FileSystemObject
```

```
    strSou = "E:\测试数据\*.xlsx"
    strDes = "E:\测试数据\Excel\"
    fso.MoveFile strSou, strDes
End Sub
```

还可以只移动名称中包含特定字符的一系列文件。例如，下面的代码将 source 参数设置为只移动名称以“分公司”3 个字结尾的所有.xlsx 文件。

```
strSou = "E:\测试数据\*分公司.xlsx"
```

使用类似的方法也可以设置文件扩展名。如需移动文件夹中的所有文件，可以将 source 参数中的文件名设置为“*.*”。

移动文件时可以修改文件的名称，只需在 destination 参数的结尾输入希望的文件名，即可在移动文件后将其改为新的名称。下面的代码将移动后的“总公司.xlsx”文件的名称修改为“总公司 2023.xlsx”。

```
Sub 移动一个文件并改名()
    Dim fso As FileSystemObject
    Dim strSou As String, strDes As String
    Set fso = New FileSystemObject
    strSou = "E:\测试数据\总公司.xlsx"
    strDes = "E:\测试数据\Excel\总公司 2023.xlsx"
    fso.MoveFile strSou, strDes
End Sub
```

10.2.8 复制文件和文件夹

使用 FileSystemObject 对象的 CopyFile 方法可以复制一个文件，使用 FileSystemObject 对象的 CopyFolder 方法可以复制一个文件夹。两个方法都包含 3 个参数，前两个参数与 MoveFile 方法和 MoveFolder 方法相同，第三个参数用于决定是否替换同名的文件或文件夹，为 True 表示替换，为 False 表示不替换，默认为 True。

复制文件和文件夹的方法与移动文件和文件夹基本相同。下面的代码将“测试数据”文件夹的名为“总公司.xlsx”的文件复制到“测试数据”文件夹的“Excel”子文件夹中，并将复制后的文件名修改为“总公司（备份）.xlsx”。

```
Sub 复制一个文件()
    Dim fso As FileSystemObject
    Dim strSou As String, strDes As String
    Set fso = New FileSystemObject
    strSou = "E:\测试数据\总公司.xlsx"
    strDes = "E:\测试数据\Excel\总公司（备份）.xlsx"
    fso.CopyFile strSou, strDes
End Sub
```

下面的代码将“测试数据”文件夹的名称以“分公司”3 个字结尾的所有.xlsx 文件复制到“测试数据”文件夹的“Excel”子文件夹中。

```
Sub 复制多个文件()
    Dim fso As FileSystemObject
    Dim strSou As String, strDes As String
    Set fso = New FileSystemObject
    strSou = "E:\测试数据\*分公司.xlsx"
```

```
    strDes = "E:\测试数据\Excel\"
    fso.CopyFile strSou, strDes
End Sub
```

下面的代码将名为“Excel”的文件夹复制到其所在的文件夹中，并将复制后的文件夹的名称设置为“Excel（备份）”。

```
Sub 复制文件夹()
    Dim fso As FileSystemObject
    Dim strSou As String, strDes As String
    Set fso = New FileSystemObject
    strSou = "E:\测试数据\Excel"
    strDes = "E:\测试数据\Excel(备份)"
    fso.CopyFolder strSou, strDes
End Sub
```

10.2.9　删除文件和文件夹

使用 FileSystemObject 对象的 DeleteFile 方法可以删除一个文件，使用 FileSystemObject 对象的 DeleteFolder 方法可以删除一个文件夹，两个方法都包含以下两个参数。

- filespec/folderspec（必需）：文件或文件夹的完整路径。
- force（可选）：是否删除具有只读属性的文件或文件夹，该参数为 True 表示删除，该参数为 False 表示不删除，默认为 False。

下面的代码用于删除“测试数据”文件夹中名为“总公司.xlsx”的文件。

```
fso.DeleteFile "E:\测试数据\总公司.xlsx"
```

下面的代码用于删除“测试数据”文件夹中的所有文件。

```
fso.DeleteFile "E:\测试数据\*.*"
```

下面的代码用于删除“测试数据”文件夹中的“Excel”子文件夹，无论文件夹中是否有文件，都会将其删除，比 VBA 内置的 RmDir 语句要方便得多。

```
fso.DeleteFolder "E:\测试数据\Excel"
```

注意：删除的文件和文件夹不会进入回收站，所以无法恢复它们。

10.2.10　修改文件和文件夹的名称

使用 File 对象和 Folder 对象的 Name 属性可以修改文件或文件夹的名称。下面的代码用于将 E 盘的“测试数据”文件夹中的“总公司.xlsx”文件的名称修改为“总公司 2023.xlsx”。

```
Sub 修改文件名()
    Dim fso As FileSystemObject, fil As File
    Set fso = New FileSystemObject
    Set fil = fso.GetFile("E:\测试数据\总公司.xlsx")
    fil.Name = "总公司 2023.xlsx"
End Sub
```

下面的代码用于将 E 盘的“测试数据”文件夹中的“Excel”子文件夹的名称修改为“Excel（备份）”。

```
Sub 修改文件夹名()
    Dim fso As FileSystemObject, fdr As Folder
```

```
    Set fso = New FileSystemObject
    Set fdr = fso.GetFolder("E:\测试数据\Excel")
    fdr.Name = "Excel（备份）"
End Sub
```

10.3 在文本文件中读取和写入数据

使用 VBA 可以通过编程的方式将 Excel 工作表中的数据写入文本文件，或者将文本文件中的数据加载到工作表中，并为文本文件中的数据格式提供了更多的灵活性。本节将介绍使用 VBA 内置的函数和语句，以及 FSO 对象模型中的 TextStream 对象在文本文件中读取和写入数据的方法。

10.3.1 使用 Open 语句和 Close 语句打开和关闭文本文件

在一个文本文件中读取或写入数据之前，需要先使用 VBA 内置的 Open 语句打开该文本文件。Open 语句的语法如下：

```
Open pathname For mode [Access access] [lock] As [#]filenumber [Len=reclength]
```

- pathname（必需）：文本文件的完整路径。
- mode（必需）：打开文件的访问方式，包括 Append（顺序访问，将数据追加到文件末尾）、Binary（二进制访问）、Input（顺序访问，从文件中读取数据）、Output（顺序访问，向文件中写入数据）或 Random（随机访问）几种，默认以 Random 方式打开文件。本小节和后续几个小节主要介绍以 Input 和 Output 两种访问方式打开文本文件并在其中读取和写入数据的方法。
- access（可选）：打开文件后可以执行的操作，包括 Read、Write 或 Read Write 三种。
- lock（可选）：限制其他进程打开文件后可以执行的操作，包括 Shared、Lock Read、Lock Write 和 Lock Read Write 几种。
- filenumber（必需）：一个未被使用的文件号，范围是 1～511，可以使用 VBA 内置的 FreeFile 函数自动获取一个可用的文件号。
- reclength（可选）：一个小于或等于 32767 的数字，该参数在使用随机访问方式打开的文件中表示记录的长度，在使用顺序访问方式打开的文件中表示缓冲字符数。

在 Open 语句中以 Input 方式打开文本文件时，如果该文件不存在，则将出现运行时错误。在 Open 语句中以 Output 或 Append 方式打开文本文件时，如果该文件不存在，则将创建该文本文件并打开它。处理完一个文本文件后，需要使用 Close 语句将其关闭，以免丢失数据。

下面的代码以 Input 访问方式打开 E 盘的“测试数据”文件夹中名为“库存记录.txt”的文本文件，为了避免文件不存在时出现运行时错误，在执行 Open 语句之前，先使用 Dir 函数检查文件是否存在。如果文件存在，则先打开它，然后使用 Close 语句关闭它；如果文件不存在，则显示一条信息并退出程序。

```
Sub 打开文本文件()
    Dim intFileNumber As Integer, strFileName As String
    intFileNumber = FreeFile
    strFileName = "E:\测试数据\库存记录.txt"
```

```
    If Dir(strFileName) <> "" Then
        Open strFileName For Input As #intFileNumber
    Else
        MsgBox "无法打开不存在的文件"
        Exit Sub
    End If
    Close #intFileNumber
End Sub
```

使用 Close 语句可以关闭已打开的一个或多个文本文件。下面的代码用于关闭与 intFileNumber 变量表示的文件号关联的文本文件。

```
Close #intFileNumber
```

下面的代码用于关闭文件号为 1 和 2 的两个文本文件。

```
Close #1, #2
```

在 Close 语句省略文件号，表示关闭使用 Open 语句打开的所有文本文件。

10.3.2　使用 Write 语句将数据写入文本文件

使用 Write 语句可以向文本文件中写入数据。如果写入的数据包含多列，各列数据之间自动以逗号分隔。Write 语句还会为不同类型的数据添加相应的分界符，将字符串放置在一对双引号中，将日期放置在一对井号中，数字保持原样不变。Write 语句的语法如下：

```
Write #filenumber, outputlist
```

- filenumber（必需）：以 Output 访问方式打开的文本文件的文件号。
- outputlist（可选）：写入文本文件的数据列表，列表中各个数据项之间以逗号分隔。如果要写入的数据包含多行和多列，则可以声明多个变量，每个变量代表每一列数据，变量的类型必须与其对应的列的数据类型匹配，否则可能会出现错误。

下面的代码以 Output 访问方式打开名为“库存记录.txt”的文本文件，如果该文件不存在则会创建它，然后使用 Write 语句将 4 项数据写入该文件。完成后的文本文件中的内容如图 10-3 所示。

```
Sub 使用 Write 语句写入数据()
    Dim strFileName As String, intFileNumber As Integer
    strFileName = "E:\测试数据\库存记录.txt"
    intFileNumber = FreeFile
    Open strFileName For Output As #intFileNumber
    Write #intFileNumber, DateValue("10 月 5 日"), "牛奶", 2, 10
    Close #intFileNumber
End Sub
```

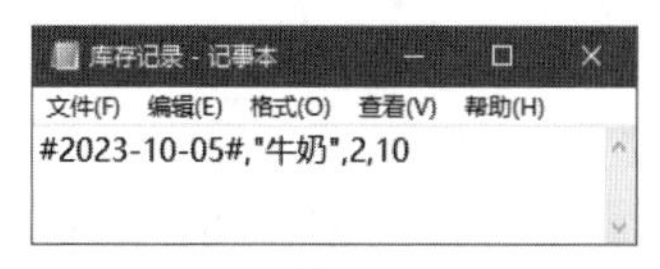

图 10-3　写入数据后的文本文件

通常很少每次手动写入一行数据，而是将 Excel 工作表中的数据写入文本文件。下面的代码将如图 10-4 所示的 A1:D6 单元格区域中的第 2～6 行数据写入名为“库存记录.txt”的文本文件。

```
Sub 使用Write语句将Excel数据写入文本文件()
    Dim strFileName As String, intFileNumber As Integer
    Dim datDate As Date, strName As String
    Dim sngPrice As Single, intQuantity As Integer
    Dim intRow As Integer, intLastRow As Integer
    strFileName = "E:\测试数据\库存记录.txt"
    intFileNumber = FreeFile
    intLastRow = Range("A1").CurrentRegion.Rows.Count
    Open strFileName For Output As #intFileNumber
    For intRow = 2 To intLastRow
        datDate = Cells(intRow, 1).Value
        strName = Cells(intRow, 2).Value
        sngPrice = Cells(intRow, 3).Value
        intQuantity = Cells(intRow, 4).Value
        Write #intFileNumber, datDate, strName, sngPrice, intQuantity
    Next intRow
    Close #intFileNumber
End Sub
```

	A	B	C	D	E
1	日期	名称	单价	数量	
2	10月5日	牛奶	2	10	
3	10月5日	酸奶	3.5	15	
4	10月6日	早餐奶	2.5	5	
5	10月7日	核桃奶	3	20	
6	10月8日	巧克力奶	3.5	30	
7					

图 10-4　将 Excel 中的数据写入文本文件

代码解析：虽然本例代码的行数较多，但是本质上与上一个只写入一行数据的示例并无太大区别。本例与上一个示例的主要区别在于，本例使用 For Next 语句在数据区域中的第 2 行到最后一行之间逐行处理数据，依次将每一行中的 4 个值分别赋值给 4 个变量，然后使用 Write 语句将 4 个变量的值写入文本文件。

如需在文本文件中使用空行分隔各行数据，可以使用下面的代码，即在 Write 语句中省略第二个参数，但是保留它前面的逗号分隔符，如图 10-5 所示。

```
Write #intFileNumber,
```

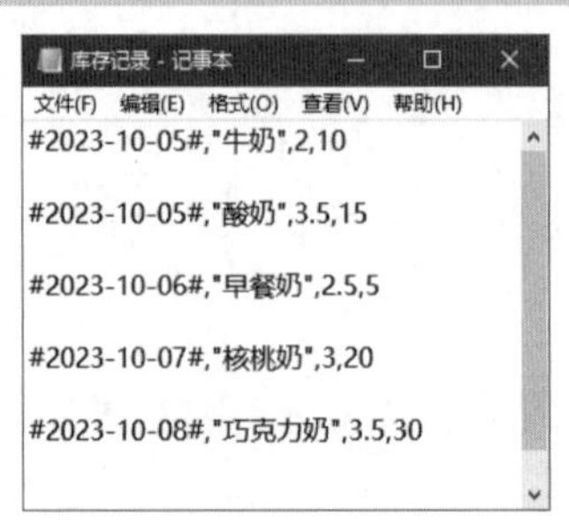

图 10-5　使用空行分隔数据

10.3.3　使用 Print 语句将数据写入文本文件

使用 Write 语句只能以固定的格式将数据写入文本文件，如需为写入文本文件中的数据提供灵活的格式，可以使用 Print 语句。使用 Print 语句写入文本文件中的各列数据之间默认以空格分隔，字符串和日期不再使用特定的符号标识。将 10.3.2 小节的最后一个示例中的 Write 语句改为 Print 语句，写入数据后的文本文件如图 10-6 所示。

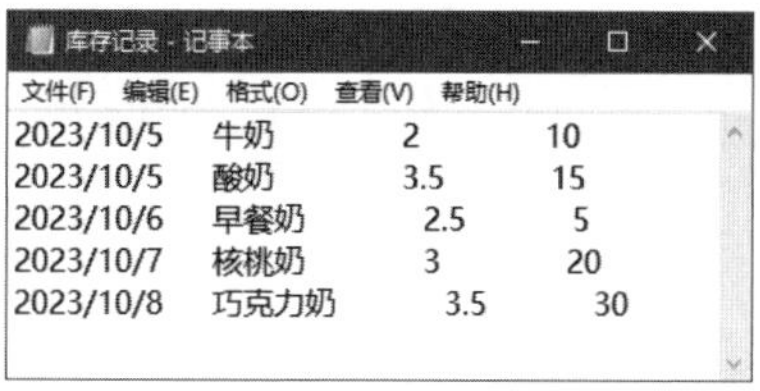

```
库存记录 - 记事本
文件(F) 编辑(E) 格式(O) 查看(V) 帮助(H)
2023/10/5   牛奶        2       10
2023/10/5   酸奶        3.5     15
2023/10/6   早餐奶        2.5     5
2023/10/7   核桃奶        3       20
2023/10/8   巧克力奶        3.5     30
```

图 10-6　使用 Print 语句将数据写入文本文件

Print 语句的语法如下：

```
Print #filenumber, outputlist
```

Print 语句的两个参数与 Write 语句相同，但是可以为 Print 语句的第二个参数进行更多的设置。将第二个参数展开后的语法如下：

```
{Spc(n) | Tab[(n)]} expression charpos
```

- Spc(n)：在数据项之间插入指定数量的空格，n 表示空格的个数。
- Tab(n)：将放置数据项的插入点定位到指定的列号，n 表示列号。如果省略 n，则将插入点定位到下一个打印区的起始位置。
- expression：写入文本文件中的数据。
- charpos：写入下一个数据项的起始位置。将该参数设置为分号，表示将下一个数据项写入上一个数据项之后，两项数据之间只保留默认的空间，没有多余的空格。将该参数设置为 Spc(n)或 Tab(n)，表示在下一个数据项之前插入空格或将起始位置设置为指定的列。省略该参数表示将下一个数据项写入下一行。

虽然 Print 语句默认使用空格分隔各项数据，但是可以通过将各项数据合并在一起，并在它们之间添加所需的符号，从而实现自定义分隔符的功能。下面的代码与 10.3.2 小节中的示例类似，但是使用分号作为各项数据之间的分隔符，并将日期设置为中文格式，还在每个表示金额的数字右侧添加了“元”字，使数字的含义更清晰，如图 10-7 所示。由于使用 Format 函数设置格式后，返回的是 String 类型，所以将存储日期的变量 strDate 声明为 String 类型。

```
Sub 使用 Print 语句将 Excel 数据写入文本文件()
    Dim strFileName As String, intFileNumber As Integer
    Dim strDate As String, strName As String
    Dim sngPrice As Single, intQuantity As Integer
    Dim intRow As Integer, intLastRow As Integer
    strFileName = "E:\测试数据\库存记录.txt"
    intFileNumber = FreeFile
    intLastRow = Range("A1").CurrentRegion.Rows.Count
    Open strFileName For Output As #intFileNumber
    For intRow = 2 To intLastRow
        strDate = Format(Cells(intRow, 1).Value, "m月d日")
        strName = Cells(intRow, 2).Value
        sngPrice = Cells(intRow, 3).Value
        intQuantity = Cells(intRow, 4).Value
        Print #intFileNumber, strDate & "; " & strName & "; " & sngPrice & "元; " &
intQuantity
```

```
    Next intRow
    Close #intFileNumber
End Sub
```

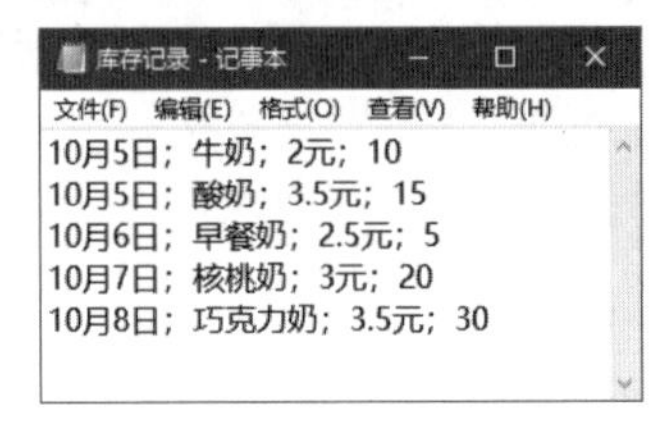

图 10-7　使用 Print 语句自定义数据项的格式和分隔符

10.3.4　使用 Input 语句读取文本文件中的数据

Input 语句主要用于从文本文件中读取使用 Write 语句写入的数据，Input 语句的语法如下：

```
Input #filenumber, varlist
```

- filenumber（必需）：以 Input 访问方式打开的文本文件的文件号。
- varlist（必需）：存储读取出的各个数据项的一系列变量，各个变量之间以逗号分隔。各个变量的数据类型必须与文本文件中的各项数据匹配，否则将出现运行时错误。

下面的代码从 10.3.2 小节创建的文本文件中读取所有数据，并把这些数据添加到活动工作表中，并在该工作表中的第一行为各列数据添加标题。本例代码相当于使用 Write 语句写入数据的反向操作，使用 EOF 函数判断是否读取到文件的结尾，如果是，则说明已经读取了所有数据；如果不是，则继续读取下一项数据。

```
Sub 使用 Input 语句读取文本文件中的数据()
    Dim strFileName As String, intFileNumber As Integer
    Dim datDate As Date, strName As String
    Dim sngPrice As Single, intQuantity As Integer
    Dim intRow As Integer
    strFileName = "E:\测试数据\库存记录.txt"
    intFileNumber = FreeFile
    intRow = 2
    Cells.Clear
    Open strFileName For Input As #intFileNumber
    Range("A1:D1").Value = Array("日期", "名称", "单价", "数量")
    Do While Not EOF(intFileNumber)
        Input #intFileNumber, datDate, strName, sngPrice, intQuantity
        Cells(intRow, 1).Value = Format(datDate, "m月d日")
        Cells(intRow, 2).Value = strName
        Cells(intRow, 3).Value = sngPrice
        Cells(intRow, 4).Value = intQuantity
        intRow = intRow + 1
    Loop
    Range("A1").CurrentRegion.HorizontalAlignment = xlCenter
    Close #intFileNumber
End Sub
```

10.3.5　使用 Line Input 语句读取文本文件中的数据

Line Input 语句每次从文本文件中读取一整行数据，并将其赋值给一个变量，然后可以根据数据之间的分隔符类型，将一整行数据拆分为多个数据项。Line Input 语句适合从文本文件中读取使用 Print 语句写入的数据。Line Input 语句的语法如下：

```
Line Input #filenumber, varname
```

- filenumber（必需）：以 Input 访问方式打开的文本文件的文件号。
- varname（必需）：存储读取出的一整行数据的变量。

下面的代码从 10.3.3 小节创建的文本文件中读取所有数据，将这些数据添加到活动工作表中，并在该工作表中的第一行为各列数据添加标题。本例仍然使用 EOF 函数判断是否读取到文件的结尾，从而决定是继续读取数据还是退出 Do Loop 循环。为了单独处理读取中的整行数据中的每个数据项，需要使用 VBA 内置的 Split 函数按照数据项之前的分隔符对整行数据进行拆分，然后将拆分后的每个数据项分别输入工作表的不同列中。由于文本文件的第 3 列数据中的“元”字是在使用 Print 语句写入数据时自定义添加的，为了将数据读取到 Excel 中时去掉“元”字，可以使用 Excel 对象模型中的 Range 对象的 Replace 方法将其替换为零长度字符串，达到删除该字的目的。

```
Sub 使用LineInput语句读取文本文件中的数据()
    Dim strFileName As String, intFileNumber As Integer
    Dim strDataLine As String, intRow As Integer
    Dim varData As Variant
    strFileName = "E:\测试数据\库存记录.txt"
    intFileNumber = FreeFile
    intRow = 2
    Cells.Clear
    Open strFileName For Input As #intFileNumber
    Range("A1:D1").Value = Array("日期", "名称", "单价", "数量")
    Do While Not EOF(intFileNumber)
        Line Input #intFileNumber, strDataLine
        varData = Split(strDataLine, "; ")
        Cells(intRow, 1).Resize(1, UBound(varData) + 1).Value = varData
        intRow = intRow + 1
    Loop
    With Range("A1").CurrentRegion
        .HorizontalAlignment = xlCenter
        .Columns(3).Replace "元", ""
    End With
    Close #intFileNumber
End Sub
```

10.3.6　使用 TextStream 对象读取和写入文本文件中的数据

前几个小节介绍了使用 VBA 内置的函数和语句在文本文件中读取和写入数据的方法，最后再来介绍一下使用 FSO 对象模型中的 TextStream 对象读写文本文件数据的方法。

首先需要打开要处理的文本文件，10.2.1 小节介绍了打开文本文件的两种方法，此处以 FileSystemObject 对象的 OpenTextFile 方法为例，介绍如何使用 FSO 对象模型打开文本文件。OpenTextFile 方法的语法如下：

```
OpenTextFile(filename, iomode, create, format)
```

- filename（必需）：文本文件的完整路径。
- iomode（可选）：打开文件的访问方式，包括 ForReading、ForWriting 和 ForAppending

三种，表示读取数据、写入数据和追加数据 3 种方式。

- create（可选）：文本文件不存在时是否创建该文件，该参数为 True 表示创建文件，该参数为 False 表示不创建文件，省略该参数时默认为 False。
- format（可选）：文件的编码格式，该参数为 TristateTrue 表示以 Unicode 编码格式打开文件，该参数为 TristateFalse 表示以 ASCII 编码格式打开文件。省略该参数时默认以 ASCII 编码格式打开文件。

下面的代码打开 E 盘的“测试数据”文件夹中名为“库存记录.txt”的文本文件，并在对话框中显示该文件中的所有数据，如图 10-8 所示。本小节中的所有示例都需要先在 VBE 窗口中引用 Microsoft Scripting Runtime 类型库。

```
Sub 显示文本文件中的所有数据()
    Dim fso As FileSystemObject
    Dim tsm As TextStream
    Dim strFileName As String
    Set fso = New FileSystemObject
    strFileName = "E:\测试数据\库存记录.txt"
    Set tsm = fso.OpenTextFile(strFileName, ForReading)
    MsgBox tsm.ReadAll
End Sub
```

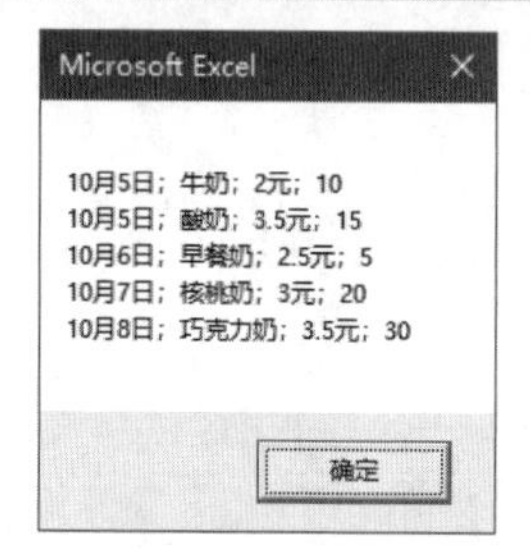

图 10-8　显示文本文件中的所有数据

注意：如果文本文件中没有任何数据，则将出现运行时错误。如果本例使用 ForWriting 或 ForAppending 打开文本文件，也将出现运行时错误。使用 ForWriting 访问方式打开文件时，会自动删除其中的所有数据，而使用 ForAppending 访问方式打开文件则不会。

使用 TextStream 对象的 Write 方法和 WriteLine 方法可以将数据写入文本文件。Write 方法用于每次写入一个字符串。WriteLine 方法用于每次写入一个字符串，但是会自动在字符串的结尾添加一个换行符，相当于写入一行数据，下次输入的数据被放置到下一行的开头。Write 方法和 WriteLine 方法的功能类似于 VBA 内置的 Write 语句和 Print 语句。

下面的代码与 10.3.3 小节中的示例类似，使用 WriteLine 方法将活动工作表的 A1:D6 单元格区域中的第 2～6 行数据写入名为“库存记录.txt”的文本文件。如果该文件不存在，则自动创建该文件并写入数据。

```
Sub 使用WriteLine方法将Excel数据写入文本文件()
    Dim fso As FileSystemObject, tsm As TextStream
    Dim strDate As String, strName As String
    Dim sngPrice As Single, intQuantity As Integer
    Dim intRow As Integer, intLastRow As Integer
    Dim strFileName As String
    Set fso = New FileSystemObject
```

```
    strFileName = "E:\测试数据\库存记录.txt"
    intLastRow = Range("A1").CurrentRegion.Rows.Count
    Set tsm = fso.OpenTextFile(strFileName, ForWriting, True)
    For intRow = 2 To intLastRow
        strDate = Format(Cells(intRow, 1).Value, "m月d日")
        strName = Cells(intRow, 2).Value
        sngPrice = Cells(intRow, 3).Value
        intQuantity = Cells(intRow, 4).Value
        tsm.WriteLine strDate & "; " & strName & "; " & sngPrice & "元; " & intQuantity
    Next intRow
    tsm.Close
End Sub
```

提示：如需在文本文件中插入空行，可以使用不带参数的 WriteLine 方法。

下面的代码使用 TextStream 对象的 Write 方法实现相同的功能，但是需要手动在一行的结尾添加换行符。由于本例工作表中共有 4 列数据，所以使用 Select Case 检测当前正在处理哪一列数据，如果处理的是前 3 列数据，则在每个数据项的结尾添加分号，如果处理的是第 4 列数据，则在数据项的结尾添加回车换行符。

```
Sub 使用Write方法将Excel数据写入文本文件()
    Dim fso As FileSystemObject, tsm As TextStream
    Dim strFileName As String, strData As String
    Dim intRow As Integer, intCol As Integer
    Dim intLastRow As Integer
    Set fso = New FileSystemObject
    strFileName = "E:\测试数据\库存记录.txt"
    intLastRow = Range("A1").CurrentRegion.Rows.Count
    Set tsm = fso.OpenTextFile(strFileName, ForWriting, True)
    For intRow = 2 To intLastRow
        For intCol = 1 To 4
            Select Case intCol
                Case 1
                    strData = Format(Cells(intRow, intCol).Value, "m月d日") & "; "
                    tsm.Write strData
                Case 2, 3
                    strData = Cells(intRow, intCol).Value & "; "
                    tsm.Write strData
                Case 4
                    strData = Cells(intRow, intCol).Value & vbCrLf
                    tsm.Write strData
            End Select
        Next intCol
    Next intRow
    tsm.Close
End Sub
```

如需读取文本文件中的数据，可以使用 TextStream 对象的 Read 方法、ReadLine 方法和 ReadAll 方法。Read 方法用于读取指定数量的字符，ReadLine 方法用于读取一整行数据，ReadAll 方法用于读取所有数据。

下面的代码与 10.3.5 小节中的示例类似，从使用 TextStream 对象的 WriteLine 方法创建的文本文件中读取所有数据，将这些数据添加到活动工作表中，并在该工作表中的第一行为各列数据添加标题。与 VBA 内置的 EOF 函数类似，使用 TextStream 对象的 AtEndOfStream 属性可以判断当前是否已经读取到文件的结尾。

```
Sub 使用 ReadLine 方法读取文本文件中的数据()
    Dim fso As FileSystemObject, tsm As TextStream
    Dim strFileName As String, intRow As Integer
    Dim strDataLine As String, varData As Variant
    Set fso = New FileSystemObject
    strFileName = "E:\测试数据\库存记录.txt"
    Set tsm = fso.OpenTextFile(strFileName, ForReading)
    intRow = 2
    Cells.Clear
    Range("A1:D1").Value = Array("日期", "名称", "单价", "数量")
    Do While Not tsm.AtEndOfStream
        strDataLine = tsm.ReadLine
        varData = Split(strDataLine, "; ")
        Cells(intRow, 1).Resize(1, UBound(varData) + 1).Value = varData
        intRow = intRow + 1
    Loop
    With Range("A1").CurrentRegion
        .HorizontalAlignment = xlCenter
        .Columns(3).Replace "元", ""
    End With
End Sub
```

第 11 章　VBA 高级编程技术

本章将介绍使用 VBA 编程操作注册表和其他 Office 应用程序的方法，还将介绍如何创建和使用类。这 3 个主题之间没有必然的联系，但是使用 VBA 开发较为专业的程序时，通常会用到这几种技术。

11.1　在注册表中读取和写入数据

注册表是一个包含计算机系统中的硬件、软件和用户配置等各方面信息的数据库，在计算机中执行的各种操作都与注册表有关，例如启动系统、配置硬件、安装软件、加载用户个人数据等。使用 VBA 内置的函数和语句可以在注册表中读取和写入数据，为开发具有“记忆”功能的程序提供方便。本节首先介绍注册表的结构，然后介绍使用 VBA 编程操作注册表的方法。

11.1.1　注册表的结构

为了便于统一管理 Windows 操作系统，微软从 Windows 95 开始使用一种称为“注册表”的数据库，它将计算机中的各种软硬件资源和配置信息集中存储起来，以便更有效地管理操作系统。

操作系统为用户提供了一些用于修改注册表中数据的图形化工具，控制面板和组策略就是其中的两种工具，使用这些工具对系统的各个选项进行设置时，系统会将用户的设置结果写入注册表。如需对注册表进行更灵活、更全面的设置，可以使用 Windows 操作系统中的注册表编辑器，使用该工具可以在注册表中添加或删除数据、查找数据、导入或导出数据。

regedit.exe 是启动注册表编辑器的可执行文件，该文件位于安装 Windows 操作系统的磁盘分区的 Windows 文件夹中，如图 11-1 所示。

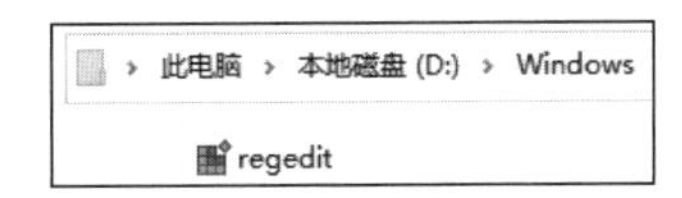

图 11-1　注册表编辑器的启动文件

提示：早期版本的 Windows 操作系统提供了两种注册表编辑器——regedit.exe 和 regedt32.exe，它们的大多数功能相同。从 Windows XP 操作系统开始，将两种注册表编辑器合并为一个，即 regedit.exe。

双击 regedit.exe 文件，启动注册表编辑器，启动后将显示注册表分层式的组织结构，整个注册表由根键、子键和键值组成，如图 11-2 所示。注册表有 5 个根键，它们位于注册表的顶层。每个根键包含多个子键，每个子键可以再包含子键，组成多层嵌套的子键。

根键和子键都可以包含键值。键值是选择一个根键或子键后显示在右侧窗格中的一个或多个项目，每个键值由名称、数据类型和数据 3 个部分组成。每个子键可以包含零个或多个键值，在键值中存储不同类型的数据，例如 REG_SZ、REG_DWORD 和 REG_BINARY 等。

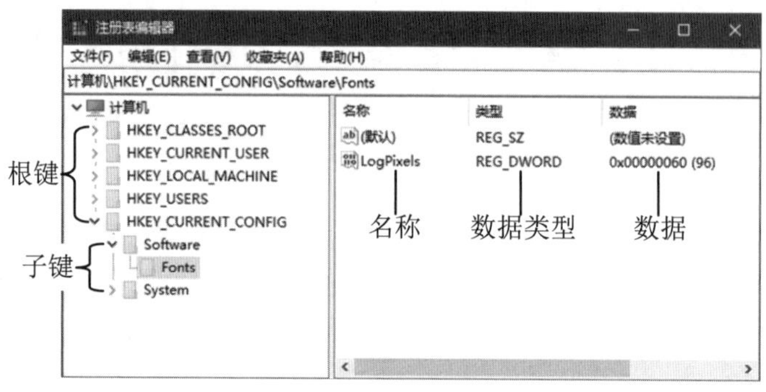

图 11-2　注册表的结构

用户不能创建新的根键，也不能删除注册表的 5 个根键或修改它们的名称。5 个根键的功能如下。

- HKEY_CLASSES_ROOT：存储文件扩展名与软件之间的关联，以及组件对象模型的相关信息。
- HKEY_CURRENT_USER：存储当前登录系统的用户账户的相关信息。
- HKEY_LOCAL_MACHINE：存储在操作系统中安装的硬件、软件和系统配置等信息。
- HKEY_USERS：存储操作系统中所有用户账户的相关信息。
- HKEY_CURRENT_CONFIG：存储硬件配置的相关信息。

根据 Windows 操作系统版本的不同，选中的根键或子键的完整路径将显示在注册表编辑器的顶部或底部，如图 11-1 所示。下面的路径表示位于 HKEY_CURRENT_USER 根键中的 Control Panel 子键的 Desktop 子键。

```
HKEY_CURRENT_USER\Control Panel\Desktop
```

VBA 内置了几个用于操作注册表的函数和语句，使用它们可以在注册表中的 VB and VBA Program Settings 子键中读取和写入数据。如果该子键不存在，则在使用 VBA 向注册表中写入数据时将自动创建该子键。VB and VBA Program Settings 子键的完整路径如下：

```
HKEY_CURRENT_USER\SOFTWARE\VB and VBA Program Settings
```

用于操作注册表的 VBA 内置函数和语句如下。

- SaveSetting 语句：在注册表中写入数据。
- GetSetting 函数：从注册表中读取特定键值。
- GetAllSettings 函数：从注册表中读取特定子键中的所有键值。
- DeleteSetting 语句：从注册表中删除特定子键及其中的键值。

11.1.2　使用 SaveSetting 语句将数据写入注册表

SaveSetting 语句用于将数据写入注册表，该语句的语法如下：

```
SaveSetting appname, section, key, setting
```

- appname（必需）：在 VB and VBA Program Settings 子键中创建的子键的名称，通常将

该参数设置为使用 VBA 开发的程序的名称。

- section（必需）：在由 appname 参数表示的子键中创建的子键的名称，通常将该参数设置为 VBA 程序中的某类设置的名称。
- key（必需）：在由 section 参数表示的子键中创建的键值的名称。
- setting（必需）：在由 key 参数表示的键值中写入的数据。

下面的代码使用 VBA 内置的 InputBox 函数创建一个对话框，然后将用户输入的用户名和密码写入注册表，如图 11-3 和图 11-4 所示。

```
Sub 将数据写入注册表()
    Dim strUserName As String, strPassword As String
    strUserName = InputBox("输入用户名：")
    strPassword = InputBox("输入密码：")
    SaveSetting "信息管理系统", "用户登录信息", strUserName, strPassword
End Sub
```

图 11-3　用户输入的用户名和密码

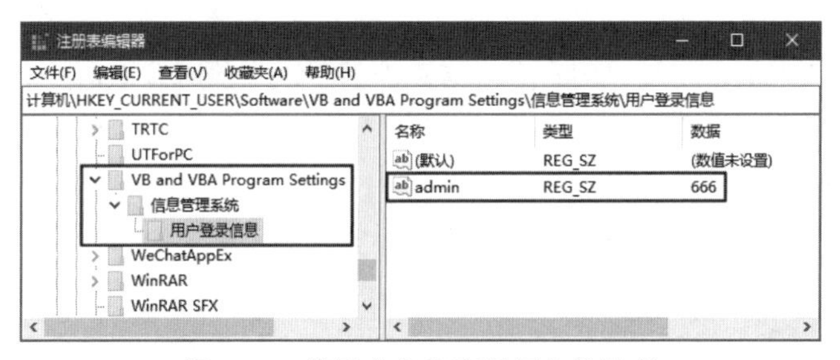

图 11-4　将用户名和密码写入注册表

提示：如果在执行上述代码之前已经打开了注册表编辑器，为了在注册表编辑器中显示新写入的数据，需要按 F5 键刷新注册表。

11.1.3　使用 GetSetting 函数读取特定键值

GetSetting 函数用于读取注册表中的特定键值，该函数的语法如下：

```
GetSetting(appname, section, key, default)
```

GetSetting 函数的前 3 个参数与 SaveSetting 语句相同，最后一个 default 参数是可选的，用于为 GetSetting 函数的返回值指定默认值。如果读取的键值不包含数据，则 GetSetting 函数返回 default 参数的值，省略该参数时返回零长度字符串。

下面的代码从注册表中读取在 11.1.2 小节的示例中写入注册表中的数据，并将读取到的数据添加到活动工作表中，如图 11-5 所示。

```
Sub 读取注册表中的特定键值()
    Dim strApp As String, strSection As String
    Dim strKey As String, varValue As String
    strApp = "信息管理系统"
```

```
    strSection = "用户登录信息"
    strKey = "admin"
    varValue = GetSetting(strApp, strSection, strKey)
    Range("A1:B1").Value = Array("用户名", "密码")
    Cells(2, 1).Value = strKey
    Cells(2, 2).Value = varValue
    ActiveSheet.UsedRange.HorizontalAlignment = xlCenter
End Sub
```

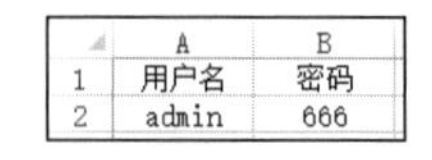

	A	B
1	用户名	密码
2	admin	666

图 11-5　读取特定键值

注意：如果在 GetSetting 函数中指定的子键在注册表中不存在，则将出现运行时错误，可以使用 On Error Resume Next 语句屏蔽运行时错误。

11.1.4　使用 GetAllSettings 函数读取特定子键中的所有键值

GetAllSettings 函数用于从注册表中读取特定子键中的所有键值，返回一个包含所有键值的名称和数据的二维数组，每一维的下限是 0。GetAllSettings 函数的语法如下：

```
GetAllSettings(appname, section)
```

GetAllSettings 函数的两个参数的含义与前面介绍的两个函数的同名参数相同。

下面的代码将注册表中名为“用户登录信息”的子键中的所有键值的名称和数据添加到活动工作表中，如图 11-6 所示。

```
Sub 读取注册表中特定子键包含的所有键值()
    Dim strApp As String, strSection As String
    Dim varData As Variant
    strApp = "信息管理系统"
    strSection = "用户登录信息"
    varData = VBA.GetAllSettings(strApp, strSection)
    Range("A1:B1").Value = Array("用户名", "密码")
    Range("A2").Resize(UBound(varData, 1) + 1, 2).Value = varData
    ActiveSheet.UsedRange.HorizontalAlignment = xlCenter
End Sub
```

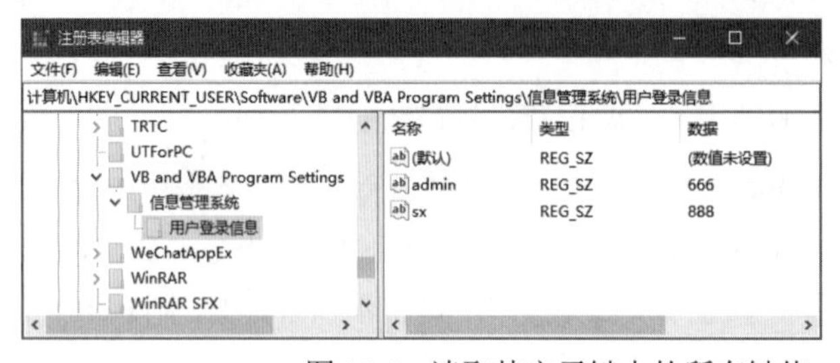

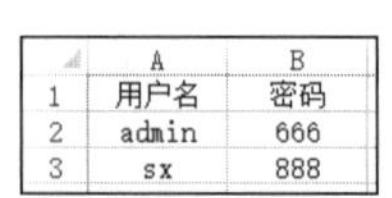

	A	B
1	用户名	密码
2	admin	666
3	sx	888

图 11-6　读取特定子键中的所有键值

注意：如果在 GetAllSettings 函数中指定的子键在注册表中不存在，则将出现运行时错误，可以使用 On Error Resume Next 语句屏蔽运行时错误。

11.1.5　使用 DeleteSetting 语句删除注册表中的键值

DeleteSetting 语句用于从注册表中删除特定子键及其包含的键值，该语句的语法如下：

```
DeleteSetting appname, section, key
```

DeleteSetting 语句的 3 个参数的含义与 SaveSetting 语句的前 3 个参数相同，不过 DeleteSetting 语句的第 3 个参数是可选的。如果省略第 3 个参数，则删除由 section 参数表示的子键及其中的所有键值。如果指定第 3 个参数，则只删除由该参数表示的键值。

下面的代码由用户决定是删除特定键值还是所有键值。如果用户输入字母 Y，则删除“用户登录信息”子键中的所有键值；如果用户输入字母 N，则将显示第二个对话框，用户需要在该对话框中输入要删除的键值名称，单击“确定”按钮，将删除由用户指定的键值，如图 11-7 所示。

```
Sub 删除注册表中的数据()
    Dim strApp As String, strSection As String
    Dim strKey As String, lngAnswer As Long
    strApp = "信息管理系统"
    strSection = "用户登录信息"
    lngAnswer = MsgBox("是否删除子键及其中的所有键值? ", vbYesNo + vbQuestion)
    On Error Resume Next
    Select Case lngAnswer
        Case vbYes
            DeleteSetting strApp, strSection
        Case vbNo
            strKey = InputBox("输入要删除的键值名称: ")
            If strKey = "" Then Exit Sub
            DeleteSetting strApp, strSection, strKey
    End Select
End Sub
```

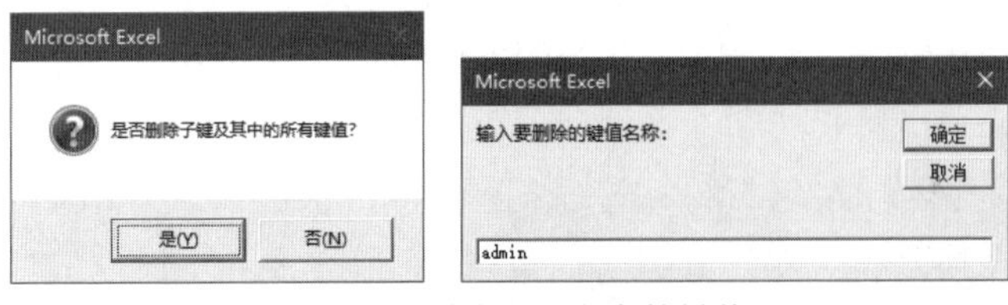

图 11-7　删除注册表中的键值

注意： 如果在 DeleteSetting 语句中指定的子键和键值在注册表中不存在，则将出现运行时错误，可以使用 On Error Resume Next 语句屏蔽运行时错误。

11.1.6　在所有工作表中同步显示或隐藏网格线

工作簿中的每个工作表的网格线的显示状态是相互独立的，如果希望所有工作表都显示或都隐藏网格线，则需要对工作簿中的每一个工作表重复相同的设置。利用注册表，可以使一个工作簿中的所有工作表同步显示或隐藏网格线。

下面的代码位于 VBA 工程的标准模块中，用于将活动工作表中网格线的当前显示状态保存到注册表中，如图 11-8 所示。运行该代码将显示一个对话框，单击“是”按钮，将在工作表中显示网格线；单击“否”按钮，将在工作表中隐藏网格线。无论单击哪个按钮，都会将相应的状态信息写入注册表的“是否显示网格线”键值中。由于键值所在的路径信息会在另一个 VBA 过程中使用，所以将存储路径信息的常量声明为模块级的。

```
Public Const strApp As String = "Excel"
```

```
Public Const strSection As String = "网格线设置"
Public Const strKey  As String = "是否显示网格线"

Sub 在所有工作表中同步显示或隐藏网格线()
    Dim strDisplay As String, lngAnswer As Long
    lngAnswer = MsgBox("是否显示工作表的网格线? ", vbYesNo + vbQuestion)
    Select Case lngAnswer
        Case vbYes
            strDisplay = "是"
            ActiveWindow.DisplayGridlines = True
        Case vbNo
            strDisplay = "否"
            ActiveWindow.DisplayGridlines = False
    End Select
    SaveSetting strApp, strSection, strKey, strDisplay
End Sub
```

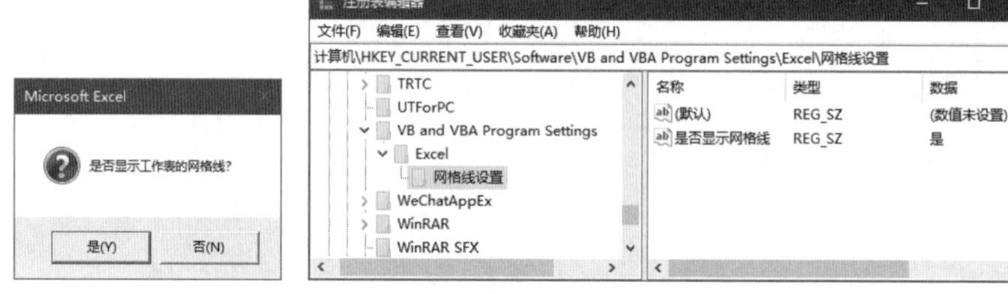

图 11-8　在所有工作表中同步显示或隐藏网格线

为了让其他工作表能够同步显示或隐藏网格线，需要在工作簿的 Workbook_SheetActivate 事件过程编写下面的代码，当激活任意一个工作表时，将从注册表中读取网格线的状态信息，并将其应用到激活的工作表中。

```
Private Sub Workbook_SheetActivate(ByVal Sh As Object)
    Dim strDisplay As String
    strDisplay = GetSetting(strApp, strSection, strKey)
    Select Case strDisplay
        Case "是"
            ActiveWindow.DisplayGridlines = True
        Case "否"
            ActiveWindow.DisplayGridlines = False
    End Select
End Sub
```

11.2　自动控制其他 Office 应用程序

除了使用 VBA 编程控制 Excel 应用程序之外，还可以在 Excel 中编程控制其他 Office 应用程序，例如 Word、PowerPoint 和 Access。这种可以控制其他 Office 应用程序的技术称为 OLE（Object Linking and Embedding，对象链接与嵌入）自动化，并在后来演变为其他一些技术形式，例如 COM（Component Object Model，组件对象模型）。本节将介绍自动化的基本概念以及前期绑定和后期绑定，并以在 Excel 中编程控制 Word 为例，介绍在 Excel 中控制其他 Office 应用程序的方法。

11.2.1　自动化的基本概念

在自动化技术中，将用于控制其他应用程序的程序称为“自动化客户端”，将被控制的应用程序称为“自动化服务器”。例如，在 Excel 中编程控制 Word 时，Excel 是自动化客户端，Word 是自动化服务器。

在一个应用程序中控制另一个应用程序关键有以下两点：

- 建立对另一个应用程序的连接，可以使用前期绑定或后期绑定。
- 掌握另一个应用程序的对象模型。

只要建立与另一个应用程序的连接，即可在 VBA 中使用该应用程序对象模型中的对象及其属性和方法，从而编程控制该应用程序。

在第 5 章和第 10 章介绍字典对象和 FSO 对象模型时，曾简要介绍并使用了前期绑定和后期绑定。本章接下来的两个小节将详细介绍使用这两种技术建立对外部应用程序的连接方法。

11.2.2　前期绑定

前期绑定是指在程序运行前建立对外部应用程序的连接。前期绑定有以下几个优点：

- 可以将变量声明为外部应用程序对象模型中的特定对象类型。
- 可以在对象浏览器中查看外部应用程序对象模型中包含的所有对象、属性和方法。
- 可以使用外部应用程序对象模型中的所有内置常量和命名参数。
- 为外部应用程序中的对象设置属性和方法时，可以从自动成员列表中选择属性和方法，而无须手动输入。
- 代码的运行速度比后期绑定快。

下面以在 Excel 中建立对 Word 的连接为例，介绍前期绑定的方法，操作步骤如下：

（1）在 Excel 中打开 VBE 窗口，单击菜单栏中的“工具”|“引用”命令。

（2）打开“引用”对话框，在“可使用的引用”列表框中勾选 Word 应用程序的类型库的复选框，如图 11-9 所示。

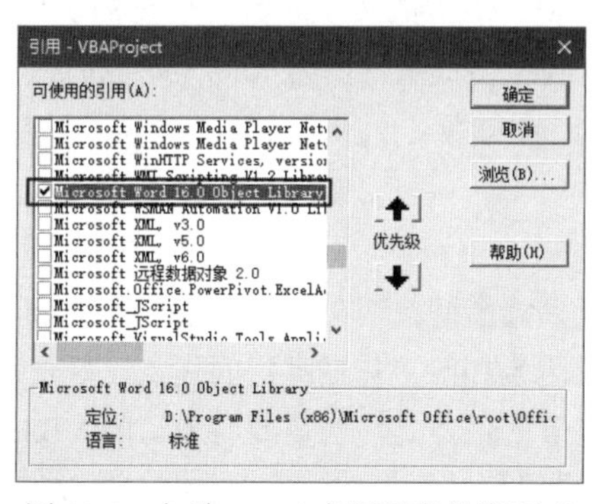

图 11-9　勾选 Word 应用程序的类型库

提示：只有将 Word 应用程序正确安装到操作系统中，才会在“引用”对话框中显示其类型库。

（3）单击“确定”按钮，关闭“引用”对话框。按 F2 键，打开对象浏览器，在“工程/库”下拉列表中选择“Word”，将在下方的“类”列表框中列出 Word 对象模型中的所有对象（实际上是类），如图 11-10 所示。

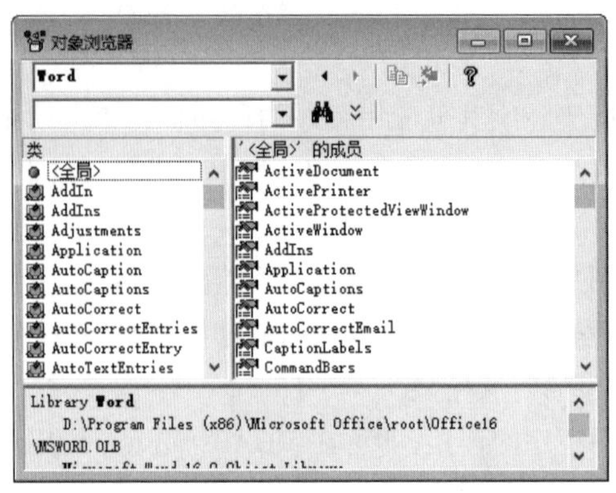

图 11-10　在对象浏览器中查看 Word 对象模型中的所有对象

（4）关闭对象浏览器，在一个 VBA 过程中声明所需的变量，可以将变量声明为 Word 对象模型中的任何对象类型。下面的代码将名为 wdApp 的变量声明为 Word 中的 Application 对象。

```
Dim wdApp As Word.Application
```

（5）使用 Set 语句和 New 关键字，或者使用 CreateObject 函数，将对象的一个实例赋值给变量。

```
Set wdApp = New Word.Application
```

或

```
Set wdApp = CreateObject("Word.Application")
```

接下来就可以在代码中使用 Word 对象模型中的 Application 对象的属性和方法了。

由于不同的 Office 应用程序的对象模型中包含一些同名对象，所以在声明外部应用程序对象模型中的对象时，应该添加类型库的名称。例如，Word.Application 中的 Word 表示类型库，Application 表示该类型库中的对象。

如果在声明变量时不想添加类型库的名称，则可以在“引用”对话框中单击 ↑ 或 ↓ 按钮来调整类型库的优先级，位置越靠上的类型库具有更高的优先级。例如，如果 Word 类型库的优先级高于 Excel 类型库，则在将变量声明为 Range 对象时，如果不添加类型库的名称，则声明的是 Word 类型库中的 Range 对象。

11.2.3　后期绑定

后期绑定是指在程序运行后才能建立对外部应用程序的连接，所以在代码编写阶段无法获悉该应用程序的对象模型。正因为如此，前期绑定的优点正好是后期绑定的缺点。

然而，后期绑定有一个显著的优点是，当需要将编写的 VBA 程序分发给其他用户使用时，无须在 VBE 中提前引用特定应用程序的类型库，这个优点是前期绑定无法比拟的。因为它为程序提供了最大的自动化和灵活性。首先，目标用户无须手动进入 VBE 并添加对类型库的引用；其次，可以根据目标用户的计算机中已安装的应用程序版本来选择要连接的版本。

下面仍然以在 Excel 中建立对 Word 的连接为例，介绍后期绑定的方法，操作步骤如下：

（1）在一个 VBA 过程中输入下面的代码，声明一个 Object 类型的变量。

```
Dim wdApp As Object
```

（2）使用 CreateObject 函数将外部应用程序对象模型中的顶层对象的一个实例，赋值给步骤（1）创建的变量。

```
Set wdApp = CreateObject("Word.Application")
```

如果计算机中安装了多个 Word 版本，如需连接到特定的 Word 版本，则可以在 Word.Application 的结尾添加一个英文句点和表示 Word 版本号的数字，例如 Word.Application.16。

11.2.4　启动 Word 的一个新实例并创建文档

使用 11.2.2 小节或 11.2.3 小节中的方法，都会启动 Word 的一个新实例。如需在 Word 中创建一个文档，可以使用下面的代码。本小节及后几个小节中的示例使用的都是前期绑定，所以在运行代码前，需要在 VBE 中引用 Word 类型库。

```
Sub 启动Word的一个新实例并创建文档()
    Dim wdApp As Word.Application
    Dim wdDoc As Word.Document
    Set wdApp = New Word.Application
    Set wdDoc = wdApp.Documents.Add
    wdApp.Visible = True
End Sub
```

创建的 Word 应用程序默认处于隐藏状态，如需使其可见，需要将 Word 的 Application 对象的 Visible 属性设置为 True。

程序结束后，会自动释放 wdApp 变量和 wdDoc 变量占用的内存。如果在程序的后面还有其他代码，则可以使用下面的代码主动释放两个变量占用的内存。

```
Set wdApp = Nothing
Set wdDoc = Nothing
```

如需退出 Word 应用程序，可以使用 Word 对象模型中的 Application 对象的 Quit 方法。

11.2.5　在已启动的 Word 中创建文档

如果当前已经启动了 Word 应用程序，如需在当前的 Word 中创建文档，而不是在一个新的 Word 中创建文档，则可以使用 VBA 内置的 GetObject 函数，该函数的语法如下：

```
GetObject(pathname, class)
```

- pathname（可选）：在由 class 参数指定的应用程序中打开的文件的完整路径。如果将该参数设置为零长度字符串，则将创建应用程序的一个新实例并返回对它的引用；如果省略该参数，则将引用一个已启动到内存中的应用程序的实例。
- class（可选）：应用程序的类型库和对象（类）的名称。省略该参数时，将使用与 pathname 参数指定的文件关联的应用程序打开该文件。

下面的代码将在当前已启动的 Word 中创建一个文档，如果当前没有启动 Word，则显示一条信息并退出程序。

```
Sub 在已启动的Word中创建文档()
    Dim wdApp As Word.Application
    On Error Resume Next
    Set wdApp = GetObject(, "Word.Application")
```

```
    On Error GoTo 0
    If wdApp Is Nothing Then
        MsgBox "当前没有启动 Word"
        Exit Sub
    End If
    wdApp.Documents.Add
    wdApp.Visible = True
End Sub
```

11.2.6 在 Word 中打开文档

下面的代码在当前已启动的 Word 中打开名为“测试”的文档。如果当前没有启动 Word，则启动 Word 并打开该文档。

```
Sub 在 Word 中打开文档()
    Dim wdDoc As Word.Document, strFileName As String
    strFileName = "E:\测试数据\Word\测试.doc"
    On Error Resume Next
    Set wdDoc = GetObject(strFileName)
    On Error GoTo 0
    If wdDoc Is Nothing Then
        MsgBox "未找到文档"
        Exit Sub
    End If
    wdDoc.Application.Visible = True
End Sub
```

代码解析：为了使打开的文档显示在 Word 窗口中，需要将 Application 对象的 Visible 属性设置为 True。由于本例声明的 wdDoc 变量是 Word 中的 Document 对象，为了引用 Application 对象，需要使用 Document 对象的 Application 属性。

11.2.7 将 Excel 工作表中的数据写入新建的 Word 文档

下面的代码将 Excel 活动工作表中的 A1:D6 单元格区域的数据复制到剪贴板，然后将剪贴板中的数据以表格的形式粘贴到一个新建的 Word 文档中，并将表格在文档页面中水平居中对齐，最后在 Word 窗口中显示该文档，如图 11-11 所示。

```
Sub 将 Excel 工作表中的数据写入新建的 Word 文档()
    Dim wdApp As Word.Application
    Range("A1:D6").Copy
    Set wdApp = New Word.Application
    With wdApp.Selection
        .Paste
        .WholeStory
        .Tables(1).Rows.Alignment = wdAlignRowCenter
        .EndKey wdStory
    End With
    Application.CutCopyMode = False
    wdApp.Visible = True
End Sub
```

	A	B	C	D
1	日期	名称	单价	数量
2	10月5日	牛奶	2	10
3	10月5日	酸奶	3.5	15
4	10月6日	早餐奶	2.5	5
5	10月7日	核桃奶	3	20
6	10月8日	巧克力奶	3.5	30

日期	名称	单价	数量
10 月 5 日	牛奶	2	10
10 月 5 日	酸奶	3.5	15
10 月 6 日	早餐奶	2.5	5
10 月 7 日	核桃奶	3	20
10 月 8 日	巧克力奶	3.5	30

图 11-11　将 Excel 工作表中的数据写入新建的 Word 文档

11.3　创建和使用类

Excel 对象模型包含大量的对象，对于大多数用户来说，在 VBA 中编程操作这些对象已经足以完成在 Excel 中需要执行的几乎所有任务。然而，用户仍然可以创建新的对象，以满足任何可能的编程需求。本节将介绍使用类模块创建新的类和对象的方法，还将介绍类在处理多个同类型的控件和捕获应用程序事件方面的实际应用。

11.3.1　了解类和类模块

在 Excel 中编写 VBA 程序大多数时间都是在处理各类对象，每个对象都属于某个特定的类。声明对象变量时，As 关键字后面的部分就是类的名称。例如，下面的代码声明一个 Worksheet 类型的变量，As 关键字后面的 Worksheet 就是对象的类。

```
Dim wks As Worksheet
```

类是对象的基础模型，通过“类”可以创建一系列相同类型的对象，为这些对象设置不同的属性，可以使它们具有不同的外观和状态，从而在同类型的多个对象之间加以区分。基于类创建的每一个对象都是类的实例。

通过在 VBA 工程中插入类模块，用户可以创建自己的类，通过在类模块中编写代码来为类创建属性和方法。属性用于改变对象的外观和状态，方法用于为对象执行特定的操作。VBA 工程中的 ThisWorkbook 模块、工作表模块、用户窗体模块都是类模块，只不过它们与用户自己创建的类模块有些区别。

除了可以使用类模块创建新的类和对象之外，类模块还用于完成以下几个任务：

- 同时处理多个同类型的控件。
- 捕获和使用应用程序事件。
- 捕获和使用嵌入图表事件。
- 创建可被其他 VBA 工程重用的组件。
- 封装复杂的代码，例如调用 API 函数的过程。

11.3.2　创建新的类及其属性和方法

本小节将以一个示例为主，介绍如何创建新的类及其属性和方法。本小节创建的类及其属性和方法的相关信息如表 11-1 所示。

表 11-1　类及其属性和方法的相关信息

名　称	类　型	说　明
Product	类	类的名称
Name	属性	设置或返回产品的名称
Price	属性	设置或返回产品的价格
Quantitiy	属性	或设置或返回产品的数量
AmountPay	方法	计算产品的金额：价格×数量

1. 创建基础的类

首先创建名为 Product 的类，操作步骤如下：

（1）在 VBA 工程中右击任意一项，然后在弹出的菜单中选择“类模块”命令，在该工程中插入一个类模块。

（2）在工程资源管理器中选择步骤（1）创建的类模块，然后按 F4 键，在属性窗口中将“（名称）”属性的值修改为“Product”，如图 11-12 所示。

修改后的类模块在 VBA 工程中将显示为如图 11-13 所示。接下来就可以在类模块的代码窗口中为 Product 类创建属性和方法了。

图 11-12　修改类模块的“（名称）”属性

图 11-13　修改名称后的类模块

2. 创建属性

本例需要为 Product 类创建 Name、Price 和 Quantity 三个属性，由于这 3 个属性都可用于设置值或返回值，所以需要在类模块代码窗口中的顶部使用 Public 关键字将它们声明为模块级变量。Name 变量的数据类型是 String，Price 变量的数据类型是 Double，Quantity 变量的数据类型是 Long。

```
Public Name As String
Public Price As Double
Public Quantity As Long
```

3. 创建方法

本例需要为 Product 类创建 AmountPay 方法，用于计算价格和数量的乘积。为了可以在 VBA 程序中使用 AmountPay 方法的计算结果，需要在类模块的代码窗口中使用 Function 过程来创建 AmountPay 方法，并在 Function 过程的开头添加 Public 关键字，Function 过程的名称就是方法的名称。如果使用 Sub 过程创建方法，则该方法没有返回值。

下面的代码为 Product 类创建 AmountPay 方法：

```
Public Function AmountPay() As Double
    AmountPay = Price * Quantity
End Function
```

现在已经为 Product 类创建好了 3 个属性和 1 个方法，接下来可以使用该类创建对象，并在代码中使用对象的属性和方法执行具体的操作。

11.3.3　使用类创建和使用对象

本小节将使用 11.3.2 小节创建的类来创建一个对象，通过 3 个属性为创建的对象设置名称、价格和数量，然后使用 AmountPay 方法计算对象的金额，操作步骤如下：

（1）在 VBA 工程中插入一个标准模块，将模块的名称修改为“使用类创建和使用对象”。

（2）打开步骤（1）创建的标准模块的代码窗口，在其中创建一个名为“计算产品金额”的 Sub 过程，然后使用 Dim 语句声明一个名为 clsProduct 的变量，该变量的类型是 Product。输入 As 关键字并按空格键后，在列表中将会显示 Product。

```
Dim clsProduct As Product
```

（3）声明变量后，需要使用 Set 语句和 New 关键字将 Product 类的实例赋值给 clsProduct 变量。

```
Set clsProduct = New Product
```

（4）为 clsProduct 变量的 Name、Price 和 Quantitiy 三个属性赋值。输入变量名和英文句点后，可以在弹出的列表中选择属性，如图 11-14 所示。

```
clsProduct.Name = "牛奶"
clsProduct.Price = 2
clsProduct.Quantity = 10
```

（5）使用 AmountPay 方法计算 Price 属性和 Quantitiy 属性的乘积，将返回的金额显示在对话框中，如图 11-15 所示。

```
MsgBox clsProduct.Name & "的金额是：" & clsProduct.AmountPay & "元"
```

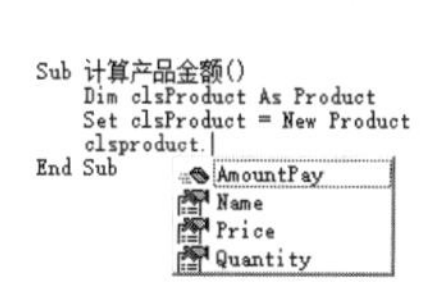

图 11-14　在弹出的列表中选择属性

图 11-15　使用创建的对象执行操作

完整的代码如下所示：

```
Sub 计算产品金额()
    Dim clsProduct As Product
    Set clsProduct = New Product
    clsProduct.Name = "牛奶"
    clsProduct.Price = 2
    clsProduct.Quantity = 10
    MsgBox clsProduct.Name & "的金额是：" & clsProduct.AmountPay & "元"
End Sub
```

可以使用 With 语句简化上述代码：

```
Sub 计算产品金额2()
    Dim clsProduct As Product
    Set clsProduct = New Product
    With clsProduct
        .Name = "牛奶"
        .Price = 2
        .Quantity = 10
        MsgBox .Name & "的金额是：" & .AmountPay & "元"
    End With
End Sub
```

11.3.4 使用 Property 过程创建可灵活控制的属性

虽然使用 Public 关键字创建的属性简单易用，但是只能简单地为属性赋值，无法对所赋的值进行更多的控制。使用 Property 过程可以通过编写代码检查和计算属性的值，这样能够以更加灵活的方式控制属性的值。Property 过程有以下 3 种形式：

- Property Get：返回属性的值。创建 Property Get 过程时需要为其返回值指定数据类型。
- Property Let：设置属性的值，需要至少包含一个参数，用于接收用户为属性设置的值。该过程中参数的数据类型必须与 Property Get 过程的返回值的数据类型相同。
- Property Set：与 Property Let 过程类似，但是用于处理对象。

使用 Property 过程创建类的属性时，需要在类模块中使用 Private 关键字声明模块级变量，以便在不同的 Property 过程之间传递数据，但是不能被其他模块使用。如果同时使用 Property Let 过程和 Property Get 过程创建一个属性，则既可以为属性赋值，又可以读取该属性的值。如果只使用 Property Get 过程创建一个属性，则只能读取该属性的值，不能为其赋值。

仍以 11.3.3 小节中的示例进行介绍，假设当购买的数量在 10 个以上时，超出 10 个的部分的价格按照原价的 5 折计算。此时在为 Quantity 属性赋值时，需要判断数量是否大于 10，如果大于 10，则需要将超过 10 的部分的价格乘以 0.5，而 10 以内的价格仍然按照原价计算。

为了适应上述需求，需要修改 Product 类模块中的代码。保持原来的 Name 和 Price 两个变量的声明，但是不再声明 Quantity 变量，而是将其创建在 Property Let 和 Property Get 过程中，以便对其值进行所需的处理。还需要使用 Private 关键字声明两个模块级变量，它们用于在类模块中的各个过程之间传递 10 以内的数量和超过 10 的数量。在类模块中还需要使用 Property Get 过程创建 Quantity10Down 和 Quantity10Up 两个只读属性，它们的值只能由程序根据用户输入的数量是否大于 10 自动计算得到，不能手动为这两个属性赋值。最后需要修改 AmountPay 方法的计算方式，根据是否大于 10，使用不同的价格进行计算，并将两个计算结果加在一起。

```
Public Name As String
Public Price As Double
Private Qty10Down As Long
Private Qty10Up As Long

Property Let Quantity(qty As Long)
    Qty10Down = WorksheetFunction.Min(10, qty)
    Qty10Up = WorksheetFunction.Max(0, qty - 10)
End Property

Property Get Quantity() As Long
    Quantity = Qty10Down + Qty10Up
```

```
End Property

Property Get Quantity10Down() As Long
    Quantity10Down = Qty10Down
End Property

Property Get Quantity10up() As Long
    Quantity10Up = Qty10Up
End Property

Public Function AmountPay()
    AmountPay = Qty10Down * Price + Qty10Up * Price * 0.5
End Function
```

现在可以修改 11.3.3 小节中的示例，为 Quantity 属性设置不同的值，例如 15，价格是 2，此时显示的计算结果是 25，如图 11-16 所示。15=10+5，10 与原价 2 的乘积是 20。超出 10 的部分是 5，按照原价的 5 折计算，此时价格变成 1，5×1=5，最终的金额是 20+5=25。

下面的代码通过只读属性返回享受 5 折价格的产品数量，如图 11-17 所示。

```
Sub 计算产品金额3()
    Dim clsProduct As Product, strMsg As String
    Set clsProduct = New Product
    With clsProduct
        .Name = "牛奶"
        .Price = 2
        .Quantity = 15
    End With
    strMsg = strMsg & "总金额是: " & clsProduct.AmountPay & "元" & vbCrLf
    strMsg = strMsg & "产品的总数量是: " & clsProduct.Quantity & vbCrLf
    strMsg = strMsg & "享受5折优惠的数量是: " & clsProduct.Quantity10up
    MsgBox strMsg
End Sub
```

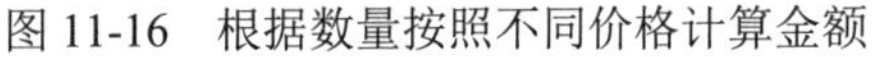

图 11-16　根据数量按照不同价格计算金额

图 11-17　使用只读属性返回值

11.3.5　同时处理多个同类型的控件

利用类模块，可以为多个同类型的控件编写统一的事件处理程序，单击其中的任意一个控件时，将执行相同或相似的操作。否则，需要分别为每一个控件编写相同的事件处理程序。

如图 11-18 所示，在用户窗体中有 3 个按钮，单击任何一个按钮时，将显示该按钮的标题。

（1）在 VBA 工程中插入一个用户窗体，然后在其中添加 3 个“命令按钮”控件，修改它们的 Caption 属性，如图 11-18 所示。

（2）在 VBA 工程中插入一个类模块。在属性窗口中将类模块的名称设置为 cmdEvents，如图 11-19 所示。

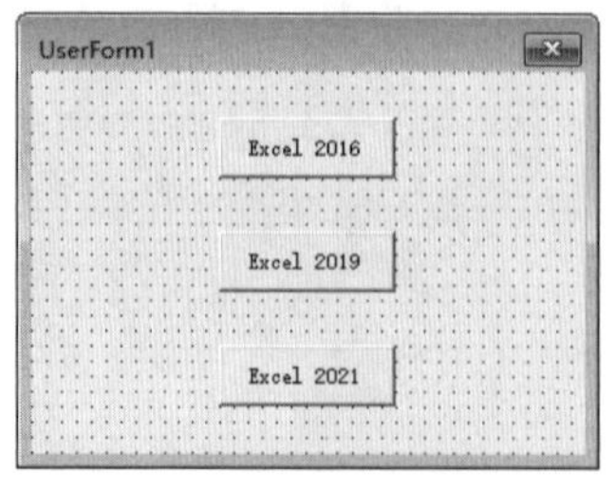

图 11-18　创建用户窗体和控件

图 11-19　设置类模块的名称

（3）在 cmdEvents 类模块的代码窗口中输入下面的代码，使用 WithEvents 关键字声明一个用户窗体中的“命令按钮”控件的对象，该声明相当于为类模块创建了一个属性。

```
Public WithEvents fmCmd As MSForms.CommandButton
```

提示：如需处理其他类型的控件，例如“文本框”控件，则可以将 As 关键字右侧的控件类型修改为 MSForms.TextBox。

（4）在类模块的代码窗口顶部的左侧下拉列表中选择步骤（3）创建的 fmCmd，在右侧下拉列表中选择 Click，然后在 Click 事件过程中输入下面的代码：

```
Private Sub fmCmd_Click()
    MsgBox "单击的按钮是：" & fmCmd.Caption
End Sub
```

（5）在用户窗体的代码窗口顶部的左侧下拉列表中选择 UserForm，在右侧的下拉列表中选择 Initialize，然后编写 Initialize 事件过程的代码。在用户窗体模块顶部的声明部分声明一个名为 cmdButtons 的对象数组变量，该变量的数据类型是前面创建的类模块的名称 cmdEvents。

```
Private cmdButtons() As New cmdEvents
Private Sub UserForm_Initialize()
    Dim ctl As Control, intCount As Integer
    For Each ctl In Me.Controls
        If TypeName(ctl) = "CommandButton" Then
            intCount = intCount + 1
            ReDim Preserve cmdButtons(1 To intCount)
            Set cmdButtons(intCount).fmCmd = ctl
        End If
    Next ctl
End Sub
```

完成上述操作后，运行用户窗体，单击其中的任意一个按钮，将显示该按钮的标题，如图 11-20 所示。

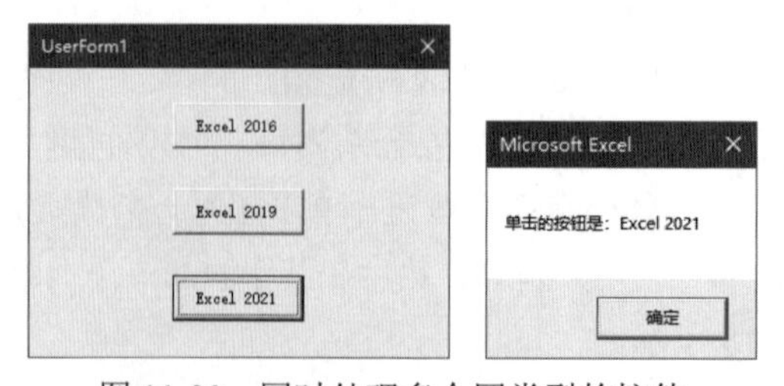

图 11-20　同时处理多个同类型的控件

11.3.6　捕获应用程序事件

第 7 章介绍了工作簿和工作表的事件，它们分别用于处理工作簿中的任意一个工作表或特定的工作表。实际上，利用类模块可以触发应用程序级别的事件，这意味着在 Excel 中打开的任意一个工作簿都会响应该级别的事件。

本例将实现在 Excel 中打开任意一个工作簿时，在对话框中显示该工作簿的完整路径。操作步骤如下：

（1）在 VBA 工程中插入一个类模块，将其名称修改为 appEvents。

（2）打开步骤（1）创建的类模块的代码窗口，在模块顶部输入下面的代码，使用 Public 关键字和 WithEvents 关键字声明一个 Application 类型的变量 xlsApp。WithEvents 关键字用于引发与 Application 对象相关的事件。

```
Public WithEvents xlsApp As Application
```

（3）在类模块的代码窗口顶部的左侧下拉列表中选择步骤（2）创建的 xlsApp 变量，在右侧的下拉列表中选择 WorkbookOpen 事件，然后在该事件过程中编写代码。

```
Private Sub xlsApp_WorkbookOpen(ByVal Wb As Workbook)
    MsgBox Wb.FullName
End Sub
```

（4）在 VBA 工程中插入一个标准模块，打开其代码窗口，在模块顶部输入下面的代码，声明一个 appEvents 类型的变量。

```
Public clsApp As appEvents
```

提示：与 ThisWorkbook 模块和工作表模块不同，用户创建的类模块默认无法自动响应用户的操作，所以需要先创建类的实例。

（5）在标准模块中创建一个 Sub 过程，将 appEvents 类的实例赋值步骤（4）创建的变量，然后将 Application 对象赋值给 clsApp 变量代表的 appEvents 对象的 xlsApp 属性。

```
Sub 捕获事件()
    Set clsApp = New appEvents
    Set clsApp.xlsApp = Application
End Sub
```

（6）运行一次步骤（5）创建的 Sub 过程，在保持该工作簿一直打开的情况下，以后在 Excel 中打开任意一个工作簿时，将自动显示该工作簿的完整路径。

第 12 章　为程序设计功能区界面和快捷菜单

微软从 Excel 2007 开始使用全新的功能区代替在 Excel 早期版本中一直使用的菜单栏和工具栏。虽然在 Excel 2007 及 Excel 更高版本中仍然可以使用 VBA 创建菜单栏和工具栏，但是它们只能显示在功能区的“加载项”选项卡中。使用 VBA 创建快捷菜单的方法及其显示方式并未改变，仍然与 Excel 早期版本相同。如需为 Excel 2007 及 Excel 更高版本定制功能区界面，则需要了解和编写 RibbonX 代码。本章将介绍使用 RibbonX 定制功能区和使用 VBA 定制快捷菜单的方法。

12.1　功能区开发基础

本节将介绍定制功能区之前需要了解的基础知识，包括功能区的结构、Excel 文件的内部结构、定制功能区的流程和工具、功能区中的控件类型、控件属性、控件回调等内容。

12.1.1　功能区的结构

功能区位于 Excel 窗口标题栏的下方，是一个与 Excel 窗口等宽的矩形区域。功能区由选项卡、组和命令 3 个部分组成，如图 12-1 所示。单击选项卡顶部的标签，可以显示不同的选项卡。每个选项卡中的命令按照功能分为多个组，各个组的名称显示在选项卡的底部。

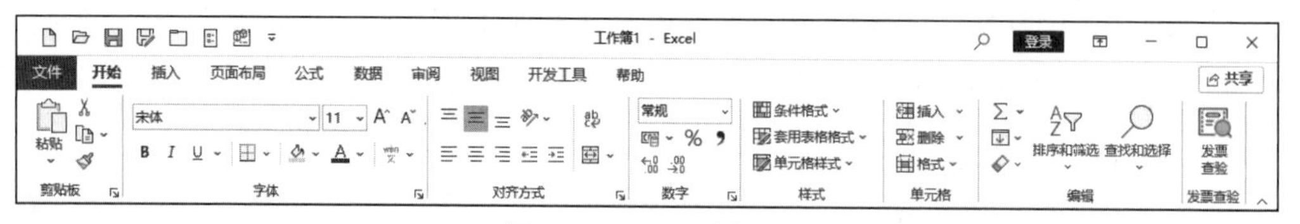

图 12-1　Excel 功能区

功能区中的命令有多种类型，按钮、编辑框、复选框、切换按钮、下拉列表、组合框、库和垂直分隔条等。在某些组的右下角显示按钮，将该按钮称为“对话框启动器”。单击该按钮可以打开一个对话框，其中包括该按钮所在组中的选项。将出现在功能区中的各种对象称为控件。

12.1.2　Excel 文件的内部结构

从 Excel 2007 开始，微软为 Excel 文件提供了新的文件格式，每个 Excel 工作簿实际上由一组 XML 文件组成，这些文件被压缩到 Zip 容器中。与标准的文本文件相比，XML 文件采用父、子层次结构描述文件的结构和内容。

如需查看 Excel 文件的内部结构，可以将 Excel 文件的扩展名.xlsx 或.xlsm 修改为.zip，也可以在 Excel 文件的扩展名之后添加.zip，如图 12-2 所示。按 Enter 键，将显示如图 12-3 所示的确认信息，单击“是”按钮，完成扩展名的修改。双击将扩展名修改为.zip 后的压缩文件，将显示 Excel 文件的内部结构，如图 12-4 所示。

图 12-2　修改 Excel 文件的扩展名

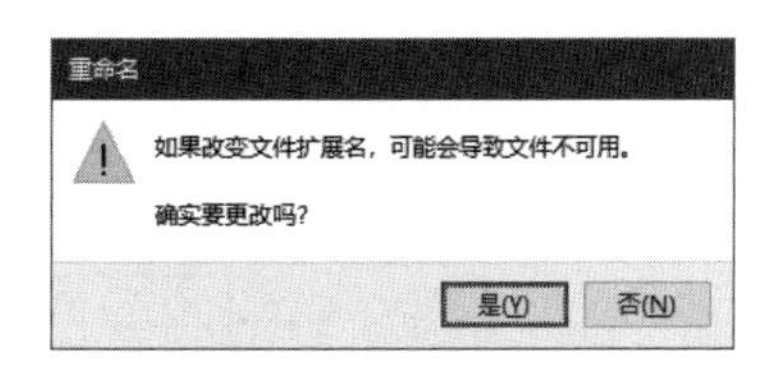

图 12-3　修改文件扩展名时的确认信息

名称	大小	压缩后大小	类型	修改时间	CRC32
..			文件夹		
_rels			文件夹		
docProps			文件夹		
xl			文件夹		
[Content_Types].xml	1,477	421	XML 文档	1980/1/1 0:00	E9517678

图 12-4　Excel 文件的内部结构

12.1.3　定制功能区的整体流程和工具

可以将定制功能区的整体流程分为以下两个阶段。

1. 编写代码

该阶段包括以下两个部分：

- 在 Excel 工作簿中编写用于实现功能区中的控件功能的 VBA 代码。
- 在文本编辑工具中编写 RibbonX 代码，用于定制在功能区中包含哪些控件，以及这些控件的位置和外观，将包含 RibbonX 代码的文件保存为 customUI.xml。

2. 在 Excel 文件内部为代码和功能区建立关联

该阶段包括以下几个部分：

- 将包含 VBA 代码的 Excel 文件的扩展名修改为.zip，然后双击该文件，在其内部创建名为 customUI 的文件夹。
- 将包含 RibbonX 代码的 customUI.xml 文件添加到 customUI 文件夹中。
- 打开 ZIP 文件内部的_rels 文件夹中的.rels.xml 文件，修改该文件的内容，为 RibbonX 代码和功能区建立关联。
- 将.zip 扩展名删除，恢复原来的 Excel 文件。

为了能够收到 RibbonX 代码出现错误时的反馈信息，需要在“Excel 选项”对话框的“高级”选项卡中勾选“显示加载项用户界面错误”复选框，如图 12-5 所示。

编写 RibbonX 代码可以使用任何文本编辑工具，Windows 操作系统中的记事本程序就是其中之一。编写 RibbonX 代码更易于使用的工具是 Custom UI Editor，如图 12-6 所示，该工具有以下几个优点：

- 自动验证代码的有效性，及时发现并修改错误的代码，确保代码能够正常工作。
- 使用不同颜色标识代码中的不同元素。

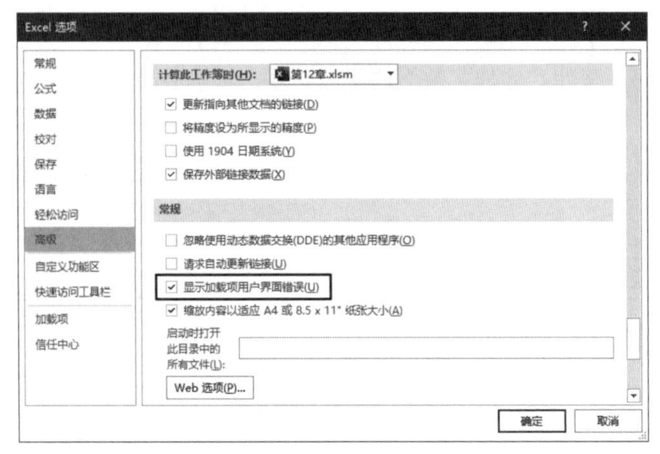

图 12-5 勾选“显示加载项用户界面错误”复选框

- 自动为 RibbonX 代码和功能区建立关联。在 Custom UI Editor 中编写好 RibbonX 代码，然后保存并关闭在 Custom UI Editor 中打开的 Excel 文件。在 Excel 中打开该文件，将看到功能区外观上的变化。

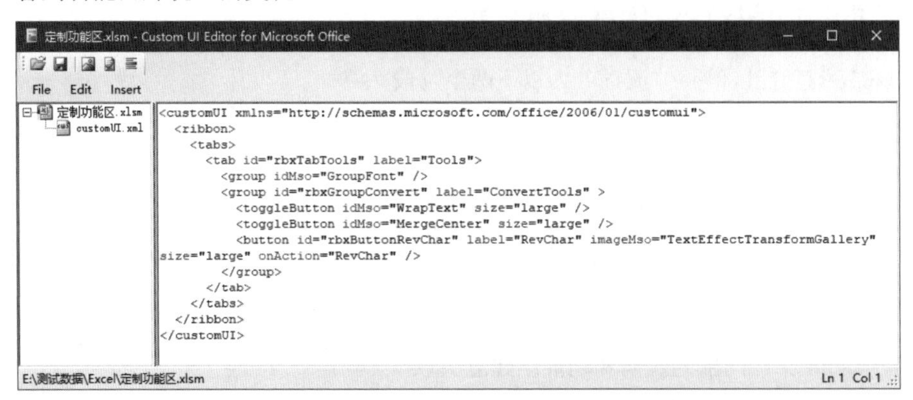

图 12-6 在 Custom UI Editor 中编写 RibbonX 代码

12.1.4 控件类型

编写 RibbonX 代码时，可以在功能区中添加两类控件：基本控件和容器控件。基本控件用于执行特定的操作，例如按钮、编辑框和复选框。容器控件用于为基本控件提供容器，这意味着可以将基本控件添加到容器控件的内部，例如下拉列表和组合框。

1. 基本控件

基本控件如表 12-1 所示，可以将这些控件添加到功能区的自定义组或容器控件中。

表 12-1 基本控件

控 件 类 型	说 明	控件样式示例
<control.../>	通用控件类型	/
<button.../>	“按钮”控件，单击该控件可执行指定的操作，可以同时显示图像和标题	录制宏

续表

控 件 类 型	说　　明	控件样式示例
<toggleButton…/>	“切换按钮”控件，可在按下和弹起两种状态之间切换	B I
<editBox…/>	“编辑框”控件，可在编辑框中输入内容	缩放比例: 100%
<checkBox…/>	“复选框”控件，可在勾选和取消勾选两种状态之间切换	网格线 标题
<gallery…/>	“库”控件，用于提供一个下拉列表，其中包含其他类型的控件	好、差和适中 常规 差 数据和模型 计算 检查单元格 输入 注释
<labelControl…/>	“标签”控件，用于为其他控件提供标题	网格线 标题 查看 查看
<separator…/>	“垂直分隔条”控件，用于分隔组中的控件	
<menuSeparator…/>	“水平分隔条”控件，用于分隔菜单中的菜单项	插入单元格(I)… 插入工作表行(R) 插入工作表列(C) 插入工作表(S)
<dynamicMenu…/>	“弹出菜单”控件，运行时使用回调为其提供内容	/
<dialogBoxLauncher…/>	“对话框启动器”控件，位于组的右下角	工作表选项
<item…/>	“选项”控件，用于为下拉列表或组合框提供选项	/

2. 容器控件

容器控件如表 12-2 所示，可以将基本控件或容器控件添加到容器控件中。

表 12-2　容器控件

控 件 类 型	说　　明	可包含的控件类型
<box…> 内容 </box>	控制其他控件的布局	可以包含任何其他类型的控件
<buttonGroup…> 内容 </buttonGroup>	将包含在其中的控件显示为一个组	<control>、<button>、<toggleButton>、<splitButton>、<gallery>、<menu>和<dynamicMenu>
<dropDown…> 内容 </dropDown>	在下拉列表中提供选项	<button>和<item>
<comboBox…> 内容 </comboBox>	相当于编辑框和下拉列表的组合，既可以在上方的编辑框中输入，又可以从下拉列表中选择	<item>
<menu…> 内容 </menu>	可以包含按钮或其他菜单的弹出菜单，可以创建具有多个层次结构的级联菜单	<control>、<button>、<toggleButton>、<checkBox>、<splitButton>、<gallery>、<menu>、<dynamicMenu>和<menuSeparator>

续表

控件类型	说明	可包含的控件类型
<splitButton…> <button…/> <menu…> 内容 </menu> </splitButton>	包含左右两个部分的组合按钮，单击左侧部分将执行默认操作，单击右侧部分可从下拉列表中选择	<button>和<toggleButton>

12.1.5 控件属性

每个控件都有一个或多个属性，用于设置控件的外观、状态等信息。各个控件的所有可用属性如表 12-3 所示。

表 12-3 各个控件的所有可用属性

属性	适用的控件	说明
boxStyle	box	box 控件的图标的排列方向，取值为 horizontal 或 vertical
columns	gallery	库中的列数，取值为 1～1024
description	button、toggleButton、checkBox、splitButton、menu、dynamicMenu	控件的描述信息，取值为 1～4096 个字符
enabled	所有控件	是否启用控件，取值为 true 或 false
id	所有控件	自定义控件的 ID，取值为 1～1024 个字符
idMso	所有控件	内置控件的 ID，取值为 1～1024 个字符
idQ	tab、group、menu	有限制的控件的 ID，取值为 1～1024 个字符
image	所有带图像的控件	自定义图像的名称，取值为 1～1024 个字符
imageMso	所有带图像的控件	内置控件的图像的名称，取值为 1～1024 个字符
invalidateContentOnDrop	comboBox、gallery、dynamicMenu	中止控件时是否去除相关内容的回调，取值为 true 或 false
itemHeight	gallery	库中项目的高度，以像素为单位，取值为 1～4096
itemSize	menu	菜单中项目的尺寸，分为普通尺寸和大尺寸两种，大尺寸同时显示标题和描述，取值为 normal 或 large
itemWidth	gallery	库中项目的宽度，以像素为单位，取值为 1～4096
keytip	所有的选项卡、组和控件	访问控件的快捷键，取值为 1～3 个字符
label	所有的选项卡、组和控件	控件的标题，取值为 1～1024 个字符

续表

属　　性	适用的控件	说　　明
maxLength	comboBox、editBox	可以输入的文本的最大长度，取值为 1～1024 个字符
rows	gallery	库中的行数，取值为 1～1024
screentip	所有控件	屏幕提示，取值为 1～1024 个字符
showImage	所有带图像的控件	是否显示控件的图像，取值为 true 或 false
showItemImage	comboBox、dropDown、gallery	是否显示下拉项的图像，取值为 true 或 false
showItemLabel	comboBox、dropDown、gallery	是否显示下拉项的标题，取值为 true 或 false
showLabel	所有控件	是否显示控件的标题，取值为 true 或 false
size	所有控件	控件的尺寸，普通尺寸占用 1 行，大尺寸占用 3 行，取值为 normal 或 large
sizeString	comboBox、dropDown、editBox	用于设置控件宽度的字符串，取值为 1～1024 个字符
supertip	所有控件	屏幕超级提示，取值为 1～1024 个字符
tag	所有控件	为控件添加附加信息，取值为 1～1024 个字符
title	menu、menuSeparator	菜单的标题，取值为 1～1024 个字符
visible	所有的选项卡、组和控件	是否显示控件，取值为 true 或 false

名称中包含 image 的属性用于设置控件的图像，size 和 getSize 两个属性用于设置控件图像的尺寸。如需为自定义控件使用 Excel 内置控件的图像，可以使用 imageMso 属性，该属性的值必须是内置控件的名称。

获取内置控件名称的一种方法是在“Excel 选项”对话框中显示“自定义功能区”选项卡或“快速访问工具栏”选项卡，然后将鼠标指针移动到一个命令上，在显示的信息中的英文部分是与该命令关联的控件的名称，如图 12-7 所示的 Copy 是控件的名称。可以将此处显示的英文名称设置为 imageMso 属性的值，即可将控件的图像指定为“复制”命令的图标。

在 VBA 中可以使用 Office 对象模型中的 CommandBars 对象的 GetImageMso 方法获取功能区中任意命令的图标。下面的代码在活动工作表中以 64×64 像素的大小插入“复制”命令的图标，如图 12-8 所示。

```
Sub 在工作表中插入复制命令的图标()
    Dim img As Image
    ActiveSheet.Shapes.AddOLEObject "Forms.Image.1"
    Set img = ActiveSheet.OLEObjects(1).Object
    img.Picture = Application.CommandBars.GetImageMso("Copy", 64, 64)
End Sub
```

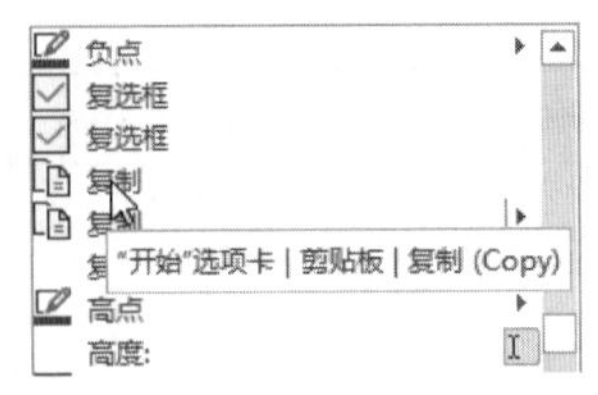

图 12-7　查找命令的名称

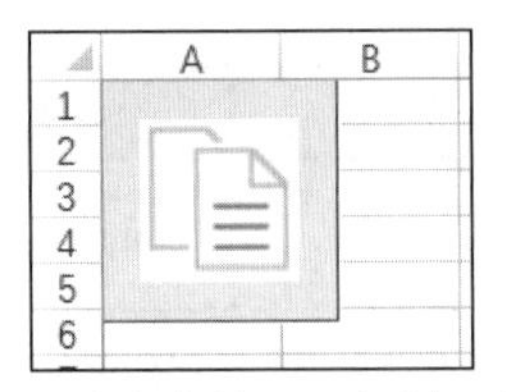

图 12-8　在工作表中插入“复制”命令的图标

如需为自定义控件使用自定义的图像，可以使用 image 属性，并且需要将自定义的图像存储在 Excel 文件中。Custom UI Editor 工具带有“插入图标”功能，使用该工具可以很方便地在 RibbonX 代码中插入图像并自动建立关联信息。

12.1.6　控件回调

控件回调是指在程序运行时，自动调用预先编写好的 VBA 过程来改变功能区中的控件的属性和行为。RibbonX 中的回调将向调用的 VBA 过程传递一些参数，所以在创建与控件回调相关的 VBA 过程时，必须在 VBA 中正确声明这些参数。

例如，假设希望在运行时动态显示功能区中的“字体格式”组的名称，则需要使用控件回调实现该功能。最初为该组编写的 RibbonX 代码如下：

```
<group id="rbxFontFormat" label="字体格式">
```

如需将该属性设置为控件回调，需要在该属性的开头添加 get，变成 getLabel 属性。然后将该属性的值设置为想要调用的 VBA 过程的名称，例如“设置组名称”。

```
<group id="rbxFontFormat" getLabel="设置组名称">
```

提示：为控件设置的其他属性对应的控件回调都是在属性名的开头添加 get，此外还有一些在运行时适用的控件回调，如表 12-4 所示。

表 12-4　运行时适用的控件回调

回　调	适用的控件	说　明
getContent	dynamicMenu	为菜单的内容提供 XML
getPressed	toggleButton、checkBox	控件是否被按下或选中
getItemCount	comboBox、dropDown、gallery	控件中包含项目的数量
getItemID、getItemImage、getItemLabel、getItemScreentip、getItemSupertip	comboBox、dropDown、gallery	控件中项目的相关信息
getSelectedItemID	dropDown、gallery	在控件中当前选择的项目
getSelectedItemIndex	dropDown、gallery	控件中当前选择的项目的索引号
getText	comboBox、editBox	显示在控件中的文本
onAction	button、toggleButton、checkBox、dropDown、gallery	单击控件时执行的操作
onChange	comboBox、editBox	当控件中的文本改变时执行

为了能够正常设置组的名称，需要在 VBA 中创建名为“设置组名称”的过程，并为该过程正确声明 RibbonX 希望提供的参数，然后在 VBA 过程中编写所需的代码。

```
Sub 设置组名称(ByRef Control As IRibbonControl, ByRef ReturnValue As Variant)
    ReturnValue = "字体格式-" & Application.UserName
End Sub
```

下面列出了 RibbonX 希望 VBA 过程提供的所有适用的控件回调的参数。

（1）适用的控件回调：getContent、getDescription、getEnabled、getImage、getItemCount、getItemHeight、getItemWidth、getKeytip、getLabel、getPressed、getSize、getScreentip、getSelectedItemID、getSelectedItemIndex、getShowImage、getShowLabel、getSupertip、getText、getTitle 和 getVisible。

需要在 VBA 过程中声明的参数：

```
Sub 过程名(ByRef Control As IRibbonControl, ByRef ReturnValue As Variant)
```

（2）适用的控件回调：getItemID、getItemImage、getItemLabel、getItemScreentip 和 getItemSupertip。

需要在 VBA 过程中声明的参数：

```
Sub 过程名(ByRef Control As IRibbonControl, ByRef Index As Integer, ByRef ReturnedValue
As Variant)
```

（3）适用的控件回调：button 控件的 onAction。

需要在 VBA 过程中声明的参数：

```
Sub 过程名(ByRef Control As IRibbonControl)
```

（4）适用的控件回调：checkBox 和 toggleButton 控件的 onAction。

需要在 VBA 过程中声明的参数：

```
Sub 过程名(ByRef Control As IribbonControl, ByRef Pressed As Boolean)
```

（5）适用的控件回调：dropDown 和 gallery 控件的 onAction。

需要在 VBA 过程中声明的参数：

```
Sub 过程名(ByRef Control As IribbonControl, ByRef SelectedID As String, ByRef
SelectedIndex As Integer)
```

（6）适用的控件回调：editBox 和 comboBox 控件的 onChange。

需要在 VBA 过程中声明的参数：

```
Sub 过程名(ByRef Control As IribbonControl, ByRef Text As String)
```

12.2　定制功能区

本节将通过一个示例介绍定制功能区的具体步骤和需要注意的问题。为了更好地了解和掌握编写 RibbonX 代码的方法，以及定制功能区涉及的各个环节，本节使用 Windows 操作系统中的记事本程序编写 RibbonX 代码并介绍代码的语法规则。

12.2.1　创建实现控件功能的 VBA 过程

本例需要编写一个 VBA 过程，将其用作自定义选项卡中名为“倒序排列字符”的按钮的控件回调。创建并保存一个.xlsm 格式的 Excel 文件，打开该文件的 VBE 窗口，在其中插入一个标准模块，然后在该模块的代码窗口中创建下面的 Sub 过程。由于该过程用作“按钮”控件的回调，所以需要声明 ByRef Control As IribbonControl 参数。

```
Sub 倒序排列字符(ByRef Control As IRibbonControl)

End Sub
```

接下来在该过程中编写实现“倒序排列字符”功能的 VBA 代码，只需对 5.6.3 小节中的示例稍加修改即可，修改后的代码如下：

```
Sub 倒序排列字符(ByRef Control As IRibbonControl)
    Dim strChar As String, strRevChar As String
    Dim intIndex As Integer
    If TypeName(Selection) = "Range" Then
        strChar = Selection.Value
        For intIndex = 1 To Len(strChar)
            strRevChar = Mid(strChar, intIndex, 1) & strRevChar
        Next intIndex
    End If
    Selection.Value = strRevChar
End Sub
```

12.2.2 编写定制功能区的 RibbonX 代码

启动记事本程序，按 Ctrl+S 组合键，打开“另存为”对话框，将文件名设置为 customUI.xml，由于本例定制的功能区中包含中文，所以需要在“编码”下拉列表中选择一种 Unicode 编码格式，如图 12-9 所示。选择保存位置，然后单击“保存”按钮，将创建 customUI.xml 文件。

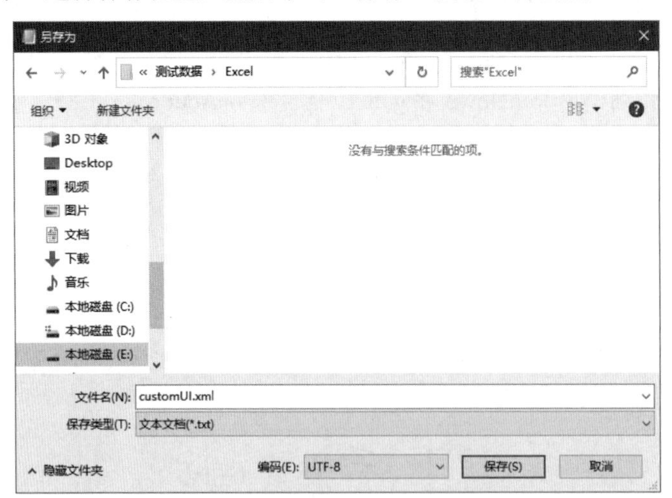

图 12-9　创建 customUI.xml 文件

接下来在 customUI.xml 文件中编写定制功能区的 RibbonX 代码。本例将创建一个名为“常用工具”的选项卡，其中包含两个组：

- 第 1 个组中的所有命令与 Excel 内置的“字体”组完全相同。
- 第 2 个组是自定义组，将其名称设置为“转换工具”，在其中添加 3 个命令，前两个命令是 Excel 内置的“自动换行”“合并后居中”，第 3 个命令是自定义命令，其名称是“倒序排列字符”，其功能由 12.2.1 小节中的 Sub 过程实现。

下面将本例所需编写的 RibbonX 代码分为几个部分进行讲解。

1. 创建选项卡

首先在 customUI.xml 文件中输入下面的代码。用于定义功能区的整体框架，并在其中创建名为“常用工具”的选项卡。

```
<customUI xmlns="http://schemas.microsoft.com/office/2006/01/customui">
  <ribbon>
    <tabs>
      <tab id="rbxTabTools" label="常用工具">

      </tab>
    </tabs>
  </ribbon>
</customUI>
```

下面介绍这段代码涉及的 XML 语法规则：

- <ribbon>包含功能区所有变化的容器，<tabs>包含功能区中所有内置和自定义的选项卡的所有变化的容器。在<tabs>和</tabs>之间定义了一个新的选项卡。
- 由一对尖括号包围起来的名称是 XML 文件中的元素。每个元素使用开始标签（例如<ribbon>）和结束标签（例如</ribbon>）定义，在这两个标签之间输入的内容是该元素的数据。
- 不同元素之间具有父子层次结构，位于 XML 文件最顶端的元素是根元素。在 XML 文件中只能有一个根元素，根元素是其他所有元素的容器。例如，customUI 是根元素，位于其下一层的 ribbon 元素是 customUI 元素的子元素，customUI 元素是 ribbon 元素的父元素。
- 与其他元素不同，根元素包含以 xmlns 开头的一串类似网址的字符，xmlns 表示 XML 命名空间。创建命名空间的目的是在一个限定的范围内不会出现重复的字符串。命名空间本身的内容并不重要，所以可以使用任何有效的内容创建命名空间。命名空间通常出现在单独的一行中，但是在上面的代码中位于 customUI 根元素中，说明该命名空间对根元素及其内部的所有子元素都有效。
- id 和 label 是 tab 元素的两个属性，使用等号为属性赋值，等号左侧是属性的名称，等号右侧是属性的值。无论值是文本还是数字，都使用双引号括起。
- 由于 XML 中的内容严格区分大小写，所以<Ribbon>和<ribbon>表示不同的内容。
- 为了使代码更清晰，应该为不同层次的元素使用不同的缩进格式。

注意：编写 RibbonX 代码很容易出错，即使是经验丰富的开发人员也是如此。如果出现错误，应仔细检查自己编写的 RibbonX 代码是否完全符合上面和后面列出的语法规则。

2. 创建组

在“常用工具”选项卡中创建两个组。使用<group>和</group>作为定义组元素的开始标签和结束标签，并将所有与组相关的代码放置到<tab>和</tab>之间。

本例创建两个组，第 1 个组是 Excel 内置的“字体”组，其名称是 GroupFont，将该名称赋值给 group 元素的 idMso 属性。

```
<group idMso="GroupFont" />
```

第 2 个组是自定义的组，需要将组的名称赋值给 group 元素的 id 属性，将其 label 属性设置为“转换工具”。由于要在第 2 个组中添加 3 个命令，所以需要使用</group>作为第 2 个组的结束标签。

```
<group id="rbxGroupConvert" label="转换工具" >
</group>
```

3. 在组中添加控件

本例需要在第 2 个组中添加 3 个命令，前两个命令是 Excel 内置命令，“自动换行”命令的控件名称是 WrapText，“合并后居中”命令的控件名称是 MergeCenter，两个控件的类型都是 toggleButton。下面的代码将在第 2 个组中创建“自动换行”和“合并后居中”两个命令，并将它们的尺寸设置为大尺寸。

```
<toggleButton idMso="WrapText" size="large" />
<toggleButton idMso="MergeCenter" size="large" />
```

下面的代码在第 2 个组中创建第 3 个命令，将其名称设置为 rbxButtonRevChar，并赋值给 id 属性，将其 label 属性设置为“倒序排列字符”。将该命令的图标设置为一个内置控件的图标，并将该命令的尺寸设置为大尺寸。为了在单击该按钮时，可以执行在 12.2.1 小节中编写的 Sub 过程，需要将该命令的 OnAction 属性设置为 Sub 过程的名称——倒序排列字符。

```
<button id="rbxButtonRevChar" label="倒序排列字符" imageMso="TextEffectTransformGallery"
size="large" onAction="倒序排列字符" />
```

现在已经完成了所需编写的全部 RibbonX 代码，保存并关闭 customUI.xml 文件。完整的 RibbonX 代码如下：

```
<customUI xmlns="http://schemas.microsoft.com/office/2006/01/customui">
  <ribbon>
    <tabs>
      <tab id="rbxTabTools" label="常用工具">
        <group idMso="GroupFont" />
        <group id="rbxGroupConvert" label="转换工具" >
          <toggleButton idMso="WrapText" size="large" />
          <toggleButton idMso="MergeCenter" size="large" />
          <button id="rbxButtonRevChar" label="倒序排列字符" imageMso=
"TextEffectTransformGallery" size="large" onAction="倒序排列字符" />
        </group>
      </tab>
    </tabs>
  </ribbon>
</customUI>
```

12.2.3 在 Excel 文件内部创建 customUI 文件夹

接下来需要在 Excel 文件内部创建 customUI 文件夹。首先在 Windows 操作系统中设置显示文件的扩展名，如图 12-10 所示。

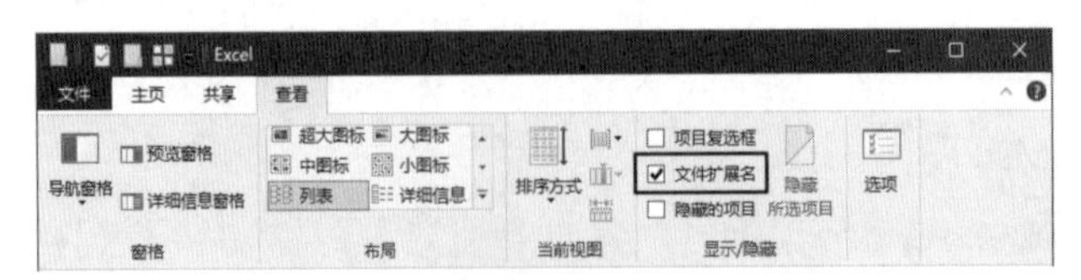

图 12-10 设置显示文件的扩展名

然后使用 12.1.2 小节中介绍的方法，将要定制功能区的 Excel 文件的扩展名改为.zip。完成后双击修改扩展名后的文件，在打开的窗口中右击任意一个文件或文件夹，然后在弹出的快捷菜单中选择“创建一个新文件夹”命令，如图 12-11 所示。将新建的文件夹的名称设置为 customUI，然后按 Enter 键，如图 12-12 所示。

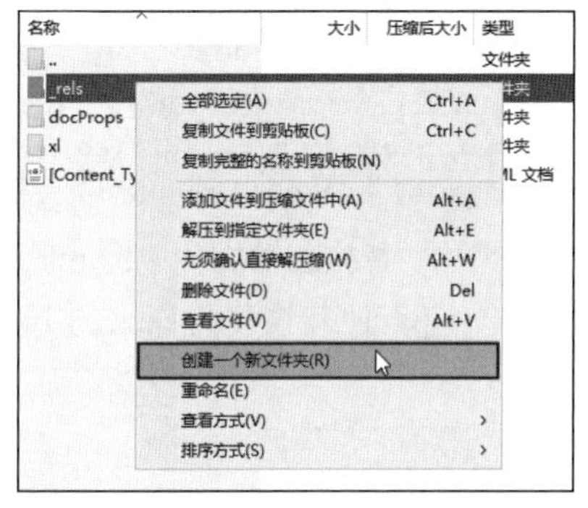

图 12-11　选择“创建一个新文件夹”命令

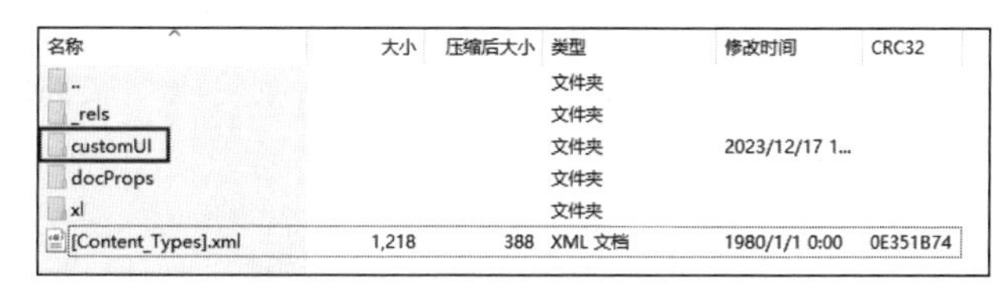

图 12-12　创建 customUI 文件夹

12.2.4　将 customUI.xml 文件移入 customUI 文件夹

创建 customUI 文件夹后，接下来需要将包含 RibbonX 代码的 customUI.xml 文件移动到该文件夹中。只需从文件夹窗口中将 customUI.xml 文件拖动到 customUI 文件夹中，在显示的对话框中单击“确定”按钮，即可将 customUI.xml 文件移动到 customUI 文件夹中，如图 12-13 所示。

名称	大小	压缩后大小	类型	修改时间	CRC32
..			文件夹		
customUI.xml	557	296	XML 文档	2023/12/17 1...	A9E9B322

图 12-13　将 customUI.xml 文件移入 customUI 文件夹

12.2.5　为 RibbonX 代码和工作簿建立关联

最后一个步骤是修改压缩文件中的_rels 文件夹的.rels.xml 文件，为 RibbonX 代码和工作簿建立关联。进入压缩文件中的_rels 文件夹，将其中的.rels.xml 文件拖动到位于压缩文件之外的任意一个文件夹窗口中。然后右击拖动出的.rels.xml 文件，在弹出的快捷菜单中选择“编辑”命令，如图 12-14 所示。

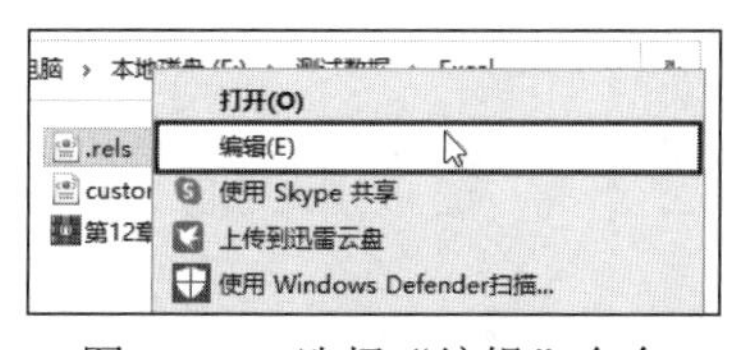

图 12-14　选择“编辑”命令

将在记事本或其他任何默认的文本编辑工具中打开.rels.xml 文件，在最后一个</Relationships>之前添加下面的代码，其中的 Id 属性的值在.rels.xml 文件中必须是唯一的。

```
    <Relationship Id="rbxRibbonX" Type="http://schemas.microsoft.com/office/2006/relationships/
ui/extensibility" Target="customUI/customUI.xml"/>
```

在.rels.xml 文件中添加上述代码后，该文件中的内容类似如下代码所示，粗体部分是刚才添加的代码。

```
    <?xml version="1.0" encoding="UTF-8" standalone="yes"?>
    <Relationships  xmlns="http://schemas.openxmlformats.org/package/2006/relationships">
<Relationship Id="rId3" Type="http://schemas.openxmlformats.org/officeDocument/
2006/relationships/extended-properties"  Target="docProps/app.xml"/><Relationship  Id=
"rId2" Type="http://schemas.openxmlformats.org/package/2006/relationships/metadata/
core-properties" Target="docProps/core.xml"/><Relationship Id="rId1" Type="http://schemas.
openxmlformats.org/officeDocument/2006/relationships/officeDocument"  Target="xl/workbook.
xml"/><Relationship  Id="rbxRibbonX"  Type="http://schemas.microsoft.com/office/2006/
relationships/ui/extensibility" Target="customUI/customUI.xml"/></Relationships>
```

保存并关闭.rels.xml 文件，然后将该文件拖动到_rels 文件夹中，替换压缩文件中的.rels.xml 文件。最后，关闭压缩文件窗口，然后删除压缩文件的扩展名.zip，使其恢复为原来的 Excel 文件。

12.2.6 测试定制后的功能区

打开前面完成定制功能区的工作簿，如果 RibbonX 代码没有错误，则将在功能区中显示自定义的选项卡及其中包含的组和命令，如图 12-15 所示。

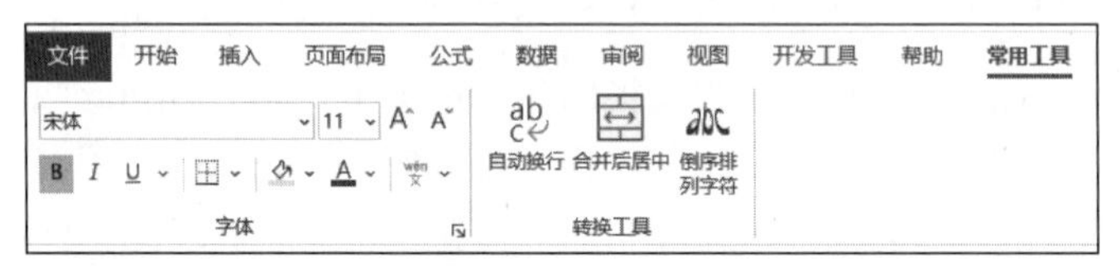

图 12-15　定制后的功能区

默认情况下，自定义的选项卡显示在其他内置选项卡的最后。如需只在功能区中显示自定义的选项卡，则可以在<ribbon>元素中添加 startFromScratch 属性，并将其值设置为 True。使用该方法定制的功能区如图 12-16 所示。

```
    <ribbon startFromScratch="true" >
```

图 12-16　只显示自定义的选项卡

12.3　定制快捷菜单

快捷菜单是指在单击鼠标右键时弹出的菜单，其中包含的命令与右击的位置有关，所以快捷菜单也称为上下文菜单。本节将介绍在 VBA 中定制快捷菜单的方法。

12.3.1 引用内置的快捷菜单

在 Excel 中有 60 多个内置的快捷菜单，每一个快捷菜单都是一个 CommandBar 对象。所有的快捷菜单、菜单栏和工具栏统称为命令栏，它们组成了 CommandBars 集合。使用 Application

对象的 CommandBars 属性可以返回 CommandBars 集合，然后可以在 CommandBars 集合中使用快捷菜单的名称或索引号引用特定的快捷菜单。

下面的两行代码引用的都是右击单元格时显示的快捷菜单，该快捷菜单的名称是“Cell”，索引号是 38。

```
Application.CommandBars("Cell")
Application.CommandBars(38)
```

注意：同一个快捷菜单在不同的 Excel 版本中可能具有不同的索引号。

下面的代码将在活动工作表中列出所有快捷菜单的名称和索引号，如图 12-17 所示。使用 For Each 语句在 CommandBars 集合中判断每个命令栏的类型，CommandBar 对象的 Type 属性返回命令栏的类型，如果该属性的值是 msoBarTypePopup，则说明命令栏是快捷菜单，此时使用 CommandBar 对象的 Name 属性和 Index 属性获取该命令栏的名称和索引号。

```
Sub 列出Excel中的所有快捷菜单()
    Dim cbr As CommandBar, intRow As Integer
    Cells.Clear
    Range("A1:B1").Value = Array("名称", "索引号")
    intRow = 2
    For Each cbr In Application.CommandBars
        If cbr.Type = msoBarTypePopup Then
            Cells(intRow, 1).Value = cbr.Name
            Cells(intRow, 2).Value = cbr.Index
            intRow = intRow + 1
        End If
    Next cbr
    With Range("A1").CurrentRegion
        .HorizontalAlignment = xlCenter
        .Columns.AutoFit
    End With
End Sub
```

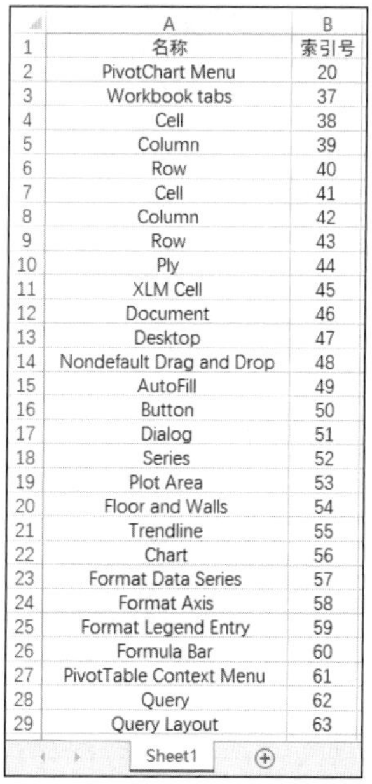

	A	B
1	名称	索引号
2	PivotChart Menu	20
3	Workbook tabs	37
4	Cell	38
5	Column	39
6	Row	40
7	Cell	41
8	Column	42
9	Row	43
10	Ply	44
11	XLM Cell	45
12	Document	46
13	Desktop	47
14	Nondefault Drag and Drop	48
15	AutoFill	49
16	Button	50
17	Dialog	51
18	Series	52
19	Plot Area	53
20	Floor and Walls	54
21	Trendline	55
22	Chart	56
23	Format Data Series	57
24	Format Axis	58
25	Format Legend Entry	59
26	Formula Bar	60
27	PivotTable Context Menu	61
28	Query	62
29	Query Layout	63

Sheet1

图 12-17　列出 Excel 中的所有快捷菜单

提示：在所有的快捷菜单中包括两组同名的 Cell、Row 和 Column，第一组是“普通”视图中的快捷菜单，第二组是“分页预览”视图中的快捷菜单。

在快捷菜单中，每一个单击后可执行操作的命令都是一个 CommandBarButton 对象，每一个子菜单都是一个 CommandBarPopup 对象。为了便于统一描述，将出现在快捷菜单中的任何对象称为菜单项或控件。无法确定一个菜单项或控件的类型时，可以使用 CommandBarControl 对象表示。

快捷菜单中的每个控件都有一个 ID 属性，其值在所有控件中是唯一的。控件还有一个 FaceID 属性，它决定在控件上显示的图像，但是并非所有控件都有图像。Excel 内置控件的 ID 和 FaceID 两个属性的值相同，用户创建的控件的 ID 属性的值是 1。如果为控件设置自定义的图像，则该控件的 FaceID 属性的值是 0。可以为用户创建的控件设置内置控件的图像，只需将内置控件的 FaceID 属性的值赋值给用户创建的控件的 FaceID 属性即可。

下面的代码将在活动工作表中列出每个快捷菜单中的所有控件的名称、ID 值和 FaceID 值，如图 12-18 所示。

```
Sub 列出所有快捷菜单中的所有控件的相关信息()
    Dim cbr As CommandBar, ctl As CommandBarControl
    Dim intRow As Integer
    Cells.Clear
    Range("A1:D1").Value = Array("快捷菜单", "控件", "ID", "FaceID")
    intRow = 2
    On Error Resume Next
    For Each cbr In Application.CommandBars
        If cbr.Type = msoBarTypePopup Then
            Cells(intRow, 1).Value = cbr.Name
            For Each ctl In cbr.Controls
                Cells(intRow, 2).Value = ctl.Caption
                Cells(intRow, 3).Value = ctl.ID
                Cells(intRow, 4).Value = ctl.FaceId
                intRow = intRow + 1
            Next ctl
        End If
    Next cbr
    With Range("A1").CurrentRegion
        .HorizontalAlignment = xlCenter
        .Columns.AutoFit
    End With
End Sub
```

	A	B	C	D
1	快捷菜单	控件	ID	FaceID
24	Cell	剪切(&T)	21	21
25		复制(&C)	19	19
26		粘贴(&P)	22	22
27		选择性粘贴(&S)...	21437	21437
28		粘贴表格(&P)	3624	3624
29		智能查找(&L)	25536	25536
30		显示数据类型卡(&S)	32714	32714
31		数据类型(&Y)	32713	
32		插入单元格(&E)...	295	295
33		删除(&D)...	292	292
34		清除内容(&N)	3125	3125
35		翻译	33409	33409
36		快速分析(&Q)	24508	24508
37		迷你图(&A)	31623	
38		筛选(&E)	31402	
39		排序(&O)	31435	
40		从表格/区域获取数据(&G)···	34003	34003

图 12-18　列出所有快捷菜单中的所有控件的相关信息

在上面的代码中，为了避免在某些控件不支持 FaceID 属性时出现运行时错误，需要在程序中添加 On Error Resume Next 语句。这样做也会屏蔽其他所有运行时错误，如果不想使用该语句，则可以使用下面的代码，将 FaceID 属性的值写入单元格之前，检查控件的类型，只有在控件的类型是 msoControlButton 时，才在单元格中写入 FaceID 属性的值。

```
Sub 列出所有快捷菜单中的所有控件的相关信息 2()
    Dim cbr As CommandBar, ctl As CommandBarControl
    Dim intRow As Integer
    Cells.Clear
    Range("A1:D1").Value = Array("快捷菜单", "控件", "ID", "FaceID")
    intRow = 2
    For Each cbr In Application.CommandBars
        If cbr.Type = msoBarTypePopup Then
            Cells(intRow, 1).Value = cbr.Name
            For Each ctl In cbr.Controls
                Cells(intRow, 2).Value = ctl.Caption
                Cells(intRow, 3).Value = ctl.ID
                If ctl.Type = msoControlButton Then
                    Cells(intRow, 4).Value = ctl.FaceId
                End If
                intRow = intRow + 1
            Next ctl
        End If
    Next cbr
    With Range("A1").CurrentRegion
        .HorizontalAlignment = xlCenter
        .Columns.AutoFit
    End With
End Sub
```

12.3.2　在快捷菜单中添加菜单项

每个快捷菜单都有一个 Controls 集合，该集合表示快捷菜单中的所有菜单项（控件）。使用 CommandBar 对象的 Controls 属性可以返回 Controls 集合，使用该集合的 Add 方法可以在快捷菜单中添加新的菜单项。Add 方法的语法如下：

```
Add(Type, Id, Parameter, Before, Temporary)
```

- Type（可选）：添加到快捷菜单中的控件的类型，该参数为 msoControlButton 表示添加命令，该参数为 msoControlPopup 表示添加子菜单。
- Id（可选）：如需添加 Excel 内置控件，需要将该参数设置为内置控件的 Id 属性的值。如果省略该参数，则将添加一个自定义控件，然后需要为该控件设置 Caption 和 FaceID 等属性，以添加标题和图像等信息。
- Parameter（可选）：存储控件的附加信息，VBA 可以通过该信息识别不同的控件，以便可以在一个过程中处理多个相关的控件。
- Before（可选）：一个控件的索引号，新增控件将添加到该控件的上方。省略该参数时，将新增控件添加到快捷菜单的底部。
- Temporary（可选）：添加的控件是临时的还是永久的。该参数为 True 表示临时的，退出 Excel 应用程序时会自动删除该控件；该参数为 False 表示永久的，退出 Excel 应用程序时不会自动删除该控件。省略该参数时默认为 False。

下面的代码将在“普通”视图中右击单元格时，在弹出的快捷菜单中选择“全部清除”命令，将该命令添加到“清除内容”命令的下方，如图 12-19 所示。

```
Sub 在快捷菜单中添加菜单项()
    Dim cbr As CommandBar, ctl As CommandBarButton
    Dim lngIndex As Long
    Set cbr = Application.CommandBars("Cell")
    lngIndex = cbr.FindControl(ID:=3125).Index
    Set ctl = cbr.Controls.Add(msoControlButton, 1964, , lngIndex + 1, True)
    ctl.Caption = "全部清除"
End Sub
```

图 12-19　在快捷菜单中添加菜单项

代码解析：为了将菜单项添加到快捷菜单中的特定位置，需要使用 CommandBar 对象的 FindControl 方法在快捷菜单中查找作为位置参照的菜单项的索引号。首先使用 FindControl 方法查找目标菜单项的 Id 值，以便引用该控件，然后使用控件的 Index 属性返回其索引号。由于本例要将菜单项添加到“清除内容”命令的下方，所以需要将“清除内容”命令的索引号+1，并将其设置为 Add 方法的 Before 参数，从而确定添加的菜单项在快捷菜单中的位置。

下面的代码在普通视图下的“Cell”快捷菜单中添加一个名为“转换内容”的子菜单，其中包含一个名为“倒序排列字符”的自定义命令，选择该命令时，将选中的单元格中的字符倒序排列，如图 12-20 所示。

```
Sub 在快捷菜单中添加子菜单()
    Dim cbr As CommandBar, ctlPop As CommandBarPopup
    Dim ctlBtn As CommandBarButton
    Set cbr = Application.CommandBars("Cell")
    Set ctlPop = cbr.Controls.Add(msoControlPopup)
    ctlPop.Caption = "转换内容"
    Set ctlBtn = ctlPop.Controls.Add(msoControlButton)
```

```
        With ctlBtn
            .Caption = "倒序排列字符"
            .OnAction = "倒序排列字符"
        End With
    End Sub
```

图 12-20　在快捷菜单中添加子菜单

代码解析： 如需在快捷菜单中添加子菜单，需要将 Add 方法的 Type 参数设置为 msoControlPopup。为了在快捷菜单中选择自定义命令时能够执行预期的操作，需要在标准模块中编写实现相应功能的过程，然后将该过程的名称赋值给控件的 OnAction。

12.3.3　创建新的快捷菜单

用户可能希望在自己的 VBA 程序中创建全新的快捷菜单，此时需要使用 CommandBars 集合的 Add 方法，该方法的语法如下：

```
Add(Name, Position, MenuBar, Temporary)
```

- Name（可选）：快捷菜单的名称。
- Position（可选）：将该参数设置为 msoBarPopup 表示创建快捷菜单。
- MenuBar（可选）：创建快捷菜单时可以省略该参数，使用其默认值即可。
- Temporary（可选）：创建的快捷菜单是临时的还是永久的。该参数为 True 表示临时的，退出 Excel 应用程序时会自动删除该快捷菜单；该参数为 False 表示永久的，退出 Excel 应用程序时不会自动删除该快捷菜单。省略该参数时默认为 False。

为了在右击单元格时可以显示创建的快捷菜单，需要在工作簿或特定工作表的 BeforeRightClick 事件过程中，使用代表快捷菜单的 CommandBar 对象的 ShowPopup 方法显示快捷菜单。

下面的代码将创建一个只包含两个命令的快捷菜单，一个是自定义的“倒序排列字符”命令，另一个是 Excel 内置的“全部清除”命令。在代码所在工作簿的任意一个工作表中右击任意单元格时，将显示该快捷菜单，如图 12-21 所示。

```
    Public Const strMenuName As String = "自定义快捷菜单"

    Sub 创建新的快捷菜单()
        Dim cbr As CommandBar
        Set cbr = Application.CommandBars.Add(strMenuName, msoBarPopup)
        With cbr.Controls.Add(msoControlButton)
            .Caption = "倒序排列字符"
            .OnAction = "倒序排列字符"
        End With
        With cbr.Controls.Add(msoControlButton, 1964)
            .Caption = "全部清除"
        End With
    End Sub

    Private Sub Workbook_SheetBeforeRightClick(ByVal Sh As Object, ByVal Target As Range,
Cancel As Boolean)
        Application.CommandBars(strMenuName).ShowPopup
        Cancel = True
    End Sub
```

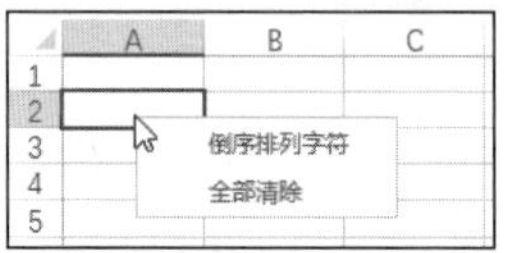

图 12-21　创建新的快捷菜单

代码解析：在工作簿的 SheetBeforeRightClick 事件过程中，将 Cancel 参数设置为 True 是为了屏蔽默认的快捷菜单，而只显示创建的快捷菜单。由于要在不同的过程中引用创建的快捷菜单的名称，所以需要将存储该名称的变量声明为模块级。

如需在打开工作簿时自动创建快捷菜单，可以在工作簿的 Open 事件过程中调用创建快捷菜单的 Sub 过程。

12.3.4　为菜单项分组

如需在指定的菜单项上方显示一条横线，从而实现为菜单项分组的效果，则可以将控件的 BeginGroup 属性设置为 True。下面的代码用于在 12.3.3 小节创建的快捷菜单中的两个命令之间添加分隔线，如图 12-22 所示。

```
    Sub 为菜单项分组()
        Dim cbr As CommandBar
        Set cbr = Application.CommandBars.Add(strMenuName, msoBarPopup)
        With cbr.Controls.Add(msoControlButton)
            .Caption = "倒序排列字符"
            .OnAction = "倒序排列字符"
        End With
        With cbr.Controls.Add(msoControlButton, 1964)
            .Caption = "全部清除"
            .BeginGroup = True
```

```
    End With
End Sub
```

倒序排列字符
全部清除

图 12-22　为菜单项分组

12.3.5　隐藏和禁用菜单项

使用控件的 Visible 属性和 Enabled 属性，可以隐藏和禁用快捷菜单中的菜单项。下面的代码将隐藏普通视图下的“Cell”快捷菜单中的“清除内容”命令，并禁用“删除”命令，如图 12-23 所示。

```
Sub 隐藏和禁用菜单项()
    Dim cbr As CommandBar, ctl As CommandBarControl
    Set cbr = Application.CommandBars("Cell")
    For Each ctl In cbr.Controls
        Select Case ctl.ID
            Case 292: ctl.Enabled = False
            Case 3125: ctl.Visible = False
        End Select
    Next ctl
End Sub
```

图 12-23　隐藏和禁用菜单项

如需重新显示已隐藏的菜单项，可将其 Visible 属性设置为 True。如需重新启用已禁用的菜单项，可将其 Enabled 属性设置为 True。

12.3.6　重置和禁用快捷菜单

使用 CommandBar 对象的 Reset 方法可以重置指定的快捷菜单，这意味着将快捷菜单恢复为默认状态：删除在快捷菜单中添加的所有自定义菜单项，使已隐藏的菜单项重新显示，使禁用的菜单项重新启用。

下面的代码用于将普通视图下的“Cell”快捷菜单恢复为默认状态。

```
Application.CommandBars("Cell").Reset
```

如果只想重置包含自定义菜单项的快捷菜单，则可以使用下面的代码。由于自定义菜单项的 Id 属性的值是 1，所以可以使用 For Each 语句在快捷菜单中检查每一个菜单项，如果发现某个菜单项的 Id 属性是 1，则重置该快捷菜单并退出程序。

```
Sub 只重置包含自定义菜单项的快捷菜单()
    Dim cbr As CommandBar, ctl As CommandBarControl
    Set cbr = Application.CommandBars("Cell")
    For Each ctl In cbr.Controls
        If ctl.ID = 1 Then
            cbr.Reset
            Exit Sub
        End If
    Next ctl
End Sub
```

禁用快捷菜单的方法与禁用菜单项类似，只需将快捷菜单的 Enabled 属性设置为 False 即可。下面的代码将禁用“Cell”快捷菜单，禁用后右击单元格时不会显示该快捷菜单。

```
Application.CommandBars("Cell").Enabled = False
```

如需启用所有快捷菜单，可以使用下面的代码，将每个快捷菜单的 Enabled 属性设置为 True。

```
Sub 启用所有快捷菜单()
    Dim cbr As CommandBar
    For Each cbr In Application.CommandBars
        cbr.Enabled = True
    Next cbr
End Sub
```

12.3.7 删除菜单项和快捷菜单

使用 Delete 方法可以删除指定的菜单项。下面的代码用于删除“Cell”快捷菜单中的第一个菜单项。

```
Application.CommandBars("Cell").Controls(1).Delete
```

如需删除所有快捷菜单中的所有自定义菜单项，可以使用下面的代码，检查每个菜单项的 BuiltIn 属性的值，如果是 False，则说明该菜单项不是 Excel 内置的，即由用户创建的，此时删除该菜单项。

```
Sub 删除所有快捷菜单中的所有自定义菜单项()
    Dim cbr As CommandBar, ctl As CommandBarControl
    For Each cbr In Application.CommandBars
        If cbr.Type = msoBarTypePopup Then
            For Each ctl In cbr.Controls
                If Not ctl.BuiltIn Then ctl.Delete
            Next ctl
        End If
    Next cbr
End Sub
```

如需删除快捷菜单，可以使用 CommandBar 对象的 Delete 方法。只能删除用户创建的快捷菜单，不能删除 Excel 内置的快捷菜单。下面的代码用于删除所有由用户创建的快捷菜单。

```
Sub 删除所有由用户创建的快捷菜单()
    Dim cbr As CommandBar
    For Each cbr In Application.CommandBars
        If cbr.Type = msoBarTypePopup Then
            If Not cbr.BuiltIn Then cbr.Delete
        End If
    Next cbr
End Sub
```

注意：在 Workbook_BeforeClose 事件过程中调用删除菜单项或快捷菜单的 Sub 过程时需要注意，当关闭未保存的工作簿时，Excel 会弹出确认保存的对话框，如果单击“取消”按钮，则不会关闭工作簿，但是 Workbook_BeforeClose 事件过程仍然会执行删除菜单项或快捷菜单的操作，解决这个问题的方法是将该事件过程中的 Cancel 参数设置为 True。

12.3.8　定制快捷菜单时的防错设置

定制快捷菜单时很容易出现运行时错误，包括但不限于以下几种情况：

- 在不存在的快捷菜单中添加菜单项。
- 将菜单项添加到快捷菜单中不存在的位置上。
- 在快捷菜单中添加了多个重复的菜单项。
- 创建已经存在的快捷菜单。
- 删除不存在的菜单项或快捷菜单。

如需避免出现由于上述问题导致的运行时错误，可以在执行上述操作之前添加 On Error Resume Next 语句。如果不想因为该语句的存在而忽略所有运行时错误，则可以在执行上述操作之前先使用 On Error Resume Next 语句，在执行上述操作后，使用 Err 对象判断是否出现运行时错误，根据判断结果执行特定的操作，然后使用语句 On Error Goto 0 恢复错误捕获功能。

下面的代码用于在创建新的快捷菜单之前，使用 CommandBar 对象的 Delete 方法删除该快捷菜单，为了避免删除不存在的快捷菜单而出现运行时错误，删除前先执行 On Error Resume Next 语句，删除后使用 On Error Goto 0 恢复错误捕获功能，然后再创建新的快捷菜单。

```
Sub 定制快捷菜单时的防错设置()
    Dim cbr As CommandBar, strName As String
    On Error Resume Next
    Application.CommandBars(strName).Delete
    On Error GoTo 0
    Set cbr = Application.CommandBars.Add(strName, msoBarPopup)
    With cbr.Controls.Add(msoControlButton)
        .Caption = "倒序排列字符"
        .OnAction = "倒序排列字符"
    End With
    With cbr.Controls.Add(msoControlButton, 1964)
        .Caption = "全部清除"
    End With
End Sub
```

第 13 章　创建和使用加载项

在一个工作簿中编写的 VBA 程序，只有在该工作簿打开的情况下，才能使用其中的 VBA 程序处理该工作簿或其他打开的工作簿。Excel 加载项为运行 VBA 程序提供了一种更加简单和通用的方式，只需将包含 VBA 程序的工作簿转换加载项，并在 Excel 中安装该加载项，以后就可以随时在任何打开的工作簿中运行加载项中的 VBA 程序。本章将介绍在 Excel 中创建和管理加载项的方法。

13.1　了解加载项

虽然加载项是从普通工作簿转换而来的，但是与普通工作簿在显示和工作方式上主要有以下几个区别：

- 在 Excel 正确安装加载项之后，每次启动 Excel 时都会自动运行加载项。
- 随 Excel 自动运行的加载项在 Excel 窗口中不可见，也无法查看加载项中的工作表和图表工作表。
- 当前在 Excel 打开的每一个工作簿都可以使用存储在加载项中的 Sub 过程、自定义函数和功能区定制，其中的 Sub 过程不会显示在“宏”对话框中，但是可以在“宏”对话框中输入 Sub 过程的名称，然后单击“执行”按钮运行该 Sub 过程
- 随 Excel 自动运行的加载项不受宏安全性设置的影响，无论当前是否禁用所有宏，都始终可以使用加载项中的 VBA 过程。

Excel 内置的加载项位于 Windows 系统文件所在的磁盘分区的 Microsoft Office 文件夹中。例如，Excel 2021 内置的加载项位于以下两个路径的其中之一，这里假设将 Windows 操作系统安装在 C 盘。

```
C:\Program Files\Microsoft Office\root\Office16\Library\
C:\Program Files(x86)\Microsoft Office\root\Office16\Library\
```

提示：可以在“Excel 选项”对话框中选择“信任中心”选项卡，然后单击“信任中心设置”按钮，在“信任中心”对话框的“受信任位置”选项卡中查看 Excel 内置加载项的完整路径。

用户创建的加载项默认存储在以下路径中，其中的<用户名>表示当前登录 Windows 操作系统的用户账户的名称。在 VBA 中可以使用 Application 对象的 UserLibraryPath 属性返回该路径。

```
C:\Users\<用户名>\AppData\Roaming\Microsoft\AddIns\
```

“加载项”对话框是在 Excel 中安装和管理加载项的工具，打开该对话框有以下两种方法：

- 单击“文件”按钮并选择“选项”命令，打开“Excel 选项”对话框，选择“加载项”选项卡，然后在“管理”下拉列表中选择“Excel 加载项”选项，再单击“转到”按钮，如图 13-1 所示。

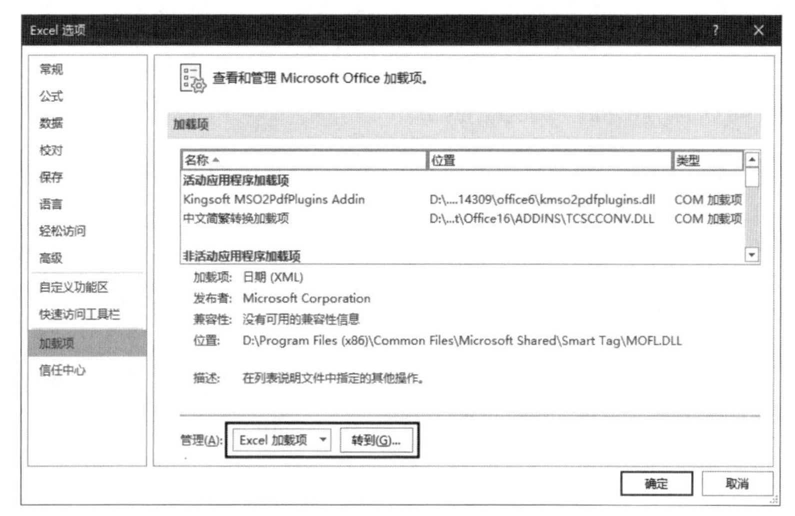

图 13-1　选择“Excel 加载项”选项后单击“转到”按钮

❐ 在功能区的“开发工具”选项卡中单击“Excel 加载项”按钮，如图 13-2 所示。

打开的“加载项”对话框如图 13-3 所示，其中显示了位于加载项存储路径中的所有加载项，对话框的底部显示当前选中的加载项的说明信息。如果加载项开头的复选框处于勾选状态，则说明在 Excel 中已经安装了该加载项。

图 13-2　单击“Excel 加载项”按钮

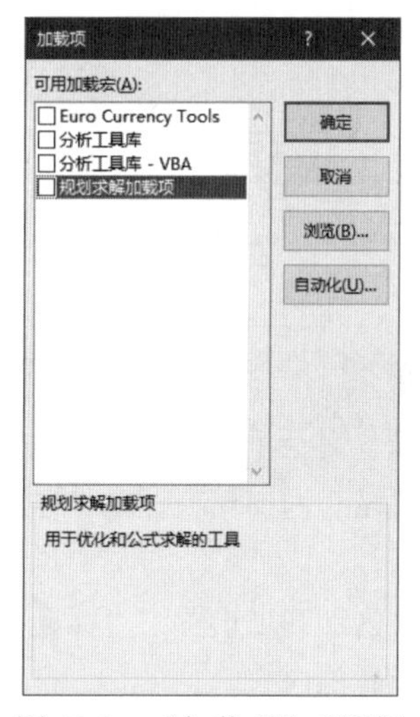

图 13-3　“加载项”对话框

提示：如果在 Excel 运行期间向 AddIns 文件夹中添加加载项文件，则在“加载项”对话框中不会立刻显示与这些文件对应的加载项。需要退出并重新启动 Excel，在“加载项”对话框中才会显示新添加的加载项。

13.2　创建加载项

从 Excel 2007 开始，加载项的文件扩展名从以前的.xla 变成.xlam。创建一个加载项通常都遵循以下流程：

为加载项添加标题和描述信息⇨保护 VBA 工程⇨将工作簿转换为加载项

13.2.1 为加载项添加标题和描述信息

为了使加载项在“加载项”对话框中能够向用户展示有意义的名称和说明信息，需要在 Excel 中打开要创建为加载项的工作簿，然后单击“文件”按钮并选择“信息”命令，在右侧选择“属性”|“高级属性”命令，如图 13-4 所示。打开如图 13-5 所示的对话框，在“标题”和“备注”文本框中输入想要显示在“加载项”对话框的该加载项的名称和说明信息，然后单击“确定”按钮。

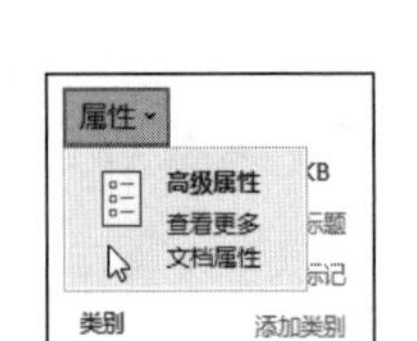

图 13-4 选择“高级属性”命令

图 13-5 为加载项添加标题和描述信息

“加载项”对话框中的每个加载项显示的名称由以下因素决定：

- 如果没有为加载项设置“标题”属性，则在“加载项”对话框中显示的是该加载项的文件名。
- 如果为加载项设置了“标题”属性，则在“加载项”对话框中显示的是在“标题”属性中设置的内容。

13.2.2 保护 VBA 工程

为了避免使用加载项的用户随意查看和修改加载项中的模块和代码，可以在创建加载项之前为 VBA 工程设置密码。在 Excel 中打开要创建为加载项的工作簿，按 Alt+F11 组合键，打开 VBE 窗口。在工程资源管理器中右击与该工作簿关联的 VBA 工程中的任意一项，然后在弹出的快捷菜单中选择“VBAProject 属性”命令，如图 13-6 所示。

打开如图 13-7 所示的对话框，在“保护”选项卡中勾选“查看时锁定工程”复选框，然后在下方的两个文本框中输入完全相同的密码（本例为 666），最后单击“确定”按钮并保存该工作簿。

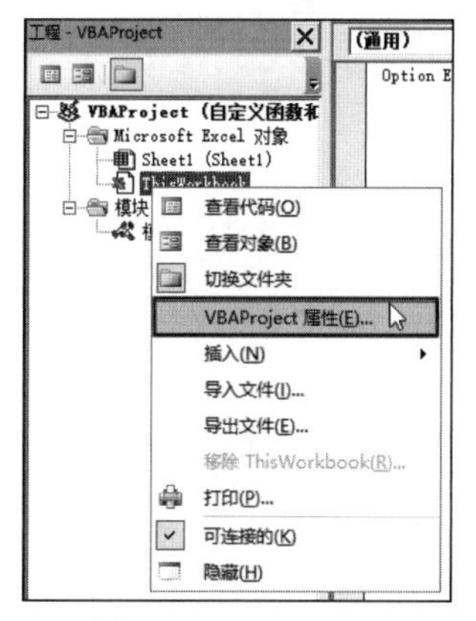

图 13-6　选择“VBAProject 属性”命令

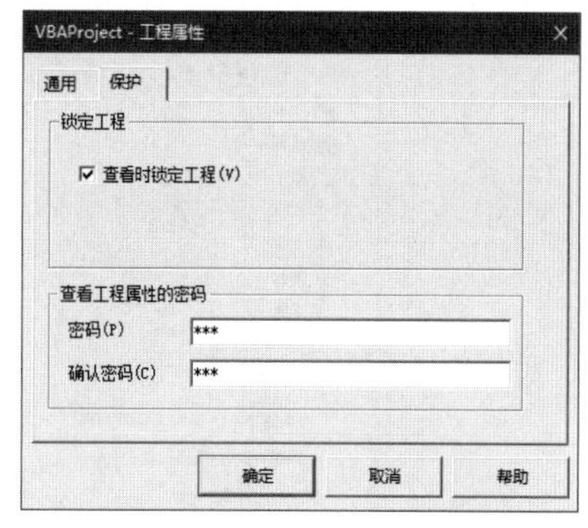

图 13-7　设置 VBA 工程的保护密码

提示： 如果修改了 VBA 工程的默认名称，则在快捷菜单中的“VBAProject”会显示为修改后的 VBA 工程的名称。

13.2.3　将工作簿转换为加载项

完成前面两项工作后，现在可以将工作簿转换为加载项了。首先需要确保在工作簿中至少有一个工作表且它是活动工作表，否则无法将工作簿转换为加载项。然后按 F12 键，打开“另存为”对话框，在“保存类型”下拉列表中选择以下两项之一，如图 13-8 所示。

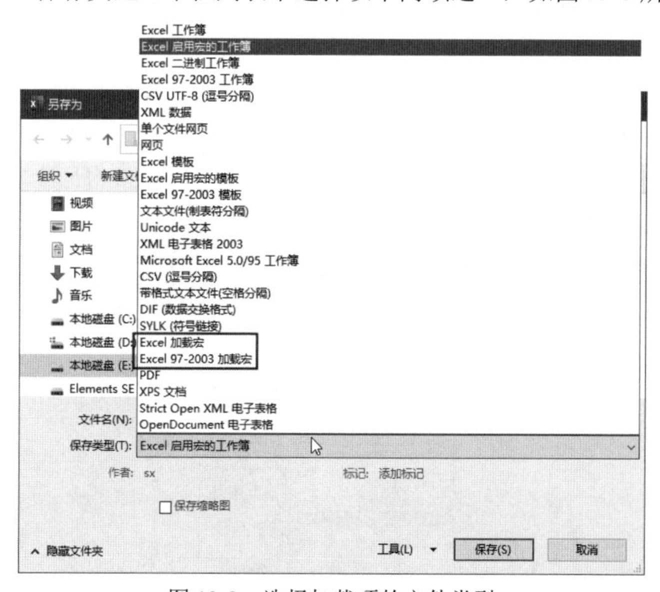

图 13-8　选择加载项的文件类型

- Excel 加载宏：选择该选项，创建的加载项只能在 Excel 2007 及 Excel 更高版本中使用。
- Excel 97-2003 加载宏：选择该选项，创建的加载项可以在任何 Excel 版本中使用，但是无法使用 Excel 高版本中提供的新功能。

选择一种加载项文件类型后，在对话框中显示的存储位置将自动定位到 AddIns 文件夹，如图 13-9 所示。在“文件名”文本框中为加载项设置一个名称，然后单击“保存”按钮，将在 AddIns 文件夹中创建加载项。

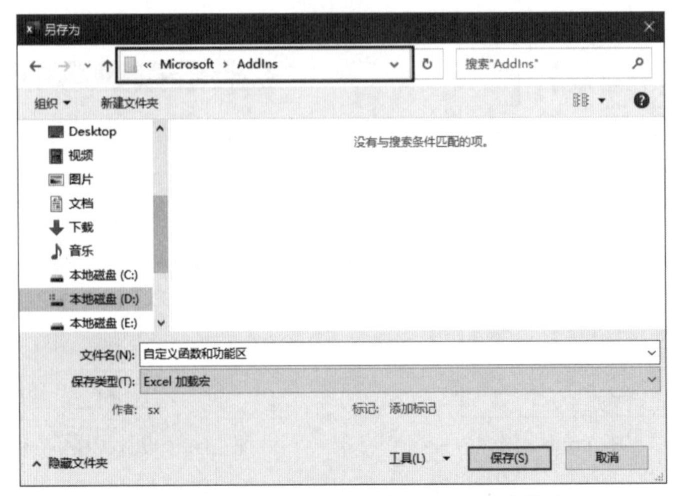

图 13-9　存储位置自动跳转到 AddIns 文件夹

13.3　管理加载项

创建加载项后，可以使用“加载项”对话框安装和卸载加载项，还可以从该对话框中删除加载项。由于加载项不会显示在 Excel 窗口中，所以如需修改加载项中的内容，需要使用一些特殊的方法。本节将介绍管理加载项的常用操作。

13.3.1　安装和卸载加载项

将一个工作簿转换为加载项后，立刻打开“加载项”对话框，其中不会显示该加载项。此时可以单击该对话框中的“浏览”按钮，然后在打开的对话框中双击加载项文件，即可将其添加到“加载项”对话框中。

另一种方法是退出 Excel 应用程序，然后再重启它，此时打开的“加载项”对话框中将自动显示刚创建的加载项。如需安装加载项，可以在“加载项”对话框中勾选该加载项开头的复选框，如图 13-10 所示。

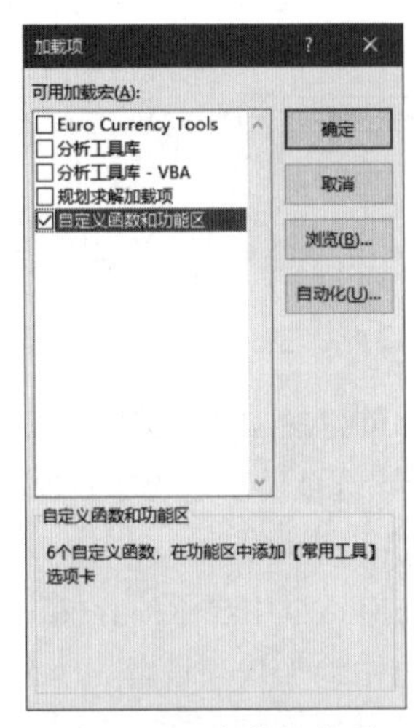

图 13-10　安装加载项

如需卸载加载项，可以在“加载项”对话框中取消勾选该加载项，然后单击“确定”按钮。下次启动 Excel 应用程序时，已经卸载的加载项仍然显示在“加载项”对话框中，但是其复选框不会被勾选，这意味着该加载项没有加载到内存中，无法使用该加载项提供的功能。

13.3.2　修改并保存加载项

如需修改加载项中的代码或工作表中的数据，可以在当前任意一个工作簿中打开加载项文件或安装加载项，然后打开 VBE 窗口，在工程资源管理器中双击与加载项对应的 VBA 工程。如果显示如图 13-11 所示的对话框，说明该 VBA 工程已加密，需要输入正确的密码，才会显示加载项中的模块。

显示加载项中的模块后，双击要修改代码的模块，打开其代码窗口并修改代码。完成后单击 VBE 窗口工具栏中的“保存”按钮，保存修改结果。

如需修改加载项中的工作表数据，可以使用以下方法。

（1）在 VBE 窗口中展开加载项中的 VBA 工程包含的所有模块，选择其中的 ThisWorkbook 模块。

（2）按 F4 键，打开属性窗口，将 IsAddin 属性的值设置为 False，如图 13-12 所示。

图 13-11　已加密的 VBA 工程

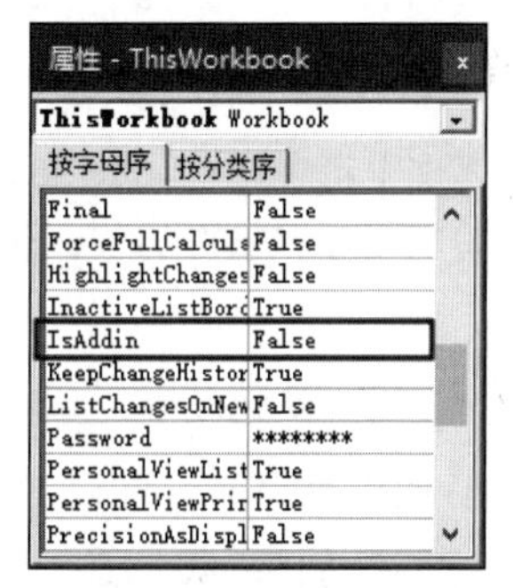

图 13-12　修改 IsAddIn 属性的值

（3）加载项将显示在 Excel 窗口中，此时可以修改加载项包含的工作表中的数据。完成后，将 IsAddin 属性重新设置为 True，加载项将自动隐藏。最后单击 VBE 窗口工具栏中的“保存”按钮，保存修改结果。

13.3.3　从“加载项”对话框中删除加载项

无论是否将创建好的加载项安装到 Excel 中，每次启动 Excel 时，都会将检测到的加载项显示在“加载项”对话框中。如果不想让某个加载项显示在“加载项”对话框中，可以退出 Excel 应用程序，进入存储加载项的文件夹，然后执行以下任意一种操作：

- 修改加载项的文件名，使其与原来的名称不同。
- 将加载项移动另一个文件夹。
- 将加载项从文件夹中删除。

重新启动 Excel 应用程序，然后打开“加载项”对话框，勾选执行了上述操作的加载项开头的复选框，将显示如图 13-13 所示提示信息，单击“是”按钮，即可将该加载项从“加载项”对话框中删除。

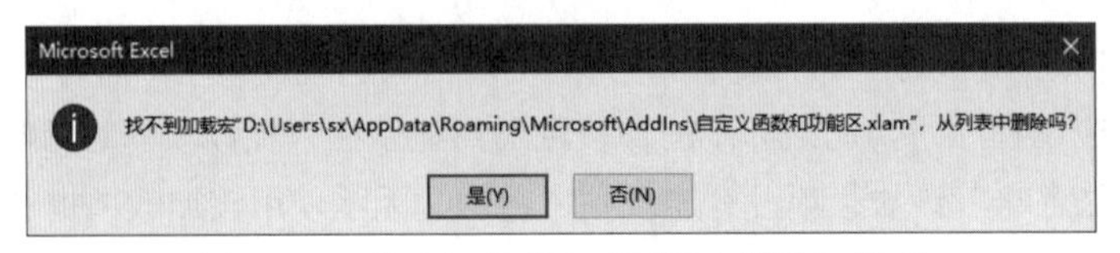

图 13-13　从“加载项”对话框中删除加载项

13.4　使用 VBA 操作加载项

除了在“加载项”对话框中手动管理加载项之外，还可以在 VBA 中通过编程的方式自动执行相同的操作。本节将介绍使用 VBA 编程操作加载项的方法。

13.4.1　AddIns 集合和 AddIn 对象

Excel 对象模型中的 AddIns 集合表示显示在“加载项”对话框中的所有加载项，其中的每一个加载项都是一个 AddIn 对象。可以使用加载项的名称或索引号从 AddIns 集合中引用特定的加载项。此处的“名称”是指显示在“加载项”对话框中的名称，而非加载项的文件名。下面的代码引用“加载项”对话框中名为“自定义函数和功能区”的加载项。

```
AddIns("自定义函数和功能区")
```

虽然加载项不是 Workbooks 集合的成员，但是可以使用加载项的文件名从 Workbooks 集合中引用特定的加载项。下面的代码使用 Workbooks 集合引用名为“自定义函数和功能区.xlam”的加载项。

```
Workbooks("自定义函数和功能区.xlam")
```

提示：在 VBE 窗口中，可以打开立即窗口，然后使用 Workbook 对象的 Close 方法关闭指定的加载项。下面的代码从 Excel 中关闭名为“自定义函数和功能区.xlam”的加载项。

```
Workbooks("自定义函数和功能区.xlam").Close
```

AddIn 对象的常用属性如表 13-1 所示，该对象没有方法。

表 13-1　AddIn 对象的常用属性

属　性	说　明
Comments	返回为加载项设置的“备注”属性的内容
FullName	返回加载项的完整路径
Installed	返回或设置加载项是否已被安装，True 表示已安装，False 表示未安装
IsOpen	返回加载项是否已添加到“加载项”对话框中，True 表示已添加，False 表示未添加
Name	返回加载项的文件名
Path	返回加载项的路径
Title	返回为加载项设置的“标题”属性的内容

13.4.2　自动将加载项添加到“加载项”对话框中

AddIns 集合的 Add 方法用于将指定的加载项添加到“加载项”对话框中，但是不会进行安装，添加后的加载项的 IsOpen 属性将返回 True。Add 方法的语法如下：

```
Add(FileName, CopyFile)
```

- FileName（必需）：加载项的完整路径。
- CopyFile（可选）：是否复制加载项，该参数为 True 表示复制，该参数为 False 表示不复制。如果省略该参数，则需要用户选择是否复制加载项。

下面的代码用于将 E 盘“测试数据”文件夹中名为“数据分析.xlam”的加载项添加到“加载项”对话框中。

```
AddIns.Add "E:\测试数据\数据分析.xlam"
```

如需将指定文件夹中的所有加载项都添加到“加载项”对话框中，可以使用下面的代码，通过 Dir 函数查找文件夹中的文件类型为.xlam 的加载项文件，然后将它们逐个添加到“加载项”对话框中。

```
Sub 添加文件夹中的所有加载项()
    Dim strFileName As String, strPath As String
    strPath = "E:\测试数据\"
    strFileName = Dir(strPath & "*.xlam")
    Do While strFileName <> ""
        AddIns.Add strPath & strFileName
        strFileName = Dir
    Loop
End Sub
```

13.4.3　自动安装和卸载所有加载项

如果将 AddIn 对象的 Installed 属性设置为 True，则表示安装指定的加载项。下面的代码自动安装“加载项”对话框中所有未安装的加载项。

```
Sub 自动安装所有未安装的加载项()
    Dim adi As AddIn
    For Each adi In AddIns
        If adi.Installed = False Then
            adi.Installed = True
        End If
    Next adi
End Sub
```

如需卸载“加载项”对话框中所有已安装的加载项，可以使用下面的代码。

```
Sub 自动卸载所有已安装的加载项()
    Dim adi As AddIn
    For Each adi In AddIns
        If adi.Installed = True Then
            adi.Installed = False
        End If
    Next adi
End Sub
```

13.4.4　安装和卸载加载项时显示提示信息

安装加载项和卸载加载项时，将自动触发 Workbook 对象的 AddinInstall 事件和 Addin-

Uninstall 事件。如需使用这两个事件执行特定的操作，则需要将 VBA 代码添加到加载项文件的 ThisWorkbook 模块中。

下面的代码将在安装包含该代码的加载项时显示如图 13-14 所示的提示信息。

```
Private Sub Workbook_AddinInstall()
    MsgBox "已安装【" & ThisWorkbook.Name & "】加载项"
End Sub
```

下面的代码将在卸载包含该代码的加载项时显示如图 13-15 所示的提示信息。

```
Private Sub Workbook_AddinUninstall()
    MsgBox "已卸载【" & ThisWorkbook.Name & "】加载项"
End Sub
```

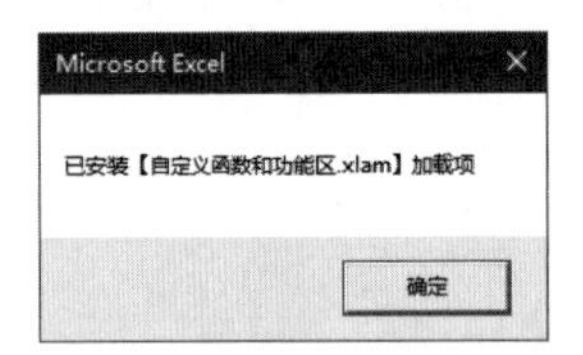

图 13-14　安装加载项时显示的提示信息

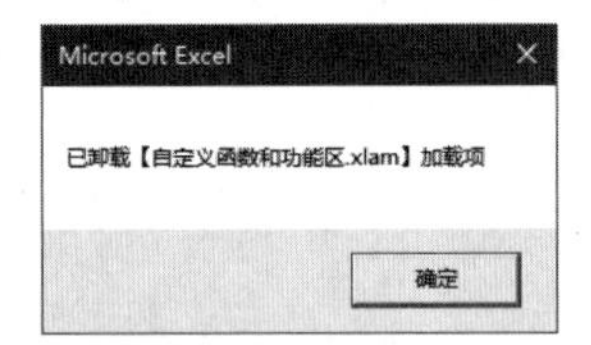

图 13-15　卸载加载项时显示的提示信息

附录 A　VBA 内置函数速查

函　数	功　能
Abs	返回一个数的绝对值
Array	返回一个包含数组的变量
Asc	将字符串中的第一个字符转换为其 ASCII 值
Atn	返回一个数的正切值
CallByName	执行一个对象的方法，或设置或返回一个对象的属性
CBool	将表达式转换为 Boolean 数据类型
CByte	将表达式转换为 Byte 数据类型
CCur	将表达式转换为 Currency 数据类型
CDate	将表达式转换为 Date 数据类型
CDbl	将表达式转换为 Double 数据类型
CDec	将表达式转换为 Decimal 数据类型
Choose	选择并返回参数列表中的某个值
Chr	将字符代码转换为与其对应的字符串
CInt	将表达式转换为 Integer 数据类型
CLng	将表达式转换为 Long 数据类型
Cos	返回一个数的余弦值
CreateObject	创建并返回一个 OLE 自动化对象
CSng	将表达式转换为 Single 数据类型
CStr	将表达式转换为 String 数据类型
CurDir	返回当前的路径
CVar	将表达式转换为 Variant 数据类型
CVDate	将表达式转换为 Variant 数据类型的 Date，并非真正的 Date 数据类型，不建议使用
CVErr	返回对应于错误编号的用户定义错误值
Date	返回当前的系统日期
DateAdd	为某个日期添加时间间隔
DateDiff	返回两个日期的时间间隔
DatePart	返回日期的指定时间部分
DateSerial	根据给定的表示年、月、日的数字，返回对应的日期
DateValue	将字符串转换为日期
Day	返回指定日期中的天
DDB	返回一笔资产在一段时间内的折旧

续表

函　　数	功　　能
Dir	返回与模式匹配的文件或文件夹的名称
DoEvents	转让控制权以便让操作系统处理其他任务
Environ	返回一个操作系统环境的字符串
EOF	如果到达文本文件的末尾则返回 True
Error	返回对应于错误编号的错误消息
Exp	返回以自然常数（e）为底的某次方
FileAttr	返回文本文件的文件模式
FileDateTime	返回创建文件或最后一次修改文件时的日期和时间
FileLen	返回文件中的字节数
Filter	返回指定筛选条件下的一个字符串数组的子集
Fix	返回一个数的整数部分
Format	以指定的格式显示给定的表达式
FormatCurrency	返回用系统货币符号格式化后的表达式
FormatDateTime	返回格式化为日期或时间的表达式
FormatNumber	返回格式化为数值的表达式
FormatPercent	返回格式化为百分数的表达式
FreeFile	返回用于打开文本文件的下一个可用的文件号
FV	返回年金终值
GetAllSettings	返回 Windows 注册表中与应用程序相关的所有设置项及其对应值
GetAttr	返回文件或文件夹的属性信息
GetObject	返回文件中的 OLE 自动化对象
GetSetting	返回 Windows 注册表中应用程序特定项的设置
Hex	将十进制数转换为十六进制数
Hour	返回时间中的小时
IIf	根据表达式的真假返回对应的部分
Input	返回顺序文本文件中指定个数的字符
InStr	返回一个字符串在另一个字符串第一次出现的位置
InStrRev	从字符串的末尾算起，返回一个字符串在另一个字符串第一次出现的位置
Int	返回一个数的整数部分
IPmt	返回在一段时间内对年金所支付的利息值
IRR	返回一系列周期性现金流的内部利率
IsArray	当变量为数组时返回 True
IsDate	当变量为日期时返回 True
IsEmpty	当变量未被初始化时返回 True
IsError	当变量为错误值时返回 True
IsMissing	如果没有向过程传递可选参数则返回 True

续表

函　　数	功　　能
IsNull	当变量含有 Null 值时返回 True
IsNumeric	当变量是一个数值时返回 True
IsObject	当变量引用了一个 OLE 自动化对象时返回 True
Join	将包含在数组中的多个字符串连接起来
LBound	返回数组的下限
LCase	将英文字母转换为小写
Left	返回字符串左侧指定数量的字符
Len	返回字符串的字符数量
Loc	返回当前文本文件的读/写位置
LOF	返回打开的文本文件的字节数
Log	返回一个数的自然对数
LTrim	返回没有前导空格的字符串
Mid	从一个字符串的指定位置开始提取指定数量的字符
Minute	返回时间中的分钟
MIRR	返回一系列修改过的周期性现金流的内部利率
Month	返回日期中的月份
MonthName	返回指定月份的字符串形式
MsgBox	显示模态消息对话框，返回一个 Integer 数值告诉用户单击了哪个按钮
Now	返回当前的系统日期和时间
NPer	返回年金总期数
NPV	返回投资净现值
Oct	将十进制数转换为八进制数
Partition	返回代表值写入的单元格区域的字符串
Pmt	返回年金支付额
PPmt	返回年金的本金偿付额
PV	返回年金现值
QBColor	返回红/绿/蓝（RGB）颜色码
Rate	返回每一期的年金利率
Replace	返回一个字符串，该字符串中指定的子字符串被替换成另一个子字符串
RGB	返回代表 RGB 颜色值的数值，每个颜色分量的取值范围都是 0～255
Right	返回字符串右侧指定数量的字符
Rnd	返回 0～1 的某个随机数
Round	返回四舍五入后的数值
RTrim	返回没有尾随空格的字符串
Second	返回时间中的秒数
Seek	返回文本文件中当前的读/写位置

续表

函　　数	功　　能
Sgn	返回代表数值正负的整数
Shell	运行可执行的程序，如果成功则返回该程序的任务 ID
Sin	返回一个数的正弦值
SLN	返回一期里一项资产的直线折旧
Space	返回包含指定空格数的字符串
Spc	对要打印的文件进行输出定位
Split	返回一个下标从零开始的一维数组，它包含指定数目的子字符串
Sqr	返回一个数的平方根
Str	返回一个数值的字符串形式
StrComp	返回代表两个字符串比较结果的值
StrConv	返回按指定类型转换后的字符串
String	返回指定长度的重复字符
StrReverse	返回顺序方向的字符串
Switch	计算一组 Boolean 表达式的值，返回与第一个为 True 的表达式关联的值
SYD	返回某项资产在一指定期间用年数总计法计算的折旧
Tab	对要打印的文件进行输出定位
Tan	返回一个数的正切值
Time	返回当前的系统时间
Timer	返回从午夜开始到现在所经过的秒数
TimeSerial	根据给定的表示时、分、秒的数字，返回对应的时间
TimeValue	将字符串转换为时间
Trim	返回不包含前导空格和尾随空格的字符串
TypeName	返回代表变量数据类型的字符串
UBound	返回数组的上限
UCase	将英文字母转换为大写
Val	返回包含于字符串内的数字。在它不能识别为数字的第一个字符上停止读入字符串
VarType	返回代表变量子类型的数值
Weekday	返回代表星期几的数值
WeekdayName	返回代表星期几的字符串
Year	返回日期中的年份

附录B　VBA内置语句速查

语　句	功　能
AppActivate	激活一个应用程序窗口
Beep	通过计算机喇叭发出声音
Call	将控制权转移到另一个过程
ChDir	改变当前目录
ChDrive	改变当前驱动器
Close	关闭一个文本文件
Const	声明一个常量
Date	设置当前系统日期
Declare	声明对动态链接库DLL中外部过程的引用
DefBool	以指定字母开头的变量的默认数据类型设置为Boolean
DefByte	以指定字母开头的变量的默认数据类型设置为Byte
DefCur	以指定字母开头的变量的默认数据类型设置为Cur
DefDate	以指定字母开头的变量的默认数据类型设置为Date
DefDec	以指定字母开头的变量的默认数据类型设置为Dec
DefDbl	以指定字母开头的变量的默认数据类型设置为Dbl
DefInt	以指定字母开头的变量的默认数据类型设置为Int
DefLng	以指定字母开头的变量的默认数据类型设置为Lng
DefObj	以指定字母开头的变量的默认数据类型设置为Obj
DefSng	以指定字母开头的变量的默认数据类型设置为Sng
DefStr	以指定字母开头的变量的默认数据类型设置为Str
DefVar	以指定字母开头的变量的默认数据类型设置为Var
DeleteSetting	在Windows注册表中，从应用程序项目中删除区域或注册表项设置
Dim	声明变量及其数据类型
Do-Loop	当条件为True时，或直到条件变为True时，重复执行指定的代码
End	退出指定的过程
Enum	声明枚举类型
Erase	重新初始化大小固定的数组的元素，以及释放动态数组的存储空间
Error	模拟错误的发生
Event	声明一个用户定义的事件
Exit Do	退出一个Do-Loop循环
Exit For	退出一个For-Next循环

续表

语　　句	功　　能
Exit Function	退出一个函数过程
Exit Property	退出一个属性过程
Exit Sub	退出一个子过程
FileCopy	复制一个文件
For Each-Next	对一个数组或集合中的每个元素重复执行指定的代码
For-Next	对指定的代码循环执行指定的次数
Function	声明一个函数过程
Get	从文本文件中读取数据
GoSub-Return	从一个过程跳转到另一个过程并执行代码，执行后返回到之前的过程
GoTo	跳转到指定的代码行
If-Then-Else	按条件执行代码
Implements	指定将在类模块中实现的接口或类
Input#	从顺序文本文件中读取数据
Kill	从磁盘中删除文件
Let	为变量或属性赋值
Line Input#	从顺序文本文件中读取一行数据
Load	将对象加载到内存中，但不显示该对象
Lock,Unlock	对访问一个文本文件进行控制
LSet	将字符串变量中的字符串左对齐
Mid	使用其他字符替换字符串中的字符
MkDir	创建一个新的文件夹
Name	重命名一个文件或文件夹
On Error	启动错误处理程序
On-GoSub	根据条件跳转到指定的 Sub 过程
On-GoTo	根据条件跳转到指定的代码行
Open	打开一个文本文件
Option Base	声明数组的默认下限
Option Compare	声明字符串的默认比较方式
Option Explicit	强制显式声明模块中的所有变量
Option Private	指明当前模块是私有的
Print#	向顺序文本文件中写入数据
Private	声明模块级的私有变量
Property Get	声明一个获取属性值的过程
Property Let	声明一个给属性赋值的过程
Property Set	声明一个设置对象引用的过程
Public	声明一个公共变量

续表

语　句	功　能
Put	将一个变量中的数据写入文本文件中
RaiseEvent	引发一个用户定义的事件
Randomize	初始化随机数生成器
ReDim	修改动态数组的维度
Rem	对代码添加注释
Reset	关闭所有打开的文本文件
Resume	在错误处理程序结束后，恢复原有的运行
RmDir	删除一个空文件夹
RSet	将字符串变量中的字符串右对齐
SaveSetting	在 Windows 注册表中保存或创建应用程序记录
Seek	设置文本文件中下一个读/写操作的位置
Select Case	根据表达式的值，有条件地执行代码
SendKeys	发送按键到活动窗口中
Set	将对象引用赋值给一个变量或属性
SetAttr	修改一个文件的属性信息
Static	声明静态变量，在程序运行期间始终保存该变量的值
Stop	暂停程序的执行
Sub	声明一个子过程
Time	设置系统时间
Type	定义一个自定义数据类型
Unload	从内存中删除一个对象
While-Wend	当条件为 True 时，重复执行指定的代码
Width#	设置文本文件的输出行宽度
With	在一个对象上执行一系列代码，主要用于设置对象的多个属性和方法
Write#	向顺序文本文件中写入数据

附录 C　VBA 错误代码速查

错误代码	消　息
3	无 GoSub 返回
5	无效的过程调用或参数
6	溢出
7	内存溢出
9	下标越界
10	该数组被固定或暂时锁定
11	除数为零
13	类型不匹配
14	溢出串空间
16	表达式太复杂
17	不能执行所需的操作
18	出现用户中断
20	无错误恢复
28	溢出堆栈空间
35	子过程或函数未定义
47	DLL 应用程序客户太多
48	加载 DLL 错误
49	DLL 调用约定错误
51	内部错误
52	文件名或文件号错误
53	文件未找到
54	文件模式错误
55	文件已打开
57	设备 I/O 错误
58	文件已存在
59	记录长度错误
61	磁盘已满
62	输入超出文件尾
63	记录号错误
67	文件太多
68	设备不可用

续表

错误代码	消　　息
70	拒绝的权限
71	磁盘未准备好
74	不能更名为不同的驱动器
75	路径/文件访问错误
76	路径未找到
91	对象变量或 With 块变量未设置
92	For 循环未初始化
93	无效的模式串
94	无效使用 Null
96	由于对象已经激活了事件接收器支持的最大数目的事件，不能吸收对象的事件
97	不能调用对象的友元函数，该对象不是所定义类的一个实例
98	属性或方法调用不能包括对私有对象的引用，不论是作为参数还是作为返回值
321	无效的文件格式
322	不能创建必要的临时文件
325	资源文件中格式无效
380	无效的属性值
381	无效的属性数组索引
382	运行时不支持 Set
383	（只读属性）不支持 Set
385	需要属性数组索引
387	Set 不允许
393	运行时不支持 Get
394	（只写属性）不支持 Get
422	属性没有找到
423	属性或方法未找到
424	要求对象
429	ActiveX 部件不能创建对象
430	类不支持自动化（Automation）或不支持期待的接口
432	自动化（Automation）操作时文件名或类名未找到
438	对象不支持该属性或方法
440	自动化（Automation）错误
442	远程进程到类型库或对象库的连接丢失。按下对话框的“确定”按钮取消引用
443	Automation 对象无缺省值
445	对象不支持该动作
446	对象不支持命名参数
447	对象不支持当前的本地设置

续表

错 误 代 码	消　　息
448	未找到命名参数
449	参数不可选
450	错误的参数号或无效的属性赋值
451	property let 过程未定义，property get 过程未返回对象
452	无效的序号
453	指定的 DLL 函数未找到
454	代码资源未找到
455	代码资源锁定错误
457	该关键字已经与该集合的一个元素相关联
458	变量使用了一个 Visual Basic 不支持的自动化（Automation）类型
459	对象或类不支持的事件集
460	无效的剪贴板格式
461	方法和数据成员未找到
462	远程服务器不存在或不可用
463	类未在本地机器上注册
481	无效的图片
482	打印机错误
735	不能将文件保存到 TEMP
744	要搜索的文本没有找到
746	替换文本太长
1004	应用程序定义或对象定义错误